Ethische Technikgestaltung

Europäische Hochschulschriften
Publications Universitaires Européennes
European University Studies

Reihe XX
Philosophie

Série XX Series XX
Philosophie
Philosophy

Bd./Vol. 661

PETER LANG
Frankfurt am Main · Berlin · Bern · Bruxelles · New York · Oxford · Wien

Yannick Julliard

Ethische Technikgestaltung

Technikethik aus Sicht eines Ingenieurs

PETER LANG
Europäischer Verlag der Wissenschaften

Bibliografische Information Der Deutschen Bibliothek
Die Deutsche Bibliothek verzeichnet diese Publikation in der Deutschen Nationalbibliografie; detaillierte bibliografische Daten sind im Internet über <http://dnb.ddb.de> abrufbar.

Zugl.: Karlsruhe, Univ., Diss., 2002

D 90
ISSN 0721-3417
ISBN 3-631-51318-6

www.peterlang.de

Danksagung

Die vorliegende Untersuchung entstand während meiner Tätigkeit am Institut für Elektroenergiesysteme und Hochspannungstechnik (IEH) der Universität Karlsruhe.

Mein aufrichtiger Dank gebührt dem Ordinarius und Direktor des Instituts, Herrn Prof. Dr. Dr. h.c. mult. Adolf Schwab für die Übernahme des Hauptreferats und die dabei gewährte außergewöhnliche fachliche und persönliche Unterstützung, insbesondere bei einem Thema, das bislang nicht gerade zu den klassischen Forschungsgebieten des Instituts zählte. Bedanken möchte ich mich für das mir entgegengebrachte uneingeschränkte Vertrauen und für die ausgezeichneten Arbeitsbedingungen am Institut.

Herrn Prof. Dr. Armin Grunwald danke ich für die Übernahme des Korreferats. Besonders dankbar bin ich für sein außerordentliches Interesse und das Engagement, mit dem er diese Arbeit begleitete.

Beiden Referenten sei nochmals explizit dafür gedankt, eine interdisziplinäre Arbeit sehr fruchtbar unterstützt zu haben, die nur durch das gute Zusammenwirken beider Seiten - der Ingenieurwissenschaften und der Technikphilosophie - erfolgreich zustande kommen konnte.

Allen Mitarbeitern des IEH danke ich für das kollegiale Verhältnis und die harmonische Zusammenarbeit. Ich werde mich gerne an die positive Gesprächsatmosphäre und das meiner Arbeit entgegengebrachte Interesse erinnern. Besonders dankbar bin ich für die Weggemeinschaft mit meinen Kollegen Dipl.-Ing. Carsten Meinecke, Dipl.-Ing. Ricard Petranovic, Dipl.-Ing. Markus Hemmer, MSc. Rajiv Kumar und Herrn Otto Müller. Prof. Dr. Amir M. Miri danke ich für manchen wertvollen Hinweis.

Meinen Diplomandinnen und Diplomanden, meinen Studienarbeitern und den Hörern meiner Vorlesungen danke ich für die konstruktive Zusammenarbeit und dafür, die oftmals entscheidenden Fragen gestellt zu haben.

Den Herren Manfred Römer, Heinz-Hermann Müller, German Rosenfelder und Karl-Heinz Sinn von der Stora-Enso Maxau Mill danke ich sehr herzlich für den gewährten Einblick in das Konzept „Mission, Vision, Values", sowie für Unterstützung aus dem Hause Stora-Enso. Herrn Paul Deister danke ich für wertvolle Impulse bei der Entwicklung des EQM-Konzepts. Herrn Christof Degenhart danke ich für die Unterstützung bei der Erarbeitung des erkenntnistheoretischen Konzeptes.

Für das Korrekturlesen des Manuskripts und zahlreiche Verbesserungsvorschläge gebührt Frau Heidi Hoffmann einmal mehr Dank.

Großen Dank gebührt meiner Familie insgesamt, der „Kleinen“ wie der „Großen“, die mich auf meinem Lebensweg in allen Belangen unterstützt hat. Am dankbarsten bin ich wohl für die herzliche Verbundenheit und die Ermutigung eigene Wege zu gehen.

Meiner Frau Monika und meinen Töchtern Chantal und Marie-Christine danke ich für die Unterstützung und für ihr Verständnis, mit dem sie das Zustandekommen dieser Arbeit ermöglichten. Ihnen sei diese Untersuchung gewidmet.

Karlsruhe, im November 2002

Yannick Julliard

Inhaltsverzeichnis

Vorwort

Ethik und Technik sind beide Gegenstand wissenschaftlicher Disziplinen die über eigene Fachsprachen verfügen. Diese Untersuchung versucht eine interdisziplinäre Brücke zwischen Ingenieurwissenschaften und Ethik zu schlagen mit dem Ziel, Ingenieuren eine Grundlage für die ethische Gestaltung von Technik zur Verfügung zu stellen. Dazu ist eine für Ingenieure verständliche Darstellung der ethischen Fragen zu leisten, die mit der Technikgestaltung einhergehen. Auf die philosophischen Grundlagen wird aus diesem Grund nur so weit eingegangen, wie es für den Fortgang der Untersuchung unbedingt nötig ist. Die Ausarbeitung eines Konzepts zur ethischen Technikgestaltung bedingt das Eintreten in die aktuelle Diskussion um die Technikethik und damit die Verwendung des philosophischen Vokabulars. Das Bemühen um eine verständliche Darstellung darf dabei die z.T. kontroverse Diskussion in der Philosophie nicht verdecken. Um die eigene Position darstellen zu können, und auch philosophischen Ansprüchen zu genügen, wird es deshalb an einigen Stellen die „Mühe des Begriffs" geben müssen. Zur Erleichterung des Verständnisses ist in die Untersuchung ein durchgehendes Fallbeispiel eingearbeitet.

Die philosophische Ethik ist als Fachgebiet aufgeteilt in allgemeine und angewandte Ethik. Die allgemeine Ethik wiederum in Bereichsethiken, Bild 0-1

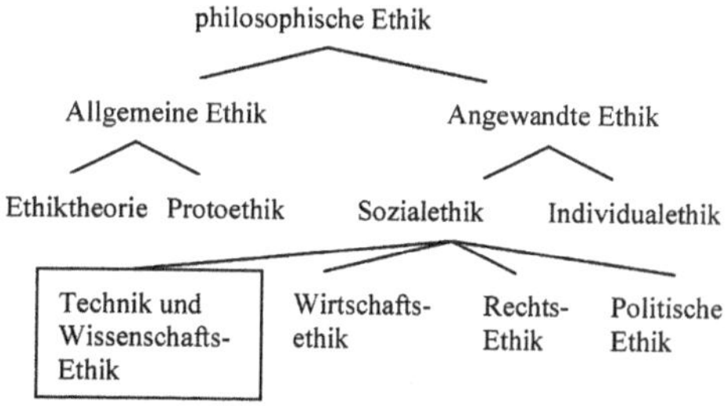

***Abbildung 0-1:** : Philosophische Ethik*

Ingenieure als Technikgestalter treten in ihrem Beruf mit Technik- und Wissenschaftsethik in Kontakt. Um dem Leser einen leichteren Überblick über die Themen der Arbeit zu geben, zeigt die folgende Abbildung die Struktur der Untersuchung und die wichtigsten Querverbindungen:

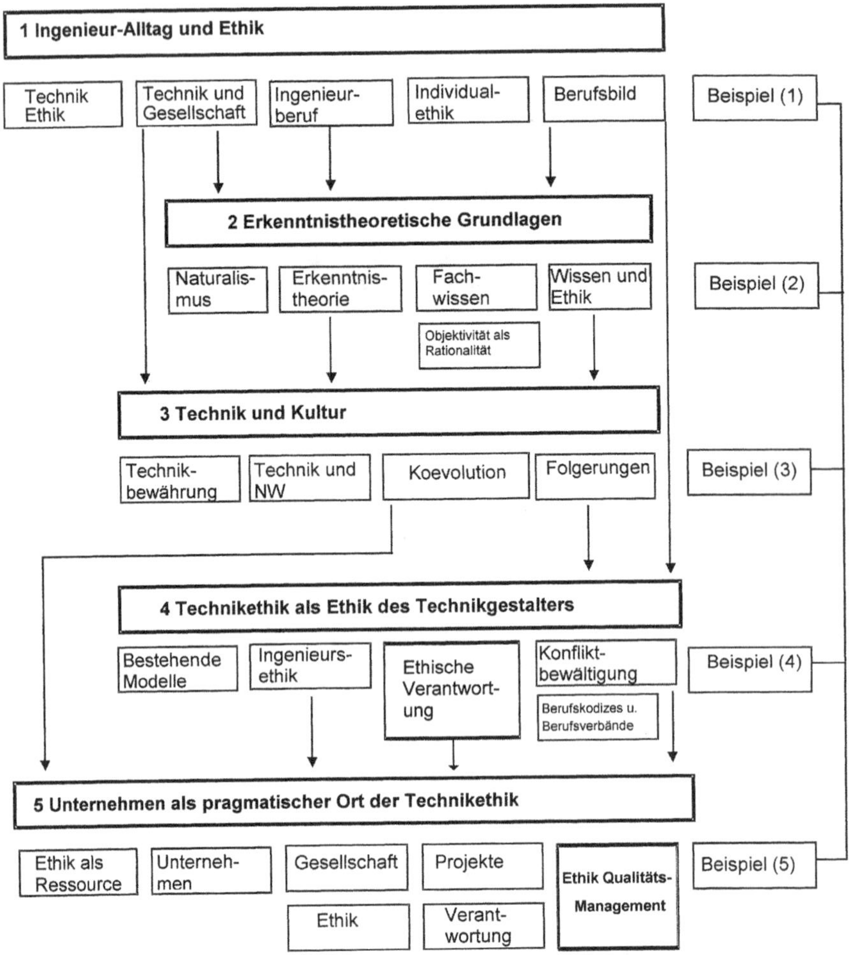

Abbildung 0-2 *Struktur der Untersuchung und Hauptverbindungen.*

Wenn in dieser Arbeit von Ingenieuren die Rede ist, so ist dies als Berufsbezeichnung für beide Geschlechter zu verstehen und nicht diskriminierend gemeint. Grund für diese Wahl ist die Abneigung des Verfassers gegen Textkonstruktionen wie IngenieurInnen.

Einführung

Die Geschichte technischer Entwicklungen und ihrer Nutzung durch den Menschen ist insgesamt eine atemberaubende Erfolgsgeschichte (Peter Janich). Gleichgültig, ob es sich um die Beherrschung von Ackerbautechniken, Materialgewinnungs- und -verarbeitungstechniken, Medizintechnik, Energieversorgungstechniken oder Kommunikationstechniken handelt, *Wohlstand und Überlebensfähigkeit einer Gesellschaft* hängen von der *gemeinschaftlichen* Nutzung bestimmter Techniken durch die verschiedensten gesellschaftlichen Gruppen ab. Diese *gesellschaftliche Dimension* der Technik stellt die grundlegende Perspektive dar, unter der eine Diskussion um eine verantwortete Technikgestaltung stattfinden muss. Lange Zeit ergab sich hinsichtlich der Verantwortbarkeit einer Technik überhaupt kein Diskussionsbedarf, weil das technisch „Neue" fortschrittsoptimistisch meist als „gut" angesehen wurde (Grunwald 2002a) Mit der Erfahrung, dass Technik nichtintendierte Wirkungen hat, die unter Umständen zu einer katastrophalen Entwicklung für die gesamte Menschheit führen könnten, wurde der Ruf nach einer Regulierung der Technikgestaltung laut. Ihr Ziel ist, Technikfolgen human- und gesellschaftsverträglich einzudämmen. Die Rolle des Damms fällt der Ethik zu, die durch Ziehung von Grenzen die Technikentwicklung in wünschenswerte Bahnen lenken soll. Primärer Adressat dieser klassischen Technik-Ethik ist die Gruppe der Ingenieure als Technikgestalter. Durch Kontrolle des Handelns der Technikgestalter sollte die Technikentwicklung ethisch geregelt werden. Ob es sinnvoll und möglich ist, Technik unter Rückgriff auf rein ethische Überlegungen verantwortlich zu gestalten, ist Gegenstand der hier vorgestellten Untersuchung.

Mit ethischem Handeln wird alltagssprachlich persönliches Wohlverhalten relativ zu einem festliegenden Wertesystem assoziiert. Klassische Ansätze einer Ingenieursethik als Individualethik folgen dieser Auffassung dahingehend, dass sie nahe legen, Technikethik als Ethik des Technikgestalters habe lediglich mit der Anwendung und Durchsetzung bestimmter ethischer Berufskodizes zu tun. Zwar ist das persönliche Handeln eine Grundvoraussetzung für eine Technikethik, jedoch sind rein individualistische Überlegungen für die Lösung der Aufgabenstellung nicht ausreichend, weil die Techniknutzung viel weitere Bereiche als nur den der Gestaltung persönlicher Beziehungen umfasst. Die hier vorgelegte Untersuchung bezieht sich auf demokratisch legitimierte Gesellschaften in denen bestimmte Sitten und allgemeinverbindliche Regeln für ethisches Handeln bereits etabliert sind. Diese Arbeit ist der Identifizierung von Konfliktfeldern gewidmet, die über die alltägliche Ebene hinausgehen und nicht die Untersuchung des alltäglichen Wohlverhaltens von Ingenieuren unter moralischen Aspekten. Für Konflikte der Technikgestaltung sollen als Ergänzung zur gängigen Praxis Vorschläge zu Lösungsverfahren bereit gestellt werden, die Technikgestaltung in einem gesellschaftlichen Kontext betrachten.

Im einzelnen werden die folgenden Aspekte näher untersucht:

In Kapitel 1 werden *Verbindungen zwischen Ingenieursalltag, Technik und Gesellschaft* identifiziert. An Hand der Wechselbeziehung von Technik und Gesellschaft lässt sich der wechselseitige Einfluss von Technik, Weltbild und Selbstbild des Menschen herausarbeiten. Es lässt sich zeigen, dass der Stand der Technik und der Wissenschaft ganz entscheidend die Selbstauffassung und das Weltbild ihrer Zeit prägen. Technik ist deshalb mehr als nur ein Mittel zur Erreichung bestimmter Zwecke, sie prägt das Zusammenleben der Menschen in einer Gesellschaft.

Kapitel 2 legt das erkenntnistheoretische Fundament für einen neuen Ansatz der Technikethik. Ausgangsbasis ist die grundlegende *Verbindung zwischen Erkennen und Können*, zwischen Erfahrung und Handlung. Alles Erkennen ist zurückführbar auf erfolgreiches zweckgerichtetes Handeln in einer Gemeinschaft. Diese Rückführung leistet die Rehabilitierung der ethischen Dimension des Erkennens und bezieht diese unmittelbar auf technisches Handeln.

Das nachfolgende Kapitel 3 ist der *Verbindung von Technik und Kultur* gewidmet. Ziel von Technik ist die Erweiterung menschlicher Handlungsmöglichkeiten. Sie stellen Mittel dar, mit dem das Vorgefundene für menschliche Bedürfnisse umgestaltet werden kann. Das Ergebnis des Umgestaltungsprozesses ist die menschlich gemachte Kultur, wobei Kultur als Mittel der Lebensbewältigung zu verstehen ist.

Kapitel 4 bringt die in den vorhergehenden Kapiteln erarbeiteten Grundlinien mit der Ingenieurspraxis ins Gespräch mit dem Ziel, die Verantwortung der Ingenieure als Technikgestaltern gegenüber den Verantwortungen der anderen Beteiligten abzugrenzen.

Kapitel 5 präsentiert die pragmatische Umsetzung der in den vorhergehenden Kapiteln entwickelten Technikethik am Ort der Technikentwicklung, dem Industrieunternehmen. Nach einer Analyse verschiedener Unternehmensethiken lassen sich typische Konfliktfelder und Konfliktbewältigungsstrategien erarbeiten und Handlungsbedarf bezüglich einer Institutionalisierung identifizieren. Die Arbeit schließt mit einer Untersuchung des Haupttätigkeitsgebiets der Ingenieure, der Abwicklung technischer Projekte. Als Ergebnis wird ein Instrumentarium vorgestellt, mit dem ethische Konflikte der Technikgestaltung identifiziert und bewältigt werden können.

1 Ingenieur-Alltag und Ethik

1.1 Technik und Ethik

Auf einer ersten Reflexionsstufe soll auf die alltagssprachliche Definition der Begriffe „Technik“ und „Ethik“ zurückgegriffen werden. Die Alltagsdefinition von Technik dient als Ausgangsbasis für die Überlegungen, weil sie den Ingenieuren am leichtesten zugänglich ist. Sollte sich die alltägliche Begriffsdefinition als nicht ausreichend für die Bearbeitung technikethischer Fragestellungen erweisen, so lässt sich der Begriff ausweiten. Der alltägliche Begriff „Technik“ leitet sich vom griechischen Wort „technikos“ – d.h. Handwerk, Fertigkeit, Handwerkskunst ab. Der Duden versteht unter Technik:

> *„alle Maßnahmen, Einrichtungen und Verfahren, die dazu dienen, die Erkenntnisse der Naturwissenschaften für den Menschen praktisch nutzbar zu machen“ (Duden, 1989)*

Für den Ingenieur als Technikgestalter weist bereits die alltagssprachliche Definition darauf hin, dass die von ihm gestaltete Technik zwei Grundanforderungen zu genügen hat. Sie soll

- naturwissenschaftlich fundiert und
- nützlich für den Menschen sein.

Die erste Forderung ist grundlegend für das Betreiben der Ingenieurskunst als Ingenieurwissenschaft. Die zweite Forderung findet in der Technikgestaltung Berücksichtigung in Überlegungen zu Techniknutzern und Technikbetroffenen. Technik dient nicht einem Selbstzweck, sondern einem Nutzer, der diese Technik in einem sozialen Kontext einsetzt. (Halfmann, 1996) Technik ist Gestaltungselement und wesentliche Grundlage des Zusammenlebens von Menschen in einer Gesellschaft. Wie dieses Zusammenleben als gesellschaftliche Praxis geregelt, gestaltet und reflektiert werden soll, ist Gegenstand der Ethik. Von Ethik wird bei der Technikgestaltung dann gesprochen, wenn es darum geht, den Einsatz von Technik in einem gesellschaftlichen Rahmen zu verantworten.

Wenn in dieser Untersuchung von *Ethik* die Rede ist, so ist damit gemeint, dass es um die Konvention geht, mit der Menschen ihr Zusammenleben in einer Gesellschaft regeln. Dies lässt sich durch Rückgriff auf die Definition des griechischen Wortes

> *„ethos – die gewohnte Umgebung, die Üblichkeit, die Gewohnheit“*

begründen. Ethik im erweiterten Sinn ist die „Wissenschaft des sittlich guten Lebens“. (Duden, 1989) Sie verlangt eine zweistufige Betrachtungsweise. Sie agiert einmal deskriptiv, indem sie die aktuelle gesellschaftliche Praxis beschreibt und wissenschaftlich untersucht und zum zweiten normativ-präskriptiv also vorschreibend, weil sie aus der philosophischen Reflexion Handlungsleitlinien ableitet und in Form von Paradigmen und Werten bereitstellt. Ihr Ziel ist die Entwicklung von Leitlinien für ein verantwortetes Handeln und dessen praktische Umsetzung. Sie hat auf verantwortetes Handeln einen vergleichbaren Einfluss wie der Prozess der technischen Normung auf die Technikentwicklung. Die Normung ist einerseits präskriptiv und normativ, wenn Leitlinien für die Technikentwicklung vorgegeben werden und deskriptiv bei der Festschreibung des Stands der Technik als Grundlage der Normen. Darüber hinaus unterliegen die Normen selbst einer ständigen Weiterentwicklung durch Normungsgremien.

Sicherheitsnormen sind beispielsweise Handlungsanweisungen zum Bau eines technischen Systems, die die Technikentwicklung beeinflussen, indem sie vorgeben welchen Ansprüchen ein Sicherheitssystem genügen muss. Ein Ingenieur wird diese Normen einhalten, wenn er ein solches System entwickelt. Er macht dies in der Regel ohne die Normung selbst ständig zu hinterfragen, sondern verlässt sich auf den „Stand der Technik“, der sich in den aktuellen Normen niederschlägt. Die Sicherheitsnormung unterliegt mit dem Voranschreiten der Technik einem ständigen Reflexionsprozess. Was für die technischen Normen der „Stand der Technik“ darstellt ist durchaus mit dem „Stand der philosophischen Diskussion“ vergleichbar. Wie für die technische Normung, gehen in die philosophische Diskussion Erfahrungen der Vergangenheit ein. Beiden „Systemen“ ist gemein, dass sie sich als kollektive Lernprozesse auffassen lassen.

Die in der Ethik reflektierte gesellschaftliche Konvention ist relativ zu einem Wertesystem. Sowohl die Konvention selbst als auch das Wertesystem können auf rationaler Basis verhandelt werden, wenn es zu Konflikten kommt. Mit Konflikten der Technikgestaltung sind hier Entscheidungskonflikte über den Einsatz, Betrieb und Stillegung technischer Mittel gemeint. Konflikte machen eine Ethik der Technik überhaupt erst notwendig, weil sich die Wirksamkeit ethischer Leitlinien für verantwortetes Handeln im Konfliktfall erst erweist. Die hier durchgeführte Untersuchung bezieht sich auf Konflikte, die bei der Entwicklung und Anwendung von Technik in einer Gesellschaft entstehen und wie diese bewältigt werden können. Sie konzentriert sich auf den

Ingenieur als Technikgestalter und die in der Ingenieurpraxis auftretenden ethischen Aufgabenstellungen. *Damit ist weder gesagt, dass Ingenieure als einzige in Technikgestaltung und Techniknutzung agieren, noch, dass damit alle Konflikte um den Einsatz von Technik behandelt sind.* Ziel der Untersuchung ist den Beitrag von Ingenieuren an der Technikentwicklung und -nutzung auf ethisch sensitive Aspekte zu untersuchen, sowie die Verantwortung von Ingenieuren abzugrenzen. Die Grundfrage ist, ob und wie Technik ethisch gestaltbar ist. Eine Zentralthese dieses Beitrags ist, dass sie, gemäß ihrer oben genannten Grunddefinition, am Nutzen des Menschen auszurichten ist. Über die Frage des individuellen Nutzens hinaus hat sie unmittelbar mit gesellschaftlicher Verantwortbarkeit zu tun. Gesellschaftlich verantwortbar meint, dass sich die Wirkungen der Techniknutzung im Rahmen gesellschaftlicher Akzeptabilität bewegen. Was unter der Chiffre der „gesellschaftlichen Akzeptabilität" zu verstehen ist, wird in Kapitel 3.3 untersucht.

Das Problemfeld soll im folgenden an Hand der Arbeitswelt der Ingenieure umrissen werden. Diese Vorgehensweise soll klären, welche philosophischen Grundüberlegungen notwendig sind, um eine Technikethik als Ethik des Technikgestalters zu entwickeln. Eine zentrale Rolle spielt, welche Bedeutung Technik für den Lebensvollzug der Gesellschaft hat und wie sich ihr Einfluss verstehen lässt. Ist diese Frage geklärt, lässt sich die spezifische Verantwortung von Ingenieuren definieren und von der Verantwortung der Gesellschaft als Techniknutzer abgrenzen. Abschließend wird die Umsetzungsfähigkeit des Konzepts am pragmatischen Ort der Technikentwicklung – dem Unternehmen - untersucht.

Entscheidungen bei der Technikentwicklung entsprechen in den seltensten Fällen dem philosophischen Ideal einer freien Handlung. Weder besteht vor der Entscheidung für eine Handlungsoption sicheres Wissen über ihre Auswirkungen, noch sind die Entscheidungsträger in ihren Entscheidungen völlig frei. Technikentscheidungen sind Handlungen unter den Randbedingungen des Risikos und der Abhängigkeit von technischen und sozialen Einschränkungen. (Banse/Friedrichs, 1996; S. 105-141) Die Grundfrage ethischer Ingenieurverantwortung ist die nach der Bedingung der Möglichkeit von Verantwortung unter den genannten Randbedingungen. Eine Technikethik, die diesen Namen verdient, muss die Randbedingungen des Handelns angemessen berücksichtigen, weil sie sonst an der Praxis vorbeigeht und sich in moralischen Appellen verliert. (Grunwald, 1999a)

Technik lässt sich für ethische und unethische Zwecke einsetzen. Diese *Ambivalenz der Technik* wirft die Frage auf wer den Einsatz von Technik zu verantworten hat. Sie wurde bisher im Rahmen der Arbeitsteilung seitens der „Techniker" gerne der Gesellschaft überantwortet. (zur Frage der Beschränkung des Ingenieurs auf die Sachbearbeiterperspektive siehe Kapitel 1.3.2) Philosophische Überlegungen zur Berufsstandsverantwortung der Ingenieure weisen auf eine hohe Mitverantwortung der Ingenieure an der Erhaltung und Sicherung der Lebensgrundlagen der Menschheit hin. (Jonas, 1979; Lenk, 1992; 96); (Ropohl, 1991); (Unger, 1982). Zu den derzeit heftig diskutierten Fragen zählt, inwieweit Ingenieurshandeln in besonderem Maße gemeinwohlpflichtig ist. Das Spektrum reicht von den Untersuchungen von K.-D. Alpern (Alpern 1983) der so weit geht, den Ingenieuren normativ moralisches Heldentum vorzuschreiben, bis hin zu Beiträgen, die vor einer Überschätzung der Rolle der Ethik in der Technikgestaltung warnen (Grunwald 1999b). Hier wird die Position vertreten, Ingenieursverantwortung nur innerhalb einer allen Gesellschaftsmitgliedern gleich aufzuerlegenden Bürgerpflicht zu diskutieren. Ingenieure sind in erster Linie *Ansprechpartner* für Fragen, die mit der Anwendung technischer Produkte einhergehen. Die Fragen nehmen eher zu als ab, weil der Einfluss der Technik auf Umwelt und Gesellschaft mit fortschreitender Technisierung steigt. Ingenieure werden sich in Zukunft mit Fragen auseinandersetzen, die über ihre technische Kompetenz hinausreichen. Es geht in dieser Untersuchung vor allem um Fragen, die eine interdisziplinäre Herangehensweise erfordern, weil *technisches* und *ethisches* Wissen gebraucht wird, um auftretende Entscheidungskonflikte zu lösen.

1.1.1 Die Wechselbeziehung von Technik und Gesellschaft

Die mit der Metapher „industrielle Revolution" bezeichnete Entwicklung der Maschinentechnik im 18. und 19.Jahrhundert führte zu großen vernetzten technischen Systemen, die Lebens- und Arbeitsbedingungen der Menschen im gesellschaftlichen Rahmen bestimmen. Zu nennen sind die Einführung der Fabrikarbeit, der Fließbandarbeit, sowie die Entkopplung der menschlichen Lebensform von den natürlichen Gegebenheiten dank des technischen Fortschritts auf dem Gebiet der Medizin, der Energieversorgung, der Bautechnik und schließlich der Kommunikationstechnik (Kash, 1999). Eine populäre Deutung dieses Vorgangs ist, dass sich der Mensch mittels der Technik aus der direkten Abhängigkeit von der Natur emanzipiert hat. Im Umkehrschluss wird problematisiert, ob nicht lediglich die Abhängigkeit von der Natur in die Abhängigkeit von der Technik umgeschlagen ist. (Jelden, 1994); (Rohbeck,1993); (Lenk, 1992, 1998); (Ropohl, 1991). Dabei ergibt sich das neue Problem, inwieweit eine aus der Kontrolle geratene Technik den Fortbestand der Menschheit insgesamt gefährden könnte. (Mitcham, 1977) Lösungsvorschläge hierzu führen zu Konzepten, die ethische Grenzen der Technik fordern. Folgt man verantwortungsethischen Überlegungen, könnte eine Gefährdung der Menschheit zukünftig ausgeschlossen werden, wenn sich die technisierte Gesellschaft auf ein *Prinzip Verantwortung* (Hans Jonas) verpflichtet. (Jonas, 1979) Ob dies möglich und inwieweit dies sinnvoll ist, lässt sich erst an Hand der Bedeutung der Technik für menschliches Leben klären. Je nach Sichtweise wird Technik:

- als *anthropologische Notwendigkeit* gedeutet, die sich aus der Natur des Menschen als Mängelwesen ergibt, wie dies A. Gehlen (1957) und J. Ortega y Gasset (1997) tun. Technik dient der Perfektionierung des Menschen und kompensiert dessen unvollkommene natürliche „Grundausstattung". Sie ist Organersatz (in Wiederaufnahme der Idee des Novum Organum bei Francis Bacon), Organverlängerung und Organüberbietung. Technik ist Konkretisierung und Objektivierung von Körperfunktionen. Sie erlaubt in weitestem Sinn die Weltbemächtigung, indem sie unvollkommene Handlungsmöglichkeiten des Menschen ergänzt.

- als *Gegennatur* aufgefasst, die sich aus der Abgrenzung des menschlich geschaffenen vom natürlich entwickelten definieren lässt. (z.B. Ropohl, 1991; S. 51-71) Dieser Denkrichtung entspricht der Begriff der Technik als Welt des künstlich gemachten, als Sphäre der Artefakte.

- unter einem *soziologischen Blickwinkel* beleuchtet, wobei Technik als *Medium der Kommunikation* aufgefasst wird. z.B. (Halfmann, 1996; S. 109-

147) Demnach dient die Technik der Entlastung von fortwährender Reflexion auf den Sinn alltäglicher Handlungen.

- unter sozio*ökonomischen Kriterien* gewertet, wobei die Technik ein Medium gesellschaftlicher Formung gesehen wird, wie dies bei Karl Marx der Fall ist.
- als medialer Teil eines Systems gesehen, wie bei Niklas Luhmann. (Luhmann, 1973)

Den oben beschriebenen Ansätzen ist gemein, dass sie eher Wirkungen von Technik beschreiben, als einen scharf definierten Technikbegriff. Wertungen von Technik sind aber abhängig vom unterstellten Technikbegriff. Diesem Zusammenhang ist das Kapitel 3 gewidmet.

1.2 Wahrnehmung von Technik und Technikgestaltern

Für die ethische Beurteilung von Technik spielt ferner eine Rolle, wie Technik wahrgenommen wird. Hinsichtlich der Wahrnehmung von Technik lassen sich zwei grundverschiedene Perspektiven ausmachen, die gleichzeitig auf tieferliegende Grundannahmen bezüglich der Gestaltbarkeit von Technik führen. Die Bewertung von Technik gliedert sich in die Technikteilnehmer und Technikbeobachterperspektive. (Grunwald, 2000c)

Die Teilnehmerperspektive ist noch einmal in die Gruppen *Techniknutzer* und *Technikgestalter* differenzierbar. Die Techniknutzer sind an der Funktion von Technik interessiert und beurteilen Techniken nach ihrer Bedienbarkeit und Zweckmäßigkeit. Technikgestalter als Teilnehmer der technischen Praxis erleben Technik als ein Objekt bewusster Gestaltung. Sie sind daher von der *Planbarkeit der Technik* überzeugt. Im Extremfall führt diese Haltung zur Überzeugung, Technik sei bei guter Planung vollständig kontrollierbar. (Gefahr des Planungsoptimismus)

Diametral entgegengesetzt ist die Haltung der Technikbeobachter, die sich für die Funktion von Techniken zunächst nicht interessieren. Sie beurteilen Technik relativ zu ihrer Wirkung in der Gesellschaft und an Hand der Folgen des Technikeinsatzes. Für sie entwickelt sich Technik eher nach nicht gestaltbaren *eigenen Gesetzen* im Rahmen einer Evolution. (Gefahr des Technikdeterminismus) Technikbeobachter neigen zur These, dass *die technische Entwicklung insgesamt* einem blinden Suchprozess gleicht und *sich deshalb nicht gestalten lässt*. (Halfmann, 1996) Die Beobachterperspektive ist insbesondere bei Technikbetroffenen anzutreffen, die Technikfolgen als Schicksal erleben, das sich ihrer Gestaltung weitgehend entzieht. Die

Haltungen „Beobachter“ und „Teilnehmer“ sind natürlich idealtypisch, weil jeder Mensch in unserer Gesellschaft alltäglich eine ganze Reihe von Techniken nutzt und deshalb immer auch ein Technikteilnehmer ist. Technikdeterminismus und Planungsoptimismus führen zu vollkommen unterschiedlichen Bewertungen von Technik. Unstrittig ist für beide Perspektiven, dass technische Systeme Handlungsspielräume ermöglichen und beschränken.

An der Gestaltung technischer Systeme und ihrer Einbindung in das menschliche Alltagsleben sind Ingenieure maßgeblich beteiligt. Je nach Blickwinkel erscheinen sie dabei als Prototyp eines einer humanen Gesellschaft zutiefst verpflichteten Menschenbildes:

> *Der Ingenieur ist so recht der Mensch des 20. Jahrhunderts, er gestaltet die Umwelt, formt sie um und macht sie für menschliche Zwecke urbar. Er entwickelt damit unsere Zukunft und trägt dazu bei, das Leid allerorten zu mindern. (Time-Life, 1969; S. 5)*

oder als Hauptgefährder „wahrhaft menschlichen Lebens“, weil sie Techniken gestalten, die dem Menschen eine vorgeprägte und beschränkte Weltsicht vermitteln und ihm letztlich eine Selbstbestimmung unmöglich machen:

> *„So ist es trauriges Verdienst der Auswirkungen moderner technikvermittelter ... Verengung möglicher Handlungsspielräume, ein neuerliches Beispiel für die Auswirkungen eines Fehlens von freier Selbstverwirklichung subjektiver Intentionalität zu liefern. ... In der Beschränkung auf ... bereitgestellte Handlungsmuster bleibt nahezu jeder individuelle Konstruktionsversuch von Ich und Welt Rekonstruktion des gesellschaftlich Dargebotenen und kann Rebellion kaum noch der Entwurf von Utopien sein, sondern mehr und mehr nur Destruktion“ (Jelden, 1993; S. 224)*

Beide Wahrnehmungen legen unterschiedliche Bewertungen von Technik und Technikgestaltern vor. Während der Planungsoptimismus unübersehbar Grundlage für das erste Zitat ist, spricht aus dem zweiten Zitat die Angst vor einer vollkommenen Determinierung menschlichen Handelns durch technisch vorgegebene Handlungsmuster. Neuen Techniken stehen Teilnehmer und Beobachter, je nach Perspektive, eher euphorisch oder pessimistisch gegenüber.

Veränderungen und Herausforderungen durch neue Techniken werden in der öffentlichen Diskussion gerne mit der Metapher „Revolution“ belegt, wie z.B. die Rede von der „digitalen Revolution“. Die Metapher *„Revolution“* ist insofern *nicht neutral,* als sie gewaltige Umstürze und gesellschaftliche Anarchie assoziiert. Darüber hinaus erweckt sie den Eindruck, technische Veränderungen kämen in großem Stil und völlig unerwartet auf die Gesellschaft zu. Das Gegenteil ist richtig. Die Einführung neuer Techniken erfolgt schrittweise. (Grunwald, 2000c; S.50) Sie provozieren zunächst Ängste und Hoffnungen, die sich mit dem Einsatz neuer Techniken verbinden. Wie sich zeigen lässt, sind diese Ängste und Hoffnungen dadurch begründet, dass mit neuen Techniken neue kulturelle Kategorien auftreten, die sich nicht ohne weiteres in das bestehende System eingliedern lassen. Vielmehr verlangen sie unter Umständen eine Reflexion und Weiterentwicklung kultureller Vorstellungen.(Smits, 2002)

Mit diesen Ängsten und Hoffnungen kann unterschiedlich umgegangen werden. Je nachdem, wie darüber gesprochen wird, ergeben sich unterschiedliche Schlüsse hinsichtlich der Notwendigkeit Technik ethisch einzuschränken. Das Szenario einer „Risikogesellschaft“ (Ullrich Beck) (Beck, 1986) provoziert ganz andere Anforderungen an eine Ethik der Technikgestaltung, als der genauso berechtigte Begriff der multioptionalen Gesellschaft, als einer Gesellschaft mit großen Wahlmöglichkeiten und Differenzierungen. Wie über und von Technik und ihrer Beziehung zur Gesellschaft gesprochen wird, ist bereits ein Weg, die gegenseitige Wechselbeziehung zu verstehen. Die Argumentation enthält bereits eine Wertung dieser Beziehung, die sich in der Verwendung positiv oder negativ besetzter Gesellschaftsentwürfe niederschlägt. Dazu zählen z.B. die Begriffe „Atomzeitalter“, „Informationsgesellschaft“, „Wissensgesellschaft“, „Überwachungsstaat“, „nachhaltige Gesellschaft“ usw. (vgl. Grunwald,2000c)

Für den Ingenieur stellt sich die Frage, ob der Einfluss der Technik auf die Gesellschaft von einem hohen Grad an Eigendynamik des technischen Systems geprägt ist und inwieweit diese Eigendynamik gestaltbar bleibt. *Das Verhältnis zwischen Gestaltbarkeit und Determinismus technischer Entwicklung ist zu thematisieren, wenn Leitlinien einer Technikethik entwickelt werden sollen.* Dabei spielt eine tragende Rolle, inwieweit technische Systeme das Alltagsleben und Auffassungen des Menschen und der Welt beeinflussen und als *Mittel der Weltkonstruktion* wirken (Eva Jelden).

1.2.1 Technikgestaltung als Gestaltung der Lebensumstände

Ingenieure haben entscheidenden Einfluss auf die technische Ausgestaltung des Alltagslebens und indirekt auf Weltauffassung und Gesellschaftsreflexion. Obwohl sie über Technik nicht alleine entscheiden und als „Kamele der Kaufleute“ (zitiert nach Peter Kohlstock) (Lenk/Maring, 1997) Technik nach Rahmenvorgaben ihrer Vorgesetzten entwickeln, können sie doch viel eher konkreten Einfluss nehmen, wenn es um detaillierte Ausgestaltung geht. Es ist von entscheidender Bedeutung, dass sich die Ingenieure dieser Tatsache bewusst werden und sie aktiv in ihre gestaltende Tätigkeit einbeziehen. Ein ethischer Ansatz kann sein, sich immer wieder die Frage zu stellen, wie der Mensch trotz zunehmender Technik Mittelpunkt des Geschehens bleiben kann. Wie keine andere Berufsgruppe sind Ingenieure an der konkreten Umsetzung abstrakter Ideen in die Technik beteiligt. Sie haben damit ein Instrument an der Hand, mit dem sie entscheidend mitbestimmen können, wie die Welt der Zukunft aussehen wird.

Die Verwebung von Technik und Gesellschaft führt dazu, dass jedwede Ingenieurstätigkeit direkt oder indirekt einen Einfluss auf Lebensumstände hat.

Ein Ingenieur der Automatisierungstechnik trifft Entscheidungen, die über die rein technische Gestaltung des Systems hinausgehen. Die Art und Weise, wie er sein System plant und einsetzt, kann darüber entscheiden, wie viele Menschen in einem Werk beschäftigt sind, wann sie ihre Arbeit aufnehmen sollen und welche Tätigkeiten sie dabei ausüben. Starken Einfluss auf die Gestaltung von Technik nehmen vom gestaltenden Ingenieur angenommen Nutzer- und Gesellschaftsbilder, die in die Gestaltung von Techniken eingehen. Im Fall der Automatisierungstechnik wurde u.a. mit dem Modell des Arbeiters operiert, der stets bemüht ist, dem Unternehmen ein Maximum seiner Arbeitskraft zu entziehen und seine Pausenzeiten möglichst lange auszudehnen. Die Ausgestaltung des technischen Systems führte zu einer Reihe von Bedienhandlungen, die allein der Kontrolle des Arbeiters dienten. Die Lösung hätte bei anderer Wahl des Nutzerbildes auch ganz anders ausfallen können.

Indirekter ist die Wirkung der Technikgestaltung beispielsweise im Bereich des e-commerce. Hier wird durch die Verlagerung des Geschäfts in das Internet ein Eingriff in die sozialen Beziehungen und Verhaltensweisen einer Gesellschaft vorgenommen. Ist der Kunde gewohnt, in das Geschäft seiner Wahl zu gehen, wird er in Zukunft immer häufiger von Zuhause aus bestellen, ohne jemals einen einzigen Menschen zu begegnen. Der Einfluss des e-commerce auf die Gestaltung der Städte und des Kaufverhaltens ist schwer abzusehen. In diesem Fall liegen die Auswirkungen der Technik außerhalb des Gestaltungsbereichs der Ingenieure. Sie können keinen Einfluss auf den Nutzer und sein Einkaufsverhalten nehmen. Vielmehr ist an dieser Stelle neben der Verantwortung der Technikgestaltung nach der Verantwortung und dem Verhalten des Nutzers zu fragen.

Der gegenseitigen Verwebung von Technik und Gesellschaft werden Konzepte nicht gerecht, die Technik als Gegennatur oder „Welt der Artefakte" beschreiben, die von Gesellschaft und Natur klar abgegrenzt ist. Diese Modellbildung beruht auf einem übersimplifizierten Konzept, der „Maschinenmetapher". Technik wird dabei als eine Maschine angesehen, die der Mensch bei unerwünschten Nebenwirkungen jederzeit wieder abstellen kann. Die technikethische Folgerung aus diesem Konzept ist, dass der Mensch in die „gute alte Zeit" zurückkehren soll, in der es die Maschine nicht gab und die Menschen vom Zwang frei waren, diese Maschine am Laufen zu halten. (Freyer, 1929) Diese Modellbildung und ihr Appell wieder in die bessere alte Zeit „natürlichen" menschlichen Lebens zurückzukehren ist eine verbreitete Argumentationsfigur technikskeptischer Ansätze. (Beck, 1986);(Jelden, 1994) Allerdings geben diese Ansätze keinen Hinweis zu möglichen Alternativen zum „selbstgewählten Schicksal technischen Wandels" (Fritz Rapp). Die Rückkehr in die „natürliche Lebensweise" scheitert daran, dass nicht ausgemacht ist, ob die früheren Zeiten nun wirklich besser waren. Im übrigen übersieht die Maschinenmetapher vollkommen die Wechselwirkung zwischen gesellschaftlicher Praxis und Technik. Technik ist kein unbeeinflussbares Schicksal, sonst bräuchten Ingenieure keine Technik planen, weil sie sich von alleine entwickeln würde. Andererseits ist Technik nicht beliebig gestaltbar, weil sie von nichttechnischen Randbedingungen abhängig ist. Als Fazit lässt sich ziehen, dass *Technik in Grenzen gestaltbar ist.*

1.2.2 Die Beeinflussung des Menschen- und Weltbildes durch Technik

Für Welt- und Menschenbilder gilt, dass sie durch Entwicklung neuer Techniken Veränderungen unterzogen werden. Weltbilder und Deutungen des Menschen beruhen auf vorläufigem Wissen und ändern sich mit fortschreitendem Kenntnisstand. Im Verlauf der erkenntnistheoretischen Reflexion entstanden mit fortschreitender Technik neue Menschenbilder. In der mittelalterlichen Auffassung ist der Mensch Produkt eines (göttlichen) Erzeugungsprozesses. Als Imitator göttlicher Schöpfungsakte agiert er, wenn er selbst Technik entwirft und sich damit von seiner Umwelt abgrenzt.

> *Technik wird zum sichtbaren Medium, durch das die Menschen sich als etwas Besonderes in der Natur beschreiben können. Technik wird zu* ***dem*** *Unterscheidungsmerkmal des Menschen von Natur und Tier. (Halfmann, 1996; S.38)*

Mit dem Übergang zur Neuzeit wird die Mechanik zu einer zentralen Wissenschaft. Mit der Erfahrung, dass sich Planetenbewegungen durch mechanische Gesetze beschreiben lassen (Keppler, Galilei, Newton) setzt eine Umkehrbewegung gegenüber dem Mittelalter ein. Die *Natur* wird mit mechanischen Gesetzen beschrieben. Damit kommt es zu einer technischen Konzeptualisierung der Natur als idealer Mechanik. Natur wird zur ideal funktionierenden Maschine. Mechanik als Wissenschaft wird zum zentralem Zugang zur Beschreibung der Welt. Diese Beschreibungsweise schlägt auf anthropologische und gesellschaftliche Betrachtungen durch, womit Fragen in den Mittelpunkt rücken, wie sich die mechanische Ordnung der Natur in einer

Gesellschaft abbilden lässt. es kommt zu einer Mechanisierung des Menschen- und Weltbilds.

Damit hängen Menschenbilder indirekt vom Stand der technischen Entwicklung ab:

> *Neben den veränderten Raum, Zeit- und Wahrnehmungsschemata implizieren neue Techniken häufig auch ein neues Selbstverständnis des Menschen. Die mechanische Maschine hat sein Selbstbild als körperlich geschickte Arbeitskraft herausgefordert und ihn seine Identität in der intelligenten Operation suchen lassen; durch den Computer wird dieses Selbstbild wieder erschüttert ...(Rammert, 1993; S.76)*

Was für das Menschenbild gilt, trifft in beschränktem Maße auf Weltbilder zu. Je nach Entwicklungsstand der Erkenntnis und der zugehörigen Technik wird Welt aufgefasst als göttliche Konstruktion (Idee Gottes als Architekten bei Platon), als ideales mechanisches Gebilde (Keppler'sches Weltbild), als Großmaschine (industrielle Revolution) oder als komplexes, evolutiv programmiertes System hochvernetzter Teilsysteme. (20. Jahrhundert)

Eine moderne Spielart dieses Prozesses ist das Aufkommen des kommunikationstheoretischen Ansatzes in der philosophischen Diskussion. (Kybernetik: N. Wiener, Systemtheorie: N. Luhmann) Der Mensch wird zur informationsverarbeitenden Maschine, die Gesellschaft zu einem Kommunikationssystem. Wie im mechanistischen Weltbild werden Menschen in Analogie zu und von einem technischen System her gedeutet. Menschen werden als informationsverarbeitende Denkmaschine, als fühlender Roboter, als Input/Output-System modelliert. Für die *anthropologische* Modellbildung werden *naturwissenschaftliche Methoden* wie Struktur- und Systemanalysen herangezogen und Prinzipien der Technik zur Beschreibung des Menschen verwendet. Es kommt zu einer Technisierung des Menschenbildes.

Die in diesem Zusammenhang erstellten Systemanalysen und Rückschlüsse tragen Designprinzipien der Ingenieurswissenschaften in die Philosophie hinein, deren Grundvoraussetzungen meist unreflektiert übernommen werden. Kritisch wird die Situation dann, wenn ethische Schlussfolgerungen aus der Systemanalyse abgeleitet und Ansätze zur Fundierung ethischer Gebote aus der Kommunikationstheorie begründet werden sollen. Das gilt insbesondere, wenn Ethik als „Systemstabilisierung" modelliert wird. Von Interesse für die weitere Betrachtung ist, inwieweit Technik direkten Einfluss auf das Weltverständnis nimmt und in welchem Maße der Zugang zur Welt bereits technisch geprägt ist.

> *„Im heute stark technisch dominierten Alltag ist in der gegenseitigen Bedingtheit von Welterfahrung, ... [ist] Technik ein immer stärkerer Einflussfaktor für die Herausbildung eines Welt-, Gesellschafts- und Menschenbildes. ... Auseinandersetzung mit Welt ... ist in modernen Zivilisationen in großem Maße technisch vermittelt." (Jelden, 1993; S 184f)"*

Die technische Vermittlung des Weltzugangs wirft Fragen nach einer angemessenen Strategie und damit nach neuen kulturellen Kategorien zur Beherrschung des Umgangs mit der neu geschaffenen, technisch vermittelten Realität.

Das ist etwa der Fall, wenn mit fortschreitender Perfektionierung der Computertechnik Strategien zum Umgang mit virtueller Realität und ihrer Unterscheidung zu nichtvirtueller Welt gefunden werden müssen.

Insofern Veränderungen des gesellschaftlichen Lebens betroffen werden, sind ethische Aufgabenstellungen tangiert. In einem weiteren Kontext stellen sich folgende ethische Fragen:

- ist die fortschreitende Technisierung des Menschenbildes und des Alltags ethisch problematisch?
- welche Rolle soll der Mensch innerhalb der Technik spielen?
- soll der Mensch selbst durch Technik unbeeinflusst bleiben oder nicht?

Die o.g. Beispiele und Fragestellungen verdeutlichen, wie weit naturwissenschaftliche Erkenntnisse beeinflussend auf Wertvorstellungen und Selbstbilder des Menschen wirken. Sie werfen die Frage nach dem *Zusammenhang zwischen Ethik und Erkenntnis auf.* (Kapitel 2) Speziell ist das Verhältnis zwischen dem, was gewusst, und dem was gedurft und gesollt werden kann zu thematisieren.

***

1.3 Aspekte des Ingenieurberufs

1.3.1 Ingenieure als Schnittstelle zwischen Technik und Gesellschaft

Prägend für die eigene Sicht des Berufes ist die Teilnehmerperspektive an der Technikentwicklung und –anwendung. (Grunwald, 2000c; S. 21):

> *Klassischerweise sind die Beteiligten an der Technikentwicklung, vor allem die Ingenieure, eher von der Gestaltbarkeit überzeugt als die Beobachter, seien dies Technikforscher oder Politiker, die sich um die Einbettung von Technik in Gesellschaft bemühen müssen*

Für Ingenieure gilt, dass sie Technik entwickeln und deshalb Ziele durch geeignete Gestaltung technischer Mittel zu erreichen versuchen. Sie beobachten Technik nicht aus der gesellschaftlichen Perspektive, sondern aus der Sicht des Gestalters. Selbst wenn sie sich als Anwender (fremder) Techniken erfahren, sind sie dennoch von der prinzipiellen Gestaltbarkeit dieser Technik überzeugt. Diese Überzeugung stützt sich auf die eigene tägliche Gestaltungserfahrung. Ingenieure stehen daher in Gefahr die gesellschaftliche Perspektive der Technikanwendung latent zu übersehen und Akzeptanzkonflikte erst dann wahrzunehmen, wenn diese massiv auftreten. Die Schaffung gesellschaftlicher Akzeptanz für entwickelte Technik ist als Kernaufgabe einer Berufsethik der Ingenieure anzusehen. Schaffung von Akzeptanz meint dabei, dass Techniken so gestaltet werden sollen, dass sie sich in die bestehende gesellschaftliche Praxis einfügen lassen. Einpassung in gesellschaftliche Praxis bedeutet, dass Technik entweder kompatibel mit bisherigen Wertvorstellungen ist oder sich gesellschaftliche Praxis auf den Einsatz von Technik hin entwickeln lässt.

Ingenieure sind im Grunde genommen Technikgestalter, Technikanwender und Technikbetroffene. Ihnen kommt dabei eine Mittlerfunktion zwischen Technik und Gesellschaft zu. Auf Grund ihrer Ausbildung und Tätigkeit sind sie in der Lage, technische Vorgänge und Entwicklungen sachgemäß einzuschätzen und zu beurteilen. Sie können dann als Schnittstelle fungieren, wenn es ihnen gelingt auf den folgenden Gebieten ihre Kompetenz einzubringen:

- Humanisierung der Technik durch anwenderfreundliche Gestaltung und anthropozentrische Entwicklung.

- Mitarbeit an der Abschätzung von Technikfolgen und deren Auswirkungen auf die Gesellschaft in der Entwicklung.
- Anmeldung von Konsultationsbedarf bei aufkommenden gesellschaftlichen Konflikten.
- Vermittlung der Technikakzeptanz in der Gesellschaft durch die realistische Darstellung der Vorteile und Risiken eingesetzter Techniken.

Hinsichtlich der Technikakzeptanz sind Ingenieure in einer typischen Vermittlerposition. Es sollte ihnen gelingen, ihren Mitmenschen die Bedeutung der Technik für das heutige Leben zu vermitteln, ohne Ängste hinsichtlich der Unkontrollierbarkeit und des Eigenlebens technischer Systeme zu wecken. Ängste sind ernst zu nehmen und hinsichtlich ihrer Relevanz für die Inkulturation neuer Techniken zu untersuchen. Technikgestaltung soll gesellschaftlich legitimiert sein, d.h. der Praxis einer Gesellschaft entsprechen und sie nicht gefährden. Die Frage nach der spezifischen Verantwortung des Ingenieurs bei der Technikgestaltung soll im Folgenden gestellt und abgegrenzt werden. Zunächst wird die Ingenieurspraxis untersucht, um die *Verbindung zwischen Technik und Gesellschaft aus der Beobachterperspektive zu* erhellen. Dabei stehen Grundhaltungen des Ingenieurberufs auf dem Prüfstand, inwieweit sie die Wahrnehmung von Verantwortung fördern oder behindern.

1.3.2 Ingenieure als Sachbearbeiter

Ingenieure haben das Ziel ihrer Arbeit lange Zeit nur darin gesehen, Erkenntnisse der Naturwissenschaften in technisch machbare Produkte oder Dienstleistungen umzuwandeln. In einem größeren Rahmen erlebten sie sich als Technikgestalter, die den technischen Fortschritt zum Wohl der Menschen nutzbar machten. Die Verantwortbarkeit dieses technischen Fortschritts selbst sahen sie jedoch nicht als ihr eigenes Aufgabengebiet an, sondern als Aufgabe der Gesellschaft. Dieser Haltung liegt ein Konzept der Arbeitsteilung zu Grunde, in dem es Aufgabe der Gesellschaft ist, Zwecke und Aufgaben zu formulieren, zu deren Erreichung die Ingenieure technische Mittel bereitstellen. (van de Poel, 2001a) Sind die Zwecke ethisch gerechtfertigt, so ist die Suche des technischen Mittels eine *ethisch neutrale Angelegenheit* und Ingenieure brauchen sich nicht mit ethischen Fragen auseinandersetzen. Ropohl meint gar, Ingenieure würden mit dem Argument der Wertneutralität der Technik alle Verantwortung auf Auftraggeber und Anwender abwälzen. (Ropohl, 1991; S. 44) Die Lösung der Probleme, die mit der Technikanwendung zusammenhängen, erfordert in jedem Falle eine interdisziplinäre Herangehensweise. Eine These dieses Beitrags ist, dass Ingenieure die Fähigkeit zu interdisziplinärer Reflexion benötigen, um die künftig zu bewältigenden Aufgaben bei der Technikentwicklung adäquat d.h. in gesellschaftlich verantwortlicher und deshalb legitimierter Art und Weise ausüben können. *Die Berücksichtigung der gesellschaftlichen Ebene in der Technikentwicklung ist nicht zusätzlicher Überbau, sondern, wie sich aus der erkenntnistheoretischen Reflexion zeigen lässt, eine notwendige Bedingung für das Erreichen technischer Ziele.*

Als Fazit kann gezogen werden, dass sich Ingenieure weniger auf die Lösung technischer Aufgabenstellungen zurückziehen sollen, sondern darüber hinaus in der Lage sein müssen, die Verantwortbarkeit des technisch Möglichen gesellschaftlich grob abzuschätzen. Eine Folge der Selbstbeschränkung auf die Rolle des Sachbearbeiters ist der gesellschaftlich spürbare Imageverlust der Ingenieure. Das Image ist nicht so gut, wie es eigentlich auf Grund ihres Beitrags zum Allgemeinwohl zu erwarten wäre. Es soll im folgenden untersucht werden, wie es zu dieser Selbstbeschränkung auf die Sachbearbeiterrolle innerhalb der arbeitsteiligen Gesellschaft kam und welche strukturellen Gründe dafür angegeben werden können.

1.3.2.1 Subjekt-Objekt-Perspektive

Im Gegensatz zur Tätigkeit von Ärzten, Rechtsanwälten und anderen Angestellten ist die Ingenieurstätigkeit nicht primär durch menschliche Beziehungen geprägt. Man kann die Beziehung des Ingenieurs zu seiner Arbeit als *Subjekt-Objekt-Beziehung* charakterisieren. Ziel der Arbeit ist die Gestaltung der Technik als Objekt nach den Maßgaben des Subjekts. Die Subjekt-Objekt-Perspektive ist dann angemessen, wenn es um die Wahl von Mitteln zu einem festliegenden Zweck geht, also in der Detailausführung technischer Lösungen. Weil ethische Reflexion mit menschlicher intersubjektiver Praxis zu tun hat, ist sie zunächst einer Subjekt-Objekt-Perspektive schwer zugänglich und wirkt auf den ersten Blick als Fremdkörper. Technik als gesellschaftsprägende Größe kann und soll nicht allein nach objektiven Kriterien gestaltet werden. Es besteht durch diese Perspektive die Gefahr Technik allein nach den Regeln der Substitution des Menschen und der Elimination menschlichen Fehlverhaltens zu gestalten. Die Technik bestimmt dann die Rahmenbedingungen, nach denen sich der Mensch zu richten hat.

Für den Techniker ist dies eine typische Designproblematik, die, wenn sie rein aus der Subjekt-Objekt-Perspektive gestaltet ist, soweit führen kann, dass der die Technik beherrschende und bedienende Mensch zum Störfaktor innerhalb des Systems gemacht wird. Ein typischer und allgemein bekannter Fall ist die vollautomatisierte Steuerung komplexer Anlagen mit Hilfe der Automatisierungstechnik, bei denen nach technischem Ermessen am besten kein menschlicher Eingriff in das System erfolgt, bzw. der Mensch nur noch Dienstleister bei Störfällen und minderwertigen Hilfsarbeiten ist. Ein anderes Beispiel ist der Entwurf von Autopiloten, bei denen die Entwickler angeben, die Hälfte der Probleme, die bei einem Autopiloten auftreten und zu kritischen Flugsituationen führen, rührten vom Piloten her. (Martin, 2000) Eine typische Redeweise ist, dass bei technischen Havarien vom *menschlichen Versagen* gesprochen wird. Dies übersieht dass das System Fehlhandlungen zulässt, die zu seinem Versagen führten. Die Einschränkung der Perspektive des Ingenieurs auf den Subjekt-Objekt Bereich zeigt sich auch bei Konflikten um die Bedienerfreundlichkeit eines Systems, bei der von Entwicklern oft der Vorwurf zu hören ist, nicht das System sei schlecht gestaltet, sondern der Bediener sei „zu dumm" es richtig zu bedienen. Diese Aussage übersieht die Bedeutung des Nutzers für jede Technikgestaltung und verkehrt die Perspektive, wonach die Technik für den Nutzer da ist und nicht umgekehrt. Um diese Art von Konflikten zu vermeiden, muss die Subjekt-Objekt-Perspektive an bestimmten Punkten der Technikgestaltung verlassen werden. Erst wenn es gelingt, subjektive Aspekte in die Gestaltung der Technik einzubinden, ist es meines Erachtens möglich, Technik stärker am Menschen auszurichten. Die Subjekt-Objekt-Perspektive der Ingenieurstätigkeit erschwert die Einnahme einer Beobachterperspektive zur Technikbewertung. Die Beobachterperspektive ist für die richtige Einschätzung gesellschaftlicher Auswirkungen von Technik unerlässlich. Vorliegende Konflikte mit Technikbetroffenen stehen in der Gefahr aus Ingenieursperspektive latent übersehen und in ihrer Tragweite falsch eingeschätzt zu werden. Zumindest das Erkennen vorhandenen Konfliktpotentials und seine Explizierung sollte von Ingenieuren geleistet werden, damit über Nutzung oder Nichtnutzung einer bestimmten Technik in einem gesellschaftlichen Diskurs entschieden werden kann. Die Vernachlässigung dieser Perspektive verfehlt die Sozialdimension von Technik und kann zum Aufbau massiver Widerstände gegen eine Technik führen.

1.3.2.2 Klassische technische Hermeneutik

Hinsichtlich des Umgangs mit Erkenntnissen und Wissen gibt es in der Ingenieurtätigkeit weitgehend einen pragmatischen Wissensbegriff. Vom ingenieurwissenschaftlichen Standpunkt betrachtet ist wesentlich, ob ein technisches Gerät in der gewählten Umgebung zufriedenstellend funktioniert, unwesentlich hingegen, ob sich in der Beschreibung der für dieses Gerät notwendigen Grundgesetze ein methodischer Fehler findet. (Poser,1997). Das primäre Kriterium zur Beurteilung eines technischen Sachverhaltes ist die Funktionsfähigkeit einer Einrichtung und nicht die Frage nach der Wahrheit. Mit Recht kann daher in der Technik von einem pragmatischen Wissensbegriff gesprochen werden.

Die mit den technische Mittel in Zusammenhang stehenden Naturgesetze sind aus der Sicht des Technikers weniger Beschreibungen der Wirklichkeit als Anwendungsregeln für die technische Umsetzung einer gewünschten Funktion. Die einzige an dieses Regelwerk gestellte Anforderung ist, die effektive Nutzbarkeit hinsichtlich technischer Lösungen. Ziel der Ingenieurwissenschaften ist nicht die Suche nach Wahrheit, sondern nach Effizienz. (Poser,1997) Beispielsweise basieren die weitaus meisten Maschinen des Maschinenbaus und der Elektroindustrie nach wie vor rein auf der Newton'schen Mechanik und der klassischen Elektrizitätslehre, sind nach deren Gesetzmäßigkeiten konstruiert und konzipiert und nicht etwa nach den Gesetzmäßigkeiten der Quantentheorie. Dennoch funktionieren die meisten Anwendungen zufriedenstellend, obwohl die Newton'sche Mechanik als Theorie längst falsifiziert ist. Das Funktionieren der Maschine ist sogar unabhängig davon, ob es eine Kohärenztheorie gibt, die beide Theorien zusammenführt.

Funktion- und Systemdenken

Techniker denken in Funktionalbeziehungen und Systemen. Das ist ein wesentlicher Unterschied zu den anderen Wissenschaften, die Funktionen gerne auf die kausalen Wirkprinzipien zurückführen. Diese Rückführung ist jedoch in der Technik zum großen Teil weder nötig noch möglich. Selbst wenn man die physikalischen Prinzipien einer Maschine verstanden sind, ist damit noch nicht automatisch gesagt, dass die Maschine in ihrer Wirkungsweise verstanden ist. Diese erschließt sich erst durch das Denken in Funktionen und Systemen. Neben der Funktion ist auch jeweils der Zweck einer technischen Unternehmung zu ergründen. Die technischen Wissenschaften sind nur unter dieser teleologischen Prämisse zu verstehen. (van de Poel, 1999); (Janich, 2000); (Williams, 2000) Der Funktionsaspekt und das Systemdenken als Extremfälle der Subjekt-Objekt-Perspektive beschränken die Sichtweise für alle Aspekte, die außerhalb des Systems stehen und sich nicht direkt aus utilitaristischen Ansätzen ableiten lassen. Für die Berechtigung ethischer Fragestellungen kann das Funktionsdenken sogar eher hinderlich sein. Dieses Denken führt auf einen verengten Technikbegriff der zu Fehlschlüssen hinsichtlich der Bewertung von Technik führt, wie sie Werner Rammert treffend charakterisiert:

> *Man sieht überall nur die materiellen Aggregate und Maschinerien. Gegenwärtig wird jedoch immer deutlicher, dass der Gegenstand [der Technikgestaltung Y.J.] eher die soziotechnischen Systeme sind, in denen materielle und symbolische Artefakte und soziale Handlungen funktional aufeinander bezogen und organisatorisch miteinander verknüpft sind. (Rammert, 1993; S. 32)*

1.3.3 Ingenieurberuf und Loyalität

Ingenieure sind in ihrer Mehrzahl Angestellte der Industrie oder der Verwaltung und damit Mitglieder formaler Organisationen. Diese mit dem Ingenieurberuf einhergehende Rahmenbedingung hat für die Diskussion ethischer Aufgabenstellungen und Konfliktsituationen erheblichen Einfluss. Die meisten ethischen Konfliktfälle, bei denen Ingenieure beteiligt waren hatten ihre Ursache im Beschäftigungsverhältnis selbst oder sind durch das Verhältnis zur sie beschäftigenden Organisation entstanden. Aus diesem Grund sind ethische Konflikte innerhalb des Ingenieursberufs stärker vom gesellschaftlichen Umfeld und dem Wirtschaftssystem abhängig, als dies bei anderen Berufen der Fall ist. Ingenieure, die als Angestellte tätig sind, begegnen Schwierigkeiten bei der Umsetzung ethischen Handelns. (Unger, 1982) Zunächst einmal ist es schwierig, ethisch zu Handeln, wenn man machtlos ist, weil nur dann ethisch gehandelt werden kann, wenn ein Handlungsfreiraum besteht. Der als Angestellter in einem Team an einem Großprojekt arbeitende Ingenieur, gewinnt schnell den Eindruck, dass er an der ethischen Situation, die er beklagt nichts zu verändern vermag. Mit zunehmender Komplexität des Systems ist es ihm schwer möglich an dem Endergebnis entscheidend mitzugestalten. (Ladd, 1999)

Von besonderem Interesse ist in diesem Zusammenhang die Verwendung des Begriffs „Loyalität". Die Loyalität eines Angestellten zu seinem Unternehmen gilt als eine Selbstverständlichkeit. Ihrer Bedeutung nach ist Loyalität eine Wechselbeziehung zwischen zwei Personen, bei denen A loyal zu B und B loyal zu A ist, wie zum Beispiel in einer Freundschaft. Die ursprüngliche Verwendung des Begriffs kommt aus den Vasallenverträgen, nach denen der Lehnsherr loyal gegenüber dem Vasallen und der Vasall loyal zu seinem Lehnsherren war. Die Loyalität verpflichtet und belastet beide Parteien dieses Vertrags zu gleichen Teilen. Auf Grund des interpersonalen Kerns der Loyalität ist es schwierig, diesen Begriff auf eine anonyme Institutionen, wie Unternehmen, zu übertragen. Im Extremfall kann die Loyalität den Charakter der Tugend verlieren, so ist z.B. die Aussage, ein loyaler Rechtsradikaler oder ein loyales Mitglied eines Geheimbundes zu sein, gewiss nicht Ausweis einer besonderen moralischen Integrität. (Ladd, 1999) Auch im weniger kritischen Fall einer Zugehörigkeit zu einem Unternehmen, ist es schwierig Loyalität zu definieren, wobei es durchaus unangenehm für einen Mitarbeiter sein kann, wenn er Mitglied eines unethisch handelnden Unternehmens ist.

Die Begründungs- und Entscheidungsstrukturen in Unternehmen führen dazu, dass Unternehmen gar nicht zu ethischem Verhalten fähig sind, wenn wichtige Unternehmensziele außerhalb der ethischen Aufgabenstellung nicht in Frage gestellt werden sollen. Kollektive Entscheidungen in Unternehmen sind immer an dem gemeinsamen

Unternehmensziel, meist an der Gewinnmaximierung und der Positionierung im Wettbewerb, orientiert. Das Unternehmen kann solange „loyal" zu seinen Angestellten sein, als diese dem Unternehmensziel dienen und für das Erreichen dieser Ziele gebraucht werden. An dieser Stelle wird allerdings sehr oft ausgeblendet, das Unternehmensziele gestaltbar sind. Ein Unternehmen kann auf Grund seiner primären Ausrichtung auf Marktinteressen nicht loyal zu Angestellten sein, die den Unternehmenszielen widersprechen oder die eine Belastung für das Unternehmen werden oder darstellen. Dies ist aber der Fall in ethischen Konflikten zwischen Unternehmens- und Gesellschaftsinteressen. Wem der Ingenieur dann verpflichtet ist, muss gesellschaftlich erst noch ausgehandelt werden.

1.4 Die Rückgewinnung eines integralen Berufsbildes

In ihrer Tätigkeit sind Ingenieure weitestgehend mit Objekten und technischen Systemen beschäftigt. Dies führt zu einem einseitigen Berufsbild des Ingenieurs als Sachwalter technischer Fragestellungen. Die Ingenieurswissenschaft hat hier einen wesentlichen blinden Fleck: Der Ingenieur kommt als Mensch innerhalb seiner eigenen Wissenschaft nicht vor. Hinsichtlich der Wahrnehmung ethischer Verantwortung stellt sich die Frage, ob an dieser Stelle eine Kompensation notwendig ist. Es ist exakten Wissenschaften eigen, dass der Prozess der Erkenntnis kein Gegenstand der Wissenschaft selbst ist. Oberstes Ziel und gleichzeitig höchster Wert ist die Objektivität der Ergebnisse. Weitere Kriterien, wie etwa die Verantwortbarkeit einer technischen Lösung spielen für diese Wissenschaft selbst eine untergeordnete Rolle.

Eine weitere Eigenschaft des Ingenieurberufs ist die lösungsorientierte Denkweise. Diese Fähigkeit wird innerhalb des Studiums immer stärker ausgeprägt. Im Gegensatz zu den Geisteswissenschaften, deren Erkenntnisprozess innerhalb eines hermeneutischen Zirkels abläuft, ist die Suche nach einer Lösung bei der Gestaltung eines Produktes oder der Inbetriebnahme eines technischen Systems ein weitgehend linearer Prozess, der mit dem „Auffinden" der Lösung beendet ist. Für Entscheidungen auf Grund von unsicherem Wissen, wie sie in der Technikgestaltung häufig fallen, ist eine Reflexion der Gründe für die Entscheidung unverzichtbar. Sie soll sicherstellen, dass Entscheidungen rational nachvollziehbar bleiben. *Für die Technikethik ist die Frage nach dem Wissen als Basis des Handelns zentral.*

Nichttechnische Fragestellungen nehmen in der Ingenieurstätigkeit zu. Dazu zählen Sicherheitsaspekte, Technikfolgen durch Gesundheitsgefährdung, sowie technikinduzierte Veränderungen der Gesellschaft. Die bisher übliche Vorgehensweise war eine „private" Konfliktlösung durch den Technikgestalter, der in einem persönlichen Risk-Management entschied in welcher Art und Weise Kriterien bewertet wurden und in das Technikdesign einflossen. Bisher hat sich gezeigt, dass Ingenieure sehr wohl sensibel und kompetent genug sind, diese Fragestellungen zu erkennen und zu berücksichtigen. *Ethisch relevant ist das Handeln in gesellschaftlicher Verantwortung. Dazu muss untersucht werden, welche Institutionen notwendig sind damit Individuen ethisch handeln können.*

Die bisherige ethische Diskussion über solche Entscheidungen fand nicht innerhalb des Ingenieuralltags statt, sondern wurde weitgehend im privaten Bereich oder in den Pausen vorgenommen. Ethik stellt bislang ein „Kaffeepausenphänomen" dar.

> *In praxi kommt vor, dass z.B. bei der Entwicklung eines ausfallsicheren Sicherheitssystems über die Bedeutung des Ausfallens nur in Kaffeepausen diskutiert wird. Der Ausfall eines solchen Systems gehört zu den schwerwiegendsten Fehlern, die auftreten können, weil es sich um einen nichtzulässigen Systemszustand handelt.*

Kritisch ist, dass in einer Art privatem Risk-Management über die Relevanz des Fehlers und seine etwaige Meldepflicht entschieden wurde, anstatt die Frage innerhalb des Arbeitsalltags zu lösen. Ein solches Risk-Management birgt die Gefahr, dass normative Aspekte innerhalb der Ingenieurwissenschaft nicht diskutiert werden und daher der Einzelne für sich selbst zu entscheiden hat, welchem ethischen Wert welcher Stellenwert einzuräumen ist. Ethische Entscheidungen fallen in diesen Fällen auf der Basis eines nicht fest umrissenen impliziten Normengerüstes, das sich von Person zu Person und damit von Entscheidung zu Entscheidung verändert. Die normativen Vorraussetzungen gehen als a-priori-Annahmen in die Ingenieurstätigkeit ein. Es verwundert nicht, dass Entscheidungen über ethische Fragestellungen innerhalb des Technikdesigns große Unterschiede bei gleicher Ausgangslage aufweisen. *Dies wirft ein Licht auf die Notwendigkeit Verantwortung im technischen Handeln zu definieren und Reflexion technischen Handelns in der Praxis zu verorten.*

Die Reduktion des Menschen auf ein mechanistisches Modell, wie sie in den Ingenieurwissenschaften üblich war, blendet für das Menschsein wesentliche Eigenschaften aus und führt zur Behandlung der Gesellschaft als black-box. Wie im vorangehenden Kapitel beschrieben, hat sich das Tätigkeitsfeld der Ingenieure und die technische Umwelt jedoch grundlegend verändert. In Entscheidungsprozessen zur Technikgestaltung und zum Design der Technik fließen mehr und mehr nichttechnische Kriterien ein. *Hier ist zu thematisieren, welche Wertvorstellungen für die Technik anzusetzen sind.*

Was die Ingenieurswissenschaften angeht, so ist es von entscheidender Bedeutung, dass die zugrundeliegenden normativen Voraussetzungen der Technikgestaltung offen diskutiert werden und die ethische Entscheidung selbst ihren Raum im beruflichen Leben erhält. Es ist daher von höchster Bedeutung, dass in der objektive Wissenschaft und damit in der Fachwissenschaft die Subjektivität den ihr gebührenden Raum wiedergewinnt. Damit ist gemeint, dass die für die wissenschaftliche Exaktheit sicher notwendige Minimierung des subjektiven Einflusses nicht so weit betrieben werden darf, dass die subjektive Komponente der Erkenntnis ganz aus der wissenschaftlichen Diskussion verschwindet. *Dies wirft die fundamentale Frage nach der Verbindung von Wissen und Verantwortung und verweist auf die Notwendigkeit, den Erkenntnisbegriff genauer zu untersuchen.*

Zur Stärkung der tragenden Rolle des Individuums kann die Rückgewinnung eines integralen Berufsbildes einen entscheidenden Beitrag leisten. Die sich immer mehr verstärkende Arbeitsteilung durch zunehmende Spezialisierung der Berufe hat in einem Maße zugenommen, dass der Einzelne keinen Gesamtüberblick über das Geschehen mehr hat. Damit wird aber die Diskussion um die Wahrnehmung von Verantwortung für das integrale Projekt „Moderne“ obsolet, weil die Teilverantwortungen der einzelnen Beteiligten so marginal klein sind, dass es schon gleich ist, ob diese nun konkret wahrgenommen werden oder nicht. Ein Ausweg aus dieser Situation ist nur dadurch möglich, dass in der Ausbildung neben dem Spezial- und Fachwissen wieder mehr darauf geachtet wird, dass die Position des Einzelnen als Beteiligtem am wirtschaftlichen Geschehen gestärkt wird und stärkere Akzente auf die Einbeziehung ethischer Fragestellungen gelegt werden. Allgemein gilt, dass ein neues Bewusstsein für die Ingenieurstätigkeit als ganzheitliche Tätigkeit innerhalb des Lebensvollzugs geschaffen werden muss, damit ethische Fragestellungen in der Technikgestaltung und Technikentwicklung an Bedeutung gewinnen können. Die erkenntnistheoretische Diskussion des 20. Jahrhunderts war dem nicht gerade förderlich, weil sie Erkennen und Ethik in zwei grundverschiedenen Teildisziplinen der Philosophie behandelt hat, deren ursprüngliche Verbindung damit aufgehoben wurde. Es bleibt damit für den Techniker nicht nachvollziehbar, wie sein Erkennen und sein ethisches Handeln zusammenhängt. Diese Frage soll im Kapitel 2 beantwortet werden. Wer die ethische Reflexion in der Ingenieurspraxis verorten will, ist darauf angewiesen, das traditionelle Berufsbild des Ingenieurs aufzubrechen. Dazu werden folgende Untersuchungen angestellt:

- Modelle der Erkenntnistheorie sollen auf eine Möglichkeit der Verbindung von Erkenntnissen und Ethik hin untersucht werden.
- Die anthropologische Bedeutung der Technik soll zu einem besseren Verständnis für ethische Fragestellungen in der Technikentwicklung beitragen und die Verbindung zwischen Technik und Gesellschaft erhellen.

- Die Ingenieurspraxis in Unternehmen wird auf ihre Ergänzungsbedürftigkeit für ethische Fragen untersucht. Dabei soll zuerst in den Blick genommen werden, wie ethisch relevante Entscheidungen in praxi bereits stattfinden. Anschließend sollen institutionelle Maßnahmen identifiziert werden.

1.5 Fallbeispiel: Elektrische Energieversorgung (1)

Elektrische Energieversorgung ist eine Systemtechnik der Infrastruktur, die im Alltagsleben der westlichen Gesellschaften eine feste Größe des Lebensvollzugs ist. Durch den weiten Anwendungsbereich leitete sie eine Umformung des Alltagslebens ein, die immer noch anhält. Aufbauend auf der elektrischen Energieversorgung wurden weitere Anwendungsgebiete, jenseits der ursprünglichen Nutzung als Licht- und Kraftquelle im Lauf eines länger währenden Prozesses dazuerfunden. Ihre reibungslose Funktion ermöglicht erst den Betrieb weiterer Techniken, wie weiterer Infrastrukturtechniken (Gas, Wasser, Fernwärmeversorgung, elektrische Steuerungen) und darauf aufbauender Techniken, wie der Kommunikationstechnik und der Automatisierungstechnik. Sie prägt damit weite Teile des Alltagslebens und wurde zu einer Selbstverständlichkeit. Ihr Wirken ist wegen der großen Zuverlässigkeit „geräuschlos". (Jost Halfmann) Hinsichtlich des Gesellschaftsentwurfs einer Informationsgesellschaft stellt sie eine a-priorische Vorbedingung dar, ohne die diese Vision scheitert.

Die Erzeugung elektrischer Energie erfolgt bisher in fossil befeuerten oder nuklear betriebenen Wärmekraftwerken, Wasserkraftwerken und zu wesentlich geringeren Teilen durch Wind- und Solarkraftanlagen. Als Folge dieser Erzeugungsstruktur entstehen umweltbelastende Emissionen und Verbrauch natürlicher Ressourcen. Die hohe Verfügbarkeit elektrischer Energie führte aus Beobachterperspektive zu einer immer breiteren Nutzung dieser Energieform in den verschiedensten Einsatzbereichen. Eine Nebenwirkung des weiten Einsatzbereichs ist die Steigerung des elektrischen Energiebedarfs selbst bei stagnierendem und rückgängigem Gesamtenergiebedarf. Der steigende Bedarf an Energie bei einem Vorrat an erschöpflichen Ressourcen warf die ethische Frage nach einer Gerechtigkeit der Nutzung dieser Ressourcen innerhalb und zwischen den verschiedenen Generationen auf und wirkte stark in die Ideenfindung der neueren Verantwortungsethik hinein. Grundsätzlich ist dem Energieproblem durch mehrere Strategien zu begegnen: entweder durch eine Einschränkung des Verbrauchs, durch einen Umstellung des Erzeugungssystems auf andere Energiequellen oder durch effizientere Gestaltung klassischer Erzeugungsverfahren. Faktisch wurden alle drei Strategien verfolgt, wobei die Umgestaltung der Erzeugungsverfahren von der grundsätzlichen Frage nach der Zulässigkeit des derzeitigen (hohen) Verbrauchs und des energieintensiven Lebensstils verdeckt.

Menschen- und Gesellschaftsbilder

Die alternativen Visionen zur Erzeugungsstrategie elektrischer Energie waren nicht allein technische Alternativen, sondern befassten sich mit gesellschaftlich stark diskutierten Menschen- und Gesellschaftsbildern. Die Metapher des „Atomzeitalters" war eine Redeweise, die sich auf die Hoffnung einer Lösung des Energieproblems mit Hilfe der Kernenergie bezog. Die entgegengesetzte Vision des Solar- oder Wasserstoffzeitalters soll die Ablösung der (gesellschaftlich) problematisch gewordenen Kernenergie andeuten. Bezeichnenderweise gehen in die Beschreibung gesellschaftlicher Epochen in der vorgenannten Redeweise konkrete Methoden der elektrischen Stromerzeugung ein, obwohl beide Zeitalter ohne Schwierigkeit und mit der gleichen Berechtigung auch als „elektrisches Zeitalter" zu bezeichnen wären.

Kaum ein Thema ist in der öffentlichen Debatte über die Form der Nutzung einer bestimmten Technik so heftig diskutiert worden, wie die Frage nach der Nutzung der Kernenergie. Die Entscheidung zwischen verschiedenen technischen Alternativen wurde zu einem Konflikt um den Gesellschaftsentwurf der Zukunft. Das Reden von der ökologischen Wende impliziert die Abkehr von bisher üblichen gesellschaftlich legitimierten Erzeugungsformen. Mit dem ersten Schritt eines Atomenergieausstiegs sollte nicht nur ein neues Zeitalter der Technik elektrischer Energieproduktion eingeleitet werden, sondern explizit ein Umbau der Gesellschaft in Richtung der ökologischen Gesellschaft. Diese politische Zielsetzung schlug sich in den Wahlprogrammen der SPD und der Grünen aus den Jahre 1998 und 2002 nieder. Die dort propagierte ökologische Gesellschaft stellt einen umfassenderen Anspruch an die Gestaltung einer Gesellschaft, für die Energieversorgung nur einen wichtigen Teilaspekt darstellt.

Teilnehmer und Beobachterperspektive

Der prinzipielle Unterschied und die auf diesen Unterschied beruhende Konfliktlage zwischen der Teilnehmerperspektive und der Beobachterperspektive lässt sich recht gut am Beispiel der Bewertung eines Atomkraftwerks durch Teilnehmer und Beobachter illustrieren. Für den Ingenieur als Technikgestalter sind Kraftwerke ein Mittel zur Erzeugung elektrischer Energie. Sie verfolgen damit den Zweck einer gesicherten und bezahlbaren Energieversorgung. Die Wirkungen eines Kraftwerks lassen sich relativ zu diesem Zweck einteilen in Wirkungen, die dem Zweck dienen und Nebenwirkungen,, die auftreten aber mit dem Zweck des Kraftwerks nichts zu tun haben. Ingenieure sind an der Minimierung der Nebenfolgen nur interessiert, wenn entweder gesetzliche Auflagen bestehen oder eine Minimierung der Nebenfolgen zu einer Maximierung des Hauptzwecks führt. Ob der Hauptzweck selbst sinnvoll ist, sehen sie jedoch nicht als eine ih-

rer Hauptaufgaben an. Dagegen sehen Technikbeobachter die Lage vollkommen anders. Für den Technikbeobachter ist es unerheblich, ob die Folgen intendiert oder nichtintendiert sind. Er erlebt aus seiner Perspektive nur Folgen. Über die unterschiedlichen Perspektiven kann es schnell zu Kontroversen kommen, wenn etwa die Beobachterperspektive Hauptfunktionen der Ingenieurtätigkeit in Frage stellt. Paradigmatisch ist die Beobachtung von Rohbeck bezüglich der Nutzung der Atomkraft (ROH-93; S.256 f.) „Betrachtet man unvoreingenommen ein Atomkraftwerk, so handelt es sich um eine gigantische Maschine, die Gewässer erwärmt, schon bei normalem Betrieb schädliche Strahlung verbreitet und einen Abfall übrig lässt, dessen Risiken noch in Jahrtausenden unbewältigt sein werden. „Nebenbei" erzeugt ein solches Kraftwerk auch noch Strom, der sofort verbraucht wird und dessen Nutzung schon in wenigen Jahren nicht mehr interessieren dürfte. Angesichts eines solchen Wirkungsgefälles noch von Nebenwirkungen zu sprechen grenzt inzwischen an Zynismus" Das Beispiel verdeutlicht, wie sehr unterschiedliche Perspektiven bezüglich des Nutzens und Schadens einer Energieerzeugungstechnik bestehen und wo sich zu gestaltende Dissense zwischen Beobachter- und Teilnehmerstandpunkt befinden. Technikgestalter, in diesem Fall Ingenieure der Energietechnik, würden wohl argumentieren, dass die Reflexion Rohbecks durchaus ihre Berechtigung hat, dass sie allerdings wirkungslos bleibt weil weder sinnvolle und gangbare Alternativen aufgezeigt, noch die Auswirkung der Stilllegung von Kraftwerken diskutiert wird. Es handelt sich schlichtweg um einen moralischen Appell ohne faktische Wirksamkeit. Allgemein scheint Rohbeck zu argumentieren, es sei a-priori gut, Kraftwerke stillzulegen und den Energieverbrauch drastisch einzuschränken. Er betrachtet dabei die dann auftretenden Folgen, wie die Umschichtung des Energieverbrauchs auf andere Energieträger zu wenig. Elektrischer Strom und seine Nutzung ist eben nicht nur eine nach Belieben abschaltbare Komfortfunktion innerhalb der modernen Gesellschaft, sondern eine unverzichtbare Grundlage des Lebensvollzugs. Inwieweit diese Grundlage eine zunehmende Abhängigkeit schafft und ob sich diese gestalten lässt ist eine ethische Grundfrage. Eine tragende Rolle spielt, wie sich Technik gestalten lässt oder ob sie bereits einer Eigengesetzlichkeit folgt. Die Gesellschaft muss sich in ihren relevanten Institutionen darüber verständigen, wie sie diesbezügliche Dissense handhaben will.

2 Erkenntnistheoretische Grundlagen

Das folgende Kapitel verfolgt das Ziel einen für Ingenieure handhabbaren Erkenntnisbegriff auszuarbeiten, der für die Bewältigung ethischer Fragen in der Technikgestaltung tauglich ist. Besonderes Augenmerk gilt der Beziehung zwischen Erkenntnis und Verantwortung. Eine detaillierte Ausarbeitung einer neuen Erkenntnistheorie ist hingegen eine Aufgabe, die den Rahmen dieser Arbeit übersteigt. Erkenntnistheorie und Wissenschaftstheorie sind seit Jahrhunderten Gegenstand einer reichhaltigen philosophischen Diskussion. Aus Platzgründen kann auf die einzelnen Strömungen nicht eingegangen werden, der interessierte Leser wird deshalb auf die reichhaltige Literatur verwiesen.

Erkenntnisse spielen innerhalb der Technikethik auf mehreren Ebenen eine zentrale Rolle. Sie sind einerseits Grundlage und Kern der technisch-wissenschaftlichen Entwicklung. Zum anderen stellen sie wesentliche Elemente der Weltkonstruktion des Menschen dar und konstituieren das wissenschaftliche Weltbild (Kapitel 1.2.2). Darüber hinaus gilt für die Ethik selbst, dass sie ihre Normen und Wertvorstellungen auf diesem Welt- und Menschenbild ableitet. Es ist eine Grundanforderung an die Ethik als Disziplin, dass sie Erkenntnisse aus den Sozialwissenschaften, den Kulturwissenschaften und der Anthropologie in die Reflexion von Wertvorstellungen mit einbezieht. Dabei wird einerseits auf dem aktuellen Stand des Wissens gearbeitet, der durch rationale Reflexion geprägt ist, andererseits sollen historisch gewachsene Bedingungen berücksichtigt werden. Erkenntnisse sind damit Quelle und Bewertungsmassstab für Wertvorstellungen, wobei bewährte Wertvorstellungen nicht ohne weiteres aufgegeben werden. Die „Biographie einer Gesellschaft“ (A. Grunwald) spielt bei der Frage der Akzeptanz ethischer Normen ein große Rolle. Bei einem Wandel des Weltbilds lassen sich Normen und Wertvorstellungen unter Einsatz neu gewonnener Erkenntnisse weiterentwickeln. Bei der Unterscheidung zwischen ethischem und unethischem Handeln spielt ferner eine Rolle, welches Wissen zum Zeitpunkt des Handelns verfügbar war.

Der Begriff der „Erkenntnis“ ist umgangssprachlich mit dem Begriff der Entdeckung besetzt. Die Sprache legt nahe, dass es bei Entdeckungen darum geht, den Schleier des Unwissens zu lüften und das Licht der Erkenntnis auf ein bereits existierendes aber bislang nicht beachtetes Phänomen fallen zu lassen. Man kann sich diesen Erkenntnisbegriff wie den Vorgang der Enthüllung eines Kunstwerks bei einer künstlerischen Vernissage vorstellen. Diesem Begriff von Erkenntnis liegt die Vorstellung zugrunde, dass Erkenntnisse die Welt so beschreiben, wie sie ist und in einem Modell abbilden. In der Erkenntnistheorie als Disziplin nennt man eine solche Haltung

„Naturalismus". In einer naturalistischen Perspektive lassen sich ethische Handlungsmaximen aus sicheren Erkenntnissen der Natur ableiten. Dies ist, wie sich zeigen lässt eine Nachwirkung antiker und mittelalterlicher Erkenntnisvorstellungen. Diese setzen voraus, dass eine Wirklichkeit existiert, die nicht vom erkennenden Subjekt abhängt. Gängige Vorstellung innerhalb des Naturalismus ist, dass sich ein Abbild dieser Wirklichkeit mit den Methoden der Naturwissenschaft gewinnen lässt. Der naturalistische Erkenntnisbegriff ist in den Ingenieurwissenschaften weit verbreitet und prägt den Umgang mit Erkenntnissen und das Betreiben der Naturwissenschaften. Ob dieser Ansatz als Grundlage ethischer Handlungs- und Wertvorstellungen tauglich ist oder nicht wird im Folgenden diskutiert.

2.1 Erkenntnis als Organleistung

Peter Janich greift im methodischen Kulturalismus (Janich/Hartmann, 1996) die Frage auf, ob es zweckmäßig ist, alle Erkenntnis mit naturwissenschaftlichen Methoden erklären zu wollen. Das Bemühen, alle Erkenntnis auf Naturgesetze zurückzuführen wird besonders deutlich, wenn die Erkenntnisfähigkeit des Menschen in den Mittelpunkt naturwissenschaftlicher Untersuchung gerät. In der naturalistischen Erkenntnistheorie wird Erkenntnis reduziert auf den *Vorgang des Erkennens*. Der Vorgang des Erkennens gelingt wiederum nur, wenn der Mensch über bestimmte kognitive Fähigkeiten verfügt. Beispielsweise ist bekannt, das Erkennen mit bestimmten Hirntätigkeiten in direktem Zusammenhang steht. Erkenntnisse lassen sich damit als Erzeugnisse einer Hirntätigkeit eines biologisch hoch entwickelten Lebewesens auffassen, das sich an seine Umwelt in einem generationenübergreifenden Prozess angepasst hat. (Piaget, 1976) Die Hirntätigkeit selbst kann naturwissenschaftlich untersucht und auf physikalische Gesetzmäßigkeiten, wie Neuronen- und Wellenmuster zurückgeführt werden. Der Mensch wendet damit die erworbene Erkenntnisfähigkeit auf sich selbst an. Die Spitze der Argumentation ist nun, die Naturwissenschaft als Erzeugnis kollektiver Hirntätigkeit zu erklären. Das vorgestellte Erklärungsmuster braucht auf den ersten Blick keine Erklärungen, die außerhalb der Naturwissenschaften stehen.

Die naturwissenschaftlichen Erkenntnisse finden Eingang in die philosophische Diskussion der Wissenschaftstheorie. Dabei werden die folgenden Grundansätze reflektiert:

1. Der Mensch lässt sich als biologisch-psychologisches Entwicklungsprodukt auffassen, dessen Erkenntnisfähigkeit einem Lernprozess unterliegt. Der Lernprozess selbst bedingt einerseits eine bestimmte biologische Ausstattung als Voraussetzung der Lernfähigkeit und einen Lernprozess. Die Frage nach der Erkenntnis ist dann eine Frage erfolgreicher Lernmöglichkeiten und des erfolgreichen Lernens.

2. Die während des Erkenntnisvorgangs im Gehirn ablaufenden Denkprozesse können mit biochemischen und biophysikalischen Prozessen untersucht und interpretativ modelliert werden. (vgl. Lenk, 2000; S. 5-20)

3. Die Rolle der Sprache beim Erkennen und die Frage ob die Sprache Wirklichkeit strukturiert, spielt im linguistic-turn eine tragende Rolle. Diese Entwicklung lässt sich wiederum als biologische Notwendigkeit deuten. Der Erwerb von Sprache wird wieder als Produkt eines Anpassungsprozesses modelliert.

Vereinfacht gesagt soll das naturwissenschaftliche Erklärungsmodell den Mechanismus der Erkenntnis herausstellen. Aus der Philosophie des Erkennens wird damit eine Post-Biologie, deren zentrales Anliegen es ist, das Werden der Erkenntnis evolutiv erklären zu können. Auf dem Weg, einen Anfang für das Erkenntnisproblem zu finden zerlegt die naturalistische Erkenntnistheorie den Menschen als Subjekt der Erkenntnis in biologische Subsysteme und sichert diese über physikalisch-chemische Gesetze ab. Damit gerät die Diskussion um Wissen und Irrtum in den „Schlepptau der Naturwissenschaften" (P. Janich).

In vielen Ansätzen in denen bezüglich Natur und Erkenntnisfähigkeit evolutiv argumentiert wird, verbirgt sich untergründig ein Fortschrittsoptimismus, wonach die Natur sich (von selbst) zu immer intelligenteren respektive überlebensfähigeren Arten hin entwickelt. Dies ist ein zutiefst ontologisches Konzept, das der Natur als ganzer eine zielgerichtete Entwicklung unterstellt. Erkenntnisse sind hier nichts anderes als naturselektierte Strategien des Überlebens. Die Modellbildung setzt voraus, dass bei jedem Evolutionsschritt zwischen nicht intelligenten und intelligenten Strukturen unterschieden werden kann und der jeweilige „Verbesserungsschritt" identifizierbar ist. Für die Unterscheidung zwischen intelligent/nicht intelligent bzw. überlebensfähig / nicht überlebensfähig müssen während des Erklärens Entscheidungen getroffen werden. Diese beruhen bereits auf Erkenntnissen. Es muss daher bereits vorher gewusst werden, was als notwendig zum Überleben gebraucht wird und was nicht. Damit wird für das Fällen dieser Entscheidungen bereits jenes Wissen eingesetzt, dessen Entstehen erklärt werden soll. Die Diskussion endet in einem vitiösen Zirkel oder wie der Volksmund sagt „da beißt sich die Katze in den Schwanz"

In nicht ganz so trivialer Spielart ereignet sich das gleiche, beim Absichern philosophischer Konzepte mit naturwissenschaftlichen Gesetzen, etwa von Wahrheitsaussagen durch Quantenphysik. Dabei wird die Naturwissenschaft zum Prüfstein der Erkenntnistheorie und damit zur Instanz, die über wahr und falsch unterscheidet. Dabei wird übersehen, das Erkenntnistheorie das Zustandekommen dieser physikalischen Modellbildung erklären können müsste. Stattdessen erklärt die Physik das Zustandekommen der Erkenntnis.

Die ursprüngliche Aufgabe der Erkenntnistheorie, herauszustellen, was *Erkenntnisse* überhaupt sind und wie zwischen Wahrheit und Irrtum unterschieden werden kann, wird damit quasi aufgegeben. In Umkehrung der ursprünglichen Argumentation wird auf einmal die Naturwissenschaft, deren Erkenntnisvorgang zu erklären war, die Ausgangsbasis für die Erkenntnistheorie. (Janich, 2000; S.91)

> *„Auf dem Weg die Geltungsansprüche naturwissenschaftlicher Theorien wiederum mit naturwissenschaftlichen Methoden sichern zu wollen, machen die Naturwissenschaften vom Menschen diesen als erkennendes Subjekt zum Objekt naturwissenschaftlicher Beschreibungs- und Erklärungsmethoden. Ob als Organismusmodell, als informationsverarbeitende Nervenmaschine, als Evolutionsprodukt oder biographische Entwicklungsprodukt, immer sind es die Verfahren naturwissenschaftlicher Beobachtung, Messung und Experimental-Untersuchung, die zu Erkenntnissen führen bzw. diese erklären sollen“*

Vereinfacht gesagt lässt sich zwar der Mechanismus des Erkennens immer besser erklären, offen bleibt dagegen, was Erkenntnisse überhaupt sind. Die Debatte über das Wesen der Erkenntnis endet nämlich damit, dass die Geltung und die Wahrheit von Sätzen selbst noch einmal physikalisch erklärt wird. Selbst die Wahrheit soll letztlich auf physikalischen Grundgesetzen beruhen. Weil dazu die Quantenphysik samt der Wahrscheinlichkeitstheorie zum Einsatz kommt, wird Wahrheit letztlich eine Frage des Zufalls. (Campbell, 1959); (Piaget, 1976); (Vollmer, 1994); (Maturana/Varela, 1987) Die Inanspruchnahme von Wahrheit als lebenspraktisch gesicherter Verbindlichkeit einer Aussage ist faktisch aufgegeben. Die menschliche Rede wird vollkommen relativiert. Die Bedeutung und Aussage von Sprachhandlungen wird beliebig. Zugleich erheben die Naturwissenschaften und die in ihrem Schlepptau laufende Wissenschaftstheorie Anspruch auf absolute, endgültige und verbindliche Weltdeutung. (Dowell, 1998);(Hawking, 1988) Mit diesem Anspruch geht einher, man könne ethische Prinzipien aus Naturgesetzlichkeiten ableiten.

Ein relativ prominentes Beispiel für ein naturalistisch begründetes Aufgeben bisher üblicher verbindlicher Wertvorstellungen zur Fundierung einer Ethik ist das Statement von Albert Szent-Györgyi in „The Crazy Ape": „Without stealing and killing, nature would collapse", „Man is a predatory animal, differing from other predators in that he also preys on his own kind. He likes to have peace at home, but likes to go out on predatory expeditions and dominate others. So he needs two moral codes, an individual and private one for use at home, and a collective and public one to be used on his expeditions. The two are diametrically opposite. What is shame in the one is glory in the other, and vice versa" (Szent-Györgyi, 1970, S.27-28) Dies impliziert, die Menschheit sei dazu verpflichtet bzw. handle dann gut, wenn sie sich „wie Natur" verhält. Damit sollen Naturgesetze zur Norm der Ethik werden. Die Aufteilung der Ethik in eine Ethik für den Hausgebrauch und eine Ethik für die Jagd wird aus dem Raubtier-Sein des Menschen abgeleitet.

Janich kritisiert treffend: *„Naturalistischen Auffassungen im Theoretischen korrespondieren solchen im Ethischen."* (Janich/Hartmann, 1996; S.19) Es ist das (neue) alte Problem, ob menschliche Gemeinschaften nach den Gesetzen der Natur(wissenschaft) funktionieren (vgl. Kapitel 1.2.2). Dies führt entweder auf den sogenannten naturalistischen Fehlschluss oder aber zu einer vollständigen Trennung von Erkenntnistheorie und Ethik. Die Behandlung von Wahrheit als einem biophysikalischen Zufallsprodukt führt dazu, dass Erkenntnisse nicht mehr tauglich für die Fundierung ethischer Werte sind. Ethik lässt sich in diesem Fall nur noch aus der (Selbst-) „Verpflichtung der Menschheit zur Humanität" ableiten (vgl. Lenk,1998; S. 76-89), wobei unklar ist, wie verbindlich dieser Anspruch ist und wie Normen und Handlungsleitlinien selbst begründbar sind. Ironischerweise wird von Philosophen, die sich sowohl mit Erkenntnistheorie als auch mit Ethik befassen (in ihrer Rolle als Ethiker) der Rückgang ethischen Handelns beklagt. Mit geradezu missionarischem Eifer wird in der Technikethik der Einzelne aufgefordert, seiner Verantwortung für die Menschheit nachzukommen. Die Einsicht aber, dass sich in ethischem Handeln nur widerspiegelt, was mit Vernunft erkennbar, einsehbar und lebenspraktisch verbindlich ist, scheint keine Rolle zu spielen.

2.2 Plädoyer für einen Paradigmenwechsel

Wie sich aus dem bisherigen Gedankengang ergibt, führt die Naturalisierung der Erkenntnistheorie dazu, dass Erkenntnisse abgelöst vom Alltagsleben diskutiert werden, so, als gäbe es eine Sphäre reiner Erkenntnis die vom Alltagsleben abgehoben ist. Dies ist eine Folge der Perspektive der naturalistischen Erkenntnis- und Wissenschaftstheorie, die das erkennende Subjekt stets aus der Rolle des unbeteiligten Beobachters heraus betrachtet und interpretiert. Der richtungsweisende

ligten Beobachters heraus betrachtet und interpretiert. Der richtungsweisende Vorwurf Karl Rahners (Rahner, 1956) „... die Naturwissenschaft hat einen blinden Fleck: Der Mensch als existentiell Fragender kommt in der Naturwissenschaft überhaupt nicht vor" gilt für alle bisher kritisierten Ansätze zur Erklärung des Erkenntnisvorgangs. Die Ebene des eigenen Erlebens und bewussten Handelns bleibt ausgeblendet. Erkennen hat nur mit dem Individuum zu tun und dient dessen „geistlicher Erleuchtung". Die Wirksamkeit oder Wirklosigkeit von Erkenntnissen für das Alltagsleben in einer Gesellschaft spielt überhaupt keine Rolle mehr.

Faktisch erleben Menschen dies ganz anders: Neue Erkenntnisse prägen und formen den Alltag durch neue Handlungsmöglichkeiten. Sie prägen Selbst- und Weltbilder und verändern diese. (Kapitel 1.2.2) Erkenntnisse sind in ihrer Rezeption durch die Gesellschaft niemals neutral. Ethik und Erkenntnis haben, wenn nicht gemeinsame Wurzeln, so doch eine gemeinsame Wirkungsgeschichte. Es ist Ziel der nachfolgenden Reflexion, nach den Zusammenhängen zu fragen und diese für den Bereich der Technikethik herauszuarbeiten. Dazu muss die naturalistische Sackgasse verlassen werden. Einen möglichen Ausweg aus dieser Sackgasse bietet der Ansatz von Peter Janich, Erkenntnis als Kulturleistung aufzufassen, in der das erkennende Subjekt die Rolle des Handelnden und damit gleichzeitig die einer unhintergehbaren Autorität des Erkennens zurückgewinnt. Der Ansatz behauptet im Wesentlichen nicht eine neue Erkenntnistheorie zu entwickeln, sondern bekannte Phänomene pragmatisch umzuordnen und sie in einen handlungstheoretischen Kontext einzuordnen. Oberstes Prinzip der kulturalistischen Erkenntnistheorie ist, die praktische Verbindlichkeit von Erkenntnissen zu sichern. Wesentliches Ziel der Erkenntnistheorie muss die Kritik von Erkenntnissen sein. Sie soll Kriterien und Erklärungsmodelle bereitstellen, wie die Wissenschaften zu Erkenntnissen kommen.

> *„Es wird von Naturalisten allgemein und konsequent übersehen, dass die Rationalität von Planungshandlungen und Erfahrungsgewinnung, wie sie in den Naturwissenschaften zu höchster Blüte gebracht wurde,..., gerade kein möglicher Erkenntnisgegenstand der Naturwissenschaften selbst sind. Theoretische Philosophie in kulturalistischem Verständnis weiß sich letztlich dem sokratischen Programm verpflichtet, Wissen vom bloßen Meinen und von Irrtum zu unterscheiden. Diese Unterscheidung soll durch Begründungen geleistet werden, die ihrerseits nicht wieder ad infinitum durch Theorien der Begründung begründet werden können, sondern für sich selbst stehen müssen" (Janich/Hartmann, 1996, S.32f.)*

2.3 Erkenntnis als Kulturleistung

Peter Janich geht in seinem Ansatz zur Erkenntnistheorie innerhalb des methodischen Kulturalismus (Janich, 1992, 1996, 2000; Janich/Hartmann, 1996, 1997) der Frage nach, wie eine möglichst voraussetzungsfreie Erkenntnistheorie zu gewinnen ist. An Hand des Problems der Naturalisierung der Erkenntnis kommt er zu dem Schluss, dass eine rein objektive Beschreibung des Erkenntnisvorgangs vom Standpunkt des Beobachters stets in einem klassischen Körper-Geist-Problem endet, in dem Subjekt und Objekt der Erkenntnis nicht mehr konsistent zusammengedacht werden kann. Das Körper-Geist Problem rührt daher, dass der Leib als Körper sehr wohl Gegenstand der Naturwissenschaft sein kann, wohingegen die Seele sich der naturwissenschaftlichen Beschreibung weitestgehend entzieht. Die Konzentration der Erkenntnisdiskussion auf das Subjekt und dessen Einfluss blendet die Tatsache aus, dass Menschen immer in einem gemeinschaftlichen Lebensvollzug stehen und in diesem Lebensvollzug ganz bestimmte Ziele verfolgen. Janich wendet sich dieser Tatsache zu und betrachtet das Erkenntnisproblem im Rahmen der Fragestellung, wozu überhaupt erkannt werden soll. Ausgangspunkt seiner Reflexion ist das Alltagsleben als Vollziehen von Handlungen. *Die Grundidee kulturalistischer Erkenntnistheorie ist, alle Erkenntnis auf das erfolgreiche Vollziehen von Handlungen zurückzubeziehen. Erkenntnistheorie im kulturalistischen Sinn bezieht sich auf Erkenntnisse als verfügbares Wissen, wie sich Ziele durch Einsatz von Mitteln erreichen lassen.*

2.3.1 Handeln und Verhalten

Ausgangspunkt des kulturalistischen Erkenntnisbegriffs ist der Unterschied zwischen (instinktivem) Verhalten und verantwortetem Handeln. Die Unterscheidung zwischen Handeln und Verhalten lässt sich deskriptiv an Hand der Bewertung beider menschlicher Ausdrucksformen rekonstruieren. Nur Handeln, dass einen bestimmten Zweck verfolgt, wird innerhalb einer Kulturgemeinschaft bewertet. Die Bewertung einer Handlung erfolgt relativ zum intendierten Zweck einer Handlung. Handlungen sind dann erfolgreich, wenn der Zweck erreicht wurde. Der vorher gesetzte Zweck und die Bewertung der Zweckerreichung unterscheiden das Handeln vom Verhalten.

So wird z.B. das Sprechen im Schlaf nicht als zielgerichtete Handlung aufgefasst. Niemand würde auf die Idee kommen, zu sagen, der Schlafende habe etwas mitteilen wollen, war aber mit seiner Handlung nicht erfolgreich. Es ist hingegen durchaus üblich, das normale Sprechen unter den Kategorien erfolgreiche / nicht erfolgreiche Handlung zu kategorisieren. Nicht erfolgreich ist Sprechen dann, wenn keine Verständigung gelingt, weil Störungen vorhanden sind, wie Windgeräusche, Lärm, andere Sprache des Gesprächspartners etc. Bei reflexartigem Verhalten gilt, dass es überhaupt nicht bewer-

tet wird. Dies gilt für das Niesen, Stolpern, Fallen, Erschrecken usw. Vom Handeln lässt sich sagen, man könne prinzipiell anders Handeln. Das geht beim Verhalten (Erschrecken, Stolpern, Niesen...) nicht.

Handeln lernen heißt, zwischen Verhalten und Handeln zu unterscheiden. Der Bereich des zweckgerichteten Handelns grenzt damit den Bereich des Menschlichen von den anderen Bereichen ab.

> *„In der Natur ist überhaupt nichts erfolgreich oder erfolglos, gelingt nichts oder misslingt nichts, weil das Erreichen oder Verfehlen von Zielen auf die Domäne des Handelns von Menschen in der Lebensbewältigung beschränkt ist." (Janich, 2000; S.121)*

Der Ansatzpunkt für Janichs Erkenntnistheorie ist das Individuum, das im Handeln einen Anfang bei sich selbst setzt.(Darin ist der Ansatz der „Wende zum Subjekt" bei Descartes ähnlich). Ausgangspunkt der Überlegungen *ist das Alltagsleben als Vollzug von Handlungen. In diesem Alltagsleben werden dauernd Handlungsziele gesetzt, erreicht oder verfehlt.* Das Erreichen oder Verfehlen von Zielen führt zu Erkenntnissen. *Ort der Erkenntnis ist die Handlung, wobei Sprache als Handlungsvollzug aufzufassen ist. Erkenntnisse werden durch erfolgreiches Handeln gewonnen und haben handlungsleitenden Charakter.*

> *„...ein voraussetzungsarmer Anfang für die Lösung des Erkenntnisproblems führt auf die einzelne Person, die in Handlungs- und Kommunikationsgemeinschaften unter historisch gewachsenen und bewährten Bedingungen ihr Leben zu bewältigen hat". (Janich, 2000; S. 118)*

Erkenntnis wird gewonnen aus der Erfahrung von Erfolg und Misserfolg eigener Handlung. Das erfolgreiche Vollziehen von Handlungen führt zu Erkenntnissen, während der Misserfolg im Irrtum endet. Erkenntnis hängt davon ab, ob durch eine Handlung etwas bewirkt wurde oder nicht. Damit ist die grundlegende Unterscheidung zwischen Erkenntnis und Irrtum geleistet und das sogenannte Anfangsproblem der Erkenntnistheorie gelöst. Erkenntnisse dienen der Weltbemächtigung des Individuums durch Aufbau von Handlungskompetenz. Die Handlungskompetenz wird erworben durch Lernen aus Erfolg und Misserfolg. Die Aufgabenstellung für diesen Lernprozess ist durch das Zusammenleben mit anderen Menschen vorgegeben. Erfolgreiche Handlungen dienen der Lebensbewältigung in einer Kulturgemeinschaft. Erkenntnisse sind nicht primär geistige Erleuchtungen, Einsichten oder Offenbarungen in ewig gültige Weltstrukturen. Erkenntnis ist durch Handlungen in einer Gemeinschaft „gemacht" und durch Handlungen „machbar". Jede Erkenntnis ist im letzten auf die Ebene einer mit Erfolg vollzogenen Handlung zurückführbar. Das Erreichen bzw. Verfehlen von Zwecken im Handeln führt dazu, dass über Gründe für gelingendes und misslingendes Handeln nachgedacht werden kann. Die Reflexion der Gründe für erfolgreiches Handeln erfolgt sprachlich. Sprache wird gebraucht, um Erkenntnisse strukturiert zu fixieren und um gemeinschaftliches Handeln zu regeln. Wissen ist die sprachliche Fixierung von Erkenntnis in Form von Aussagen. Aussagen über Erkenntnisse leiten sich aus der Erfahrung ab, dass eine Handlung gelungen oder misslungen ist.

Erkenntnisse sind nach dieser Definition zunächst sprachfreier Natur, was nach der Philosophie des linguistic-turn unmöglich ist. Im Alltagsleben gibt es diese Form sprachfreier Erkenntnis im imitierenden Nachvollziehen von Handlungen häufig. Zum einen Handeln bereits Kinder ***bevor*** *sie sprechen, wenn sie zielgerichtet Fertigkeiten einüben, wie mit Bauklötzen ein Haus zu bauen,sich von einm Ort an den anderen bewegen usw. zum anderen spielt imitierendes Handeln eine tragende Rolle in Ausbildungsberufen. Zur Ausbildung handwerklicher Fertigkeiten, etwa des Schleifens, Sägens, Drehens etc. braucht es nicht unbedingt sprachlicher Kommunikation. In handwerklichen Berufen werden viele Erkenntnisse durch Beobachten, Einüben und Korrigieren vermittelt. Bezeichnenderweise ist nicht derjenige der beste Handwerker, der am Besten über den Herstellungsprozess sprechen kann, sondern der, der „den richtigen Dreh und das Gefühl für das Material (erworben) hat.“ Man sucht einen Schreiner normalerweise nicht danach aus, dass er am Besten über Holz und Holzverarbeitung zu berichten weis, sondern nach der Qualität der von ihm hergestellten Möbel. Die praktische Wirksamkeit von Erkenntnissen hängt also nicht unmittelbar mit der Fähigkeit zusammen, gut darüber sprechen zu können, sondern gründet sich auf Handlungskompetenz. Erst in einer Abstraktion der Handlung lässt sich über die Zweckmäßigkeit der Handlung sprachlich kommunizieren, etwa, wenn der Meister seinen Lehrling anweist, wie z.B. der Prozess des Schleifens besser ausführbar ist.*

2.3.2 Erkenntnis und Wissen

Der Prozess von handlungsgebundener Erkenntnis zum Wissen in Form von Aussagen lässt sich modellieren. Für die sprachliche Fixierung von Erkenntnissen ist wesentlich, dass sich Erkenntnisse als Handlungsanweisungen ablegen lassen, wenn diese in *methodisch geordneten* Aussagesätzen strukturiert sind. Erkenntnisse sind in ihrer ursprünglichen Form jeweils Problemlösungen zum Erreichen bestimmter Zwecke. Wissen hingegen ist die reflektierte Form des Erkennens, die nicht mehr von einer bestimmten Person abhängt. Wissen verfolgt das Ziel, Handlungen durch

Einsatz des Wissens reproduzieren zu können. Die Wandlung von Erkenntnis zum Wissen vollzieht sich dabei in einem Algorithmus von fünf Schritten:

1. Vollzug einer Handlung, die akteursgebunden, zweckgerichtet und deren Erfolg nur durch den Akteur zu beurteilen ist. Der Akteur entscheidet über Erfolg bzw. Misserfolg von Handlungen und damit zwischen Erkenntnis und Irrtum selbst.

2. Beschränkung auf erfolgreiche Handlungen, d.h. alle nicht erfolgreichen Handlungen scheiden von vorneherein aus der Kette der Wissens aus. Erfolgreiche Handlungen werden eingeübt.

3. Das Wissen um die erfolgreiche (mehrfache) Ausführung einer Handlung mit Hilfe von Fertigkeiten wird als Know-How bezeichnet. Die Handlung ist mit Kenntnis des Know-How wiederholbar (Reproduzierbarkeit)

4. Know-How ist sprachlich formulierbar und fixierbar, wenn es *methodisch geordnet* als Handlungsanweisung abgelegt wird. Damit wird es zum Wissen. Handlungsanweisungen werden solange bearbeitet, bis sie *prinzipiell von jedermann* nachvollzogen werden können. (s. Kapitel 2.4) Dieses Nachvollziehen ist eine Aktualisierung von Handlungsschemata. Dabei hat die Sprache appellativen Charakter. Man kann zu diesen Handlungen auffordern, wenn gemeinsam zu handeln ist. (Janich, 1992; S.15f.) Voraussetzung erfolgreichen gemeinsamen Handelns ist gemeinsames Wissen. Nur, wenn alle Beteiligten Akteure über Wissen zur Aktualisierung eines Handlungsschemas verfügen, gelingt eine gemeinschaftliche Handlung. Es geht nicht um eine Weltdeutung von außen, sondern um Kommunikation, wie Menschen miteinander ihre Praxis organisieren wollen. Dies scheint etwas ungewöhnlich, bei genauerer Betrachtung zeigt sich, dass „Naturgesetze" nur dann angenommen werden, wenn sie technisch erfolgreich in einem Experiment unter ganz bestimmten Bedingungen nachzuweisen sind. (Popper, 1979; Janich, 1969, 1992, 2000) Die Annahme des Naturgesetzes hängt davon ab, was der Forscher als erfolgreiches Experiment ansieht und was nicht.

5. Vorgänge aus der Vergangenheit werden aus Gegenwärtigem rekonstruiert. Aus dem Erfolg einer Handlungsanweisung wird rückwärts auf vergangene Vorgänge geschlossen. (Verallgemeinerung). D.h. es wird impliziert, das vergangene Vorgänge durch das Wissen erklärbar sind, das zum Zeitpunkt der Rekonstruktion verfügbar ist.

> *Das Konzept des „survival of the fittest", mit dem die Evolutionstheorie letztlich operiert, lässt sich rekonstruieren aus der Erfahrung, die der Mensch mit dem Züchten von Tieren hat. Unter dem Ziel, Tiere zu züchten, die möglichst gut an die Bedürfnisse des Menschen angepasst sind, kristallisiert sich (Erfahrungs-)Wissen um die Selektion von erwünschten Eigenschaften. Die Übertragung des Handlungsschemas „züchten von Tieren" auf Natur insgesamt und die Erweiterung der Kategorie „erwünschte Eigenschaft" auf „überlebensfähig" führt direkt zur Evolutionstheorie. (vgl. Janich, 2000, S. 143; Janich, 1996; S. 115-156)*

Die sprachliche Fixierung einer Handlungsanweisung ist Wissen für das erfolgreiche Ausführen (Reproduzieren) von Handlungen nach dieser Anweisung. Dieses Wissen ist im Gegensatz zur akteursgebundenen Erkenntnis vermittelbar und tradierbar. Nicht-Wissen und Wissen sind dadurch unterscheidbar, dass Wissen durch den Akteur auf erfolgreiches Handeln zurückgeführt wird, während der Irrtum in der Erfolglosigkeit endet. Zum Wissen zählt, wie ein Misslingen von Handlungen zu vermeiden ist. Die Rückführung des Wissens auf Handeln geschieht durch das Subjekt, dass somit eine unhintergehbare Instanz zur Beurteilung von Erkenntnissen ist. Die Notwendigkeit einer sprachlichen Fixierung der Handlungsanweisung ergibt sich erst durch die Teilnahme des Menschen an einer Kommunikationsgemeinschaft. Für den Einzelnen genügt, dass er eine individuelle Problemlösung hat. Erst wenn die einzelne Person Problemlösungen unabhängig vom unmittelbaren Handlungsvollzug von anderen übernehmen will, braucht es die kontextfreie sprachliche Fixierung des Wissens. Dieses Wissen lässt sich ungeprüft übernehmen, indem ihm ein Vertrauensvorschuss hinsichtlich der Rückführbarkeit auf erfolgreiche Handlungen gegeben wird. D.h. es wird prinzipiell darauf vertraut, dass mit Hilfe dieses Wissens erfolgreiche Handlungen ausführbar sind. Für über Generationen weitergegebene Wissensbestände bedeutet dies, dass auf *die Bewährung des Wissens in der Vergangenheit vertraut wird.*

***

2.3.3 Kulturgemeinschaft als Handlungsgemeinschaft

Der Vollzug von Handlungen dient der Lebensbewältigung des Individuums in einer Kulturgemeinschaft. Innerhalb dieser Kulturgemeinschaft erlaubt Wissen eine gemeinsame Handlungspraxis. Wissen ist damit eine Grundvoraussetzung für eine Teilnahme des Individuums am gemeinsamen Handlungsvollzug und für gelingendes gemeinsames Handeln. Durch gemeinsames Handeln entsteht Kultur.

Kultur soll im folgenden das sein, was der Mensch handelnd hervorbringt. Kultur ist gemeinsame Lebensbewältigung durch Handwerkskunst, wie es in der ursprünglichen Bedeutung des Wortes „Cultura" zum Ausdruck kommt, das „Ackerbau" bedeutet. Gedacht ist bei Kultur weniger an das alltagssprachliche Verständnis von Kultur, das durch große Musiker, Maler, Denker und Dichter geprägt ist, sondern an eine „Technik" zur Bewältigung des Lebens. Kultur wird verstanden als Eingriff des Menschen in das historisch Vorfindliche, dass er nach seinen Zielsetzungen gestaltet und verändert. Menschliches Leben spielt sich in einer Welt ab, die der Mensch seinen Zwecken und Bedürfnissen nach umgeformt hat. Diese Welt ist eine kulturalisierte Welt. (vgl. die Idee einer vom Menschen umgeformten Natur als „Natur aus zweiter Hand" bei Johannes Rohbeck) (Rohbeck, 2001; S. 134) Der kultivierende Eingriff des Menschen dient primär der Lebensbewältigung. Das Alltagsleben ist kulturalistisch, weil es als Menge der Aktionen einzelner Menschen in einer Handlungs- und Kommunikationsgemeinschaft geschieht. Für alle Teilnehmer einer philosophischen Reflexion gilt nach Janich, dass sie Mitglieder einer sozialen Struktur sind, schon bevor sie zu agieren beginnen. Das eigentliche A-priori ist die Existenz von Handlungs- und Kommunikationsgemeinschaften die bereits vor Beginn der erkenntnistheoretischen Diskussion „immer schon" da sind. Das Eingebunden-Sein in diese Handlungs- und Kommunikationsgemeinschaft schließt eine Verantwortung des Individuums für sich selbst und für seine Mitmenschen schon ein, bevor Erkenntnis überhaupt thematisiert werden kann. Der handelnde Mensch ist, weil er handelt, ein Kulturwesen (Janich, 2000; S. 106). Wobei Handeln hier im Sinne von „machen" und „herstellen" zu verstehen ist.

Kommunikationsgemeinschaften waren bisher kein Thema der Erkenntnistheorie, sie wurden vielmehr für die Fundierung ethischer Normen in der Diskursethik verwendet. (Habermas, 1968a); (Apel, 1988); (Lévinas, 1947, 1972, 1992); (Peukert, 1986) ;(Borgmann, 1992). Der Bedarf von Erkenntnissen zur Lebensbewältigung in Kulturgemeinschaften ist unterschiedlich. Nicht jede Kultur stellt an ihre Mitglieder die gleichen Anforderungen. Kulturgemeinschaften unterliegen selbst einem historischen

Bewährungsprozess von Erkenntnissen. Sie wirken als Filter bezüglich des Bewahrens und Verwerfens von Erkenntnissen.

2.3.4 Vorfindliches und historische Bewährung

Ausnahmslos jeder Mensch lebt in einer Kulturgemeinschaft, die auf einer Reihe von unumkehrbaren Kulturleistungen beruht, die man als Kulturhöhe bezeichnen kann. Diese Kulturleistungen sind in der Regel sprachfreier Natur, d.h. sie liegen in Form von Produkten und als Handlungsanweisung zur Herstellung dieser Produkte vor. Erkenntnisse sind historisch gemacht und müssen sich immer neu bewähren. Alles, was erfolgreich zur Lösung einer Aufgabenstellung „hergestellt" wurde, ist in der Geschichte übriggeblieben und ging in das Archiv einer Gesellschaft ein. Die Produkte des Kulturprozesses sind am Ausgangspunkt jeglicher Reflexion als das *Vorfindliche* vorhanden. Erkenntnisse beruhen in diesem Konzept nicht auf einer immer schon Gegebenen objektiven Welt, vielmehr ist das historische Werden der Kultur zu einer Bedingung der Möglichkeit jeden Erkennens geworden. Das a-priori der Erkenntnis ist jetzt kein statisches mehr, in dem Sinne, dass es unwandelbar vorliegt, sondern ein dynamisches, historisch gewachsenes. Das bedeutet, jede Erkenntnis wird auf einer im Moment des Erkennens vorgefundenen Kulturstufe gemacht und baut auf dieser auf. Erkennen ist nicht das Aufsuchen der Puzzleteile des präexistierenden Puzzles „Wirklichkeit" mit anschließender Rekonstruktion des Gesamtbildes, sondern gleicht eher dem Bau eines mehrstöckigen Gebäudes, bei dem jedes weitere Stockwerk der Erkenntnis auf den bereits erstellten Gebäudeteilen des Kulturgebäudes aufbaut. Die historische Entwicklung von Erkenntnissen ist ein rekursiver Prozess.

2.3.5 Umwidmungsvorgänge

Für die Generierung neuer Erkenntnisse können alle vorliegenden Produkte einer Kultur (weiter-) verwendet werden, ohne dass sie notwendigerweise bis auf die Ebene der Handlung zurückgeführt werden müssen. Der Volksmund hat dies in dem prägnanten Satz formuliert: „Man muss das Rad nicht jedesmal neu erfinden." Es ist damit gemeint, dass es beim Ausführen einer Handlung nicht darauf ankommt, alle Kulturprodukte bis auf ihren Ursprungszweck zurückzuführen. Es genügt, dass sie auf einer bestimmten Kulturstufe vorhanden ist. Man kann Kulturprodukte, wie das sprichwörtliche Rad, umwidmen z.B. zum Zahnrad um neue Aufgaben zu meistern. Durch mehrere aufeinander aufbauende Umwidmungsschritte und Weiterentwicklungen lassen sich aus den Kulturprodukten aufeinander aufbauende Kulturleistungen generieren. Janich gibt als Beispiel für eine Kette von aufeinander aufbauenden

Kulturleistungen an: Rad zum Lastentransport, Umlenkrolle für Hubarbeiten, Zahnrad zur Kraftübersetzung, Schneckengetriebe zur Kraftübersetzung in eine bestimmte Richtung. Das Schneckengetriebe als technische Erkenntnis baut auf der Kenntnis des Zahnrads auf, aber es bedurfte einer anderen Aufgabenstellung um es als Lösung hervorzubringen. Für die Herstellung des Schneckengetriebes musste weder der ursprüngliche Zweck des Rades noch der Umlenkrolle rekonstruiert werden. Es genügte die Umwidmung und Weiterentwicklung. Aus pragmatischen Gründen ist diese Argumentation Ingenieuren leicht zugänglich, weil sie ihrem Alltagsleben entspricht. Sie sind gewohnt, auf Bestehendem aufzubauen und Lösungen, die in der Vergangenheit für technische Probleme erfolgreich eingesetzt wurden, nach ihren Maßstäben weiterzuverwenden, zu verändern oder für andere Zwecke umzuwidmen. Ingenieure leben in ihrer Praxis wesentlich von einem tradierten Fundus erfolgreicher Lösungsverfahren, die man nicht vor jedem Einsatz auf ihre erfolgreiche Durchführbarkeit prüft.

2.3.6 Widerfahrnisse und Unverfügbares

Der Erkenntnisbegriff, so wie er hier verfasst ist, steht unter dem Verdacht, dass Erkenntnis beliebig machbar sei. Er bezieht sich strikt auf Erkennen, das aus Handeln gewonnen wird und legt nahe, man könne beliebig Erkenntnisse produzieren, wenn nur genug gehandelt würde. Dem tritt Janich mit einer prinzipiellen Unterscheidung zwischen Handeln und Erleben gegenüber. Während sich Handeln auf Ereignisse bezieht, die selbst bewirkt werden, betrifft Erleben alle Ereignisse, die nicht selbst bewirkt wurden. Sofern Erkenntnis nur vom Handeln abhängt, ist sie „machbar". Allerdings begegnet der Mensch dem Leben eben nicht nur als Handelnder, sondern auch als nichthandelndes Wesen. Insbesondere widerfährt dem Menschen, das Handlungen gelingen und misslingen. (vgl. Lévinas, 1972) Der Mensch erlebt und erleidet *Widerfahrnisse*, die sich seiner Kontrolle entziehen. (Hartmann, 1996) Nicht alles ist menschlichem Handeln zugänglich und verfügbar. Im Misslingen von Handlungen und in der Erfahrung des Scheiterns von Bewältigungsstrategien wird das *Unverfügbare* sichtbar. Es äußert sich in der Endlichkeit des Lebens und der Begrenztheit natürlicher und kultürlicher Prozesse. Das Unverfügbare kann im Handeln provoziert werden und zu neuem Wissen führen, wie das Misslingen von Handlungen zu umgehen ist, lässt sich aber nicht ganz beherrschen. Das Unverfügbare ist nicht nur bei aktuellem Handeln zu bedenken, sondern auch in der Planung zukünftigen Handelns. Die dabei zu bedenkende Offenheit der Zukunft ist ein wesentliches Element des Unverfügbaren.

***

Kulturalistische Erkenntnistheorie hält an dem Programm fest, Wissen von Meinen und Irrtum unterscheiden zu können, indem Wissen zur Handlungskompetenz für die Lebensbewältigung führt. Die kulturalistische Erkenntnisauffassung, Wissen auf erfolgreiches Handeln zu beziehen, führt gleichzeitig auf tieferliegende Grundsatzfragen:

> *„Was ist Erkenntnis erweist sich ... als eine Frage, die weit über die Nachfrage nach den Leistungen des Wahrnehmens und Denken, nach der Verbindlichkeit von Alltagserkenntnissen, sowie nach Art und Geltung der wissenschaftlichen Erkenntnisse hinausgeht. Sie ist ... ohne Bezug zur Frage „Was ist der Mensch?"... nicht zu diskutieren. Wird sie aber mit diesem Bezug diskutiert, dann wächst jedem Teilnehmer an dieser Diskussion die Rolle zu, letztlich nur im eigenen Vollzug von Handlungen, im eigenen Erleben und in den eigenen Bemühungen, die so gewonnenen Erkenntnisse kritisch zu beurteilen, d.h. die Rolle einer unhintergehbaren Autorität." (Janich 2000; S.159)*

Das kulturalistische Wissenskonzept muss aufgeben, Anspruch auf exklusive und objektive Gültigkeit zu erheben. Was zu welchem Zeitpunkt für die Lebensbewältigung an Wissen gebraucht wird, steht nicht von vorne herein fest. Wesentlich sind nicht Wissensbestände, die immer schon gültig sind und die der Einzelne nur noch zu übernehmen und für wahr zu halten braucht, sondern alles Handlungswissen, das der Lebensbewältigung dient. Gelingende Lebensbewältigung durch gemeinschaftliches Handeln führt auf die Frage, wie dieses Handeln in Praxi zu regeln ist. Sie öffnet einer Ethik die Türe, die daran festhält, dass die lebensweltliche Erfahrung gelungener gemeinschaftlicher Praxis als Leitlinie für künftiges Handeln dienen soll und kann. Die folgende Ermahnung Janichs, kann als ein Grundsatzprogramm für eine Ethik der Technikgestaltung angesehen werden:

> *„Die Besinnung auf die Machbarkeit und Gemachtheit der Erkenntnis soll Augenmaß und Gelassenheit zur Folge haben. Augenmaß, weil in der Tat die eindrucksvollsten Kulturleistungen in gelungener Lebensbewältigung und erfolgreicher Weltbemächtigung durch Erkennen zu sehen sind, andererseits, weil die natürlichen Grenzen von Krankheit und Tod, von der Endlichkeit natürlicher Ressourcen und kultürlicher Konfliktbewältigung zur Bescheidenheit mahnen. Gelassenheit, weil es erkennbar ein Irrtum wäre, sich mit seinen Erkenntnisbemühungen in Standpunkte ...*

zu verrennen, nach denen jedes Individuum sozusagen die Verantwortung für den gesamten Globus ... zu übernehmen hätte. Erkenntnisse als Menschenwerk unterliegen... individueller und kollektiver Fehlbarkeit, sie unterliegen wegen der Zweckgebundenheit auch einem Wandel an Erkenntnisbedarf... unverbrüchliche Erkenntnisse sind nicht nur nicht zu haben, sie versprechen auch nicht, für die Lebensbewältigung tauglich zu sein" (Janich,2000;S. 159)

Erkenntnistheorie verantwortet zu betreiben, bedeutet, sich der Tatsache der Zweckgebundenheit des Erkennens zu stellen und den Anspruch auf absolute Weltdeutung fallen zu lassen. Die Zweckgebundenheit der Erkenntnis macht gleichzeitig eine ethische Bewertung jeder Erkenntnis möglich, indem die Zwecke hinterfragt und bewertet werden. Die Verbindung von Erkenntnis und Verantwortung liegt in der Verfügungsmacht des Menschen über seine eigenen Erkenntnisse begründet:

Der Mensch als Kulturwesen ist gerade mit dem Verlassen naiver Lebensvollzüge und mit dem erkennenden Zustreben auf das zielgerichtete Erkennen als verfügungsmächtig über die eigenen Erkenntnisse gegenüber dem Tier ausgezeichnet (Janich, 2000, S.159)

2.4 Objektivität als transsubjektive Rationalität

Die kulturalistische Erkenntnistheorie führt über das Konzept, Erkenntnisse als gemacht aufzufassen, zu Grundsatzfragen bezüglich dem Status der Fachwissenschaften und dem Status der Objektivität von Erkenntnissen. Im alltagssprachlichen Gebrauch ist die Verwendung von „objektiv" so zu verstehen, dass damit angedeutet werden soll, dass das was gesagt wurde, unabhängig vom Sprecher und jedermann zugänglich ist. Es gehört zum Selbstverständnis der exakten Wissenschaften, dass sie auf objektiven Erkenntnissen beruhen. (Williams, 2000) Als Allgemeinplatz gilt heute, dass der Erfolg der Naturwissenschaften und der Technik wesentlich darauf beruht, Erkenntnisse unabhängig von subjektiven Vorgängen wie z.B. Sinneseindrücken formulieren zu können. Der Sinn der Objektivität ergibt sich aus kulturalistischer Sicht erst, wenn mehrere Beteiligte Interesse an einer Handlung zeigen. Für den Einzelnen genügt es, wenn er selbst imstande ist, anstehende Erfahrungen durch geeignete Handlungen zu bewältigen. Erst wenn ein Zweiter Interesse zeigt, eine gleichartige Erfahrung mit einer ähnlichen Handlung zu bewältigen, tritt die Frage nach der Übertragbarkeit von Handlungsstrategien überhaupt erst auf. Dies lässt sich im Rahmen einer intersubjektiven bilateralen Konvention lösen. Bei einer Vielzahl von Beteiligten, die Interesse an der Handlungsstrategie hat, ergibt sich die Notwendigkeit transsubjektiver Verständlichkeit und Übertragbarkeit. Diese soll durch Objektivität geleistet werden. Sie hat primär eine gesellschaftliche Funktion und ist keine ontologische Eigenschaft von Erkenntnissen. Objektivität als transsubjektive Rationalität bedeutet, dass Handlungen dann wiederausführbar und gesellschaftlich als sinnvoll betrachtet werden, wenn sie konform zur gesellschaftlichen Praxis sind und unter Einsatz tradierten Wissens erfolgreich von jedermann wiederausgeführt werden können. (Grunwald 2000c) So verstanden stabilisiert Objektivität gesellschaftliche Praxis und erschließt Handlungsmöglichkeiten, die vorher nur von einzelnen Subjekten in konkreten Situationen erfahrungsbezogen wahrgenommen werden konnten. Die Erschließung neuer gesellschaftlicher Handlungsmöglichkeiten erfolgt durch Sozialisierung konkreter Bewältigungsstrategien für Erfahrungen. Sozialisierung meint dabei gesellschaftsbezogene Verallgemeinerbarkeit. Dies kann so verstanden werden, dass für die Nachvollziehbarkeit von erfolgreichem Handeln Handlungsanweisungen solange bearbeitet werden, bis sie gesellschaftlich auf breiter Basis so umgesetzt werden können, dass das intendierte Ziel der Handlung zufriedenstellend von jedermann erreichbar ist. Objektivität zielt auf die Optimierung von Handlungsanweisungen ab und wird solange betrieben, bis dies zufriedenstellend gewährleistet werden kann. Was zufriedenstellend ist wird durch gesellschaftliche Konvention vereinbart.

Objektivität ist die Grundlage für kollektive Lernprozesse, die aus der Einsicht erwachsen, dass subjektive Lösungen fehlbar sein können. Dazu müssen Handlungen und Entscheidungen transsubjektiv nachvollziehbar sein, wenn sich rationale Gründe für diese Entscheidung angeben lassen. Von Rationalität kann nur in einem gesellschaftlichen Kontext und relativ zur Praxis einer Gesellschaft gesprochen werden. (Grunwald, 2000c; S. 193ff.) Rationalität meint Verständlichkeit im Sinn von Nachvollziehbarkeit. Innerhalb der gesellschaftlichen Praxis sind Entscheidungen dann verständlich, wenn sie bei Angabe der Gründe für diese Entscheidung für alle Gesellschaftsmitglieder nachvollziehbar sind. Dabei muss für die Gründe ein gesellschaftlich akzeptiertes Wissen verfügbar sein. Erkenntnistheoretisch kann Rationalität in ihrer Bedeutung für Objektivität aus der Eigenschaft des appellativen Charakters sprachlich fixierten Wissens abgeleitet werden. Die sprachliche Fixierung als Wissen soll Praxis regeln, indem sie Handlungsanweisungen zum Nachvollzug erfolgreicher Handlungen unter bestimmten Bedingungen liefert. Rational nachvollziehbar bedeutet dann, dass unter Verwendung des tradierten Wissens die Handlung erfolgreich wiederausführbar ist. (Hartmann, 1996; Grunwald, 2001c) Die Wiederausführung darf dabei nicht vom Ausführenden selbst abhängen. Vielmehr sollen alle Gesellschaftsmitglieder prinzipiell die Handlung dann ausführen können, wenn sie den Handlungsanweisungen des Wissens exakt folgen. Dies ist unabhängig von einer faktischen Wiederausführung von Handlungen. Rationalität kann bedeuten, dass lediglich in die prinzipielle Wiederausführbarkeit einer Handlung vertraut wird.

Beschreibungen von Experimenten in wissenschaftlichen Veröffentlichungen sind die zur Hochform stilisierte Handlungsanweisung zur Gewinnung objektiver Erkenntnisse.(R. Lange in Janich/Hartmann, 1996; S.157ff) Ihr Sinn ist die Rückführbarkeit von Erkenntnissen auf erfolgreiches Handeln. Das Rückführen gelingt jedermann dann und nur dann, wenn er sich an die Handlungsanweisung der Fachwissenschaft und an die in der Veröffentlichung genannten weiteren Handlungsbedingungen hält. Dies ist die direkteste Form der Rückführung von Erkenntnissen auf Handeln. Vernünftigerweise werden die Erkenntnisse nicht von jedem Wissenschaftler wieder auf die Handlungsebene zurückgeführt. Es wird prinzipiell darauf vertraut, dass, sollte es zum Streit kommen, sich die „Wahrheit" der Ergebnisse durch erfolgreiche Wiederausführung des Experiments bestätigt .

Die *normative Forderung, objektiv zu sein,* wird verwendet, wenn es um die Gewinnung neuen Wissens geht. Es wird verlangt, dass neues Wissen auf bereits bestehendem Wissen aufgebaut wird und damit mit diesem Wissen in einer Kontinuität steht. Diese Kontinuität kann gegebenenfalls konstruiert werden. Dies war z.B. der Fall als die Newtonsche Mechanik als Grenzfall der Quantenmechanik modelliert wurde.

2.5 Der lokale Charakter des Fachwissens

Die vorhergehenden Betrachtungen werfen die Frage nach der Bedeutung des Fachwissens der einzelnen (Ingenieurs-) Disziplinen auf. Fachwissen ist ein Wissen als Handlungsanweisung, das zweckgerichtet gewonnen wird. Dieses Fachwissen beruht auf der methodischen Strukturierung des Erfahrungswissens bezüglich eines begrenzten Handlungsbereichs. In den Ingenieurswissenschaften ist die Rekonstruktion des Handlungsbereichs relativ einfach, weil Elektrotechnik, Maschinenbau, Bauingenieurwesen den Handlungsbereich bereits in der Namensgebung führen. Das Wissen der Disziplin liegt in Form von methodisch strukturierten Handlungsanweisungen vor. Ziel der Handlungsanweisung war in den Anfangszeiten der Ingenieurwissenschaften die Konstruktion von Maschinen, elektrischen Apparaten usw. Die Methoden der Ingenieurwissenschaften sind Handlungsstrategien zur Bewältigung konkreter Aufgabenstellungen unter begrenzten Bedingungen. Sie stellen Inseln des Wissens bezüglich bestimmter Handlungsketten dar. Indem sie immer weiter verfeinert werden, garantieren sie sowohl methodisch als auch erkenntnisbezogen die Nachvollziehbarkeit der gemachten Erkenntnisse in immer detaillierteren Zusammenhängen. *Insofern ist innerhalb einer Fachdisziplin die Erkenntnis methodisch gesichert.* Sie lässt sich durch Einhaltung der Randbedingungen beliebig wiederherstellen. *Dieses Wissen ist allerdings lokal begrenzt und hat Inselcharakter. Die Gültigkeit des Wissens ist auf die Insel der Fachdisziplin beschränkt und ist nur durch Einsatz der dort festgelegten Handlungsanweisung nachvollziehbar.* Fachwissen ist *methodisch gesichertes* und *lokal begrenztes* Wissen. Wissen hat grundsätzlich den Charakter eines mitwandernden Horizonts, weil über zukünftiges Wissen nichts gewusst werden kann und zukünftiges Wissen auf dem bereits bestehenden und noch zu entwickelnden Wissen aufbaut. Wissen kann nur unter dem Vorbehalt der Vorläufigkeit formuliert werden. Es ist wesentlich zukunftsoffen. Dieser Umstand muss für die Formulierung einer Ethik der Ingenieurspraxis berücksichtigt werden.

Fachwissen tendiert zur Autoimmunisierung gegen außerdisziplinäre Kritik, weil es darauf beruht, alle Erfahrung, die nicht methodisch einsortierbar ist, aus dem Erkenntnisprozess auszuschließen. (vgl. Kapitel 2.3) Innerhalb der Fachwissenschaften entsteht über Geltungsansprüche von Aussagen kaum ein ernsthafter Konflikt. Für interdisziplinäre Zusammenarbeit ergibt sich hingegen die grundlegende Frage wie sich die Inseln des lokalen Wissens kombinieren lassen. Entscheidend ist, wie viel Erkenntnis gebraucht wird, um eine Situation adäquat entscheiden zu können und wie an dieser Stelle interdisziplinäre Reflexion anzusetzen ist. Ein aus dem mittelalterlichen Denken herrührendes Relikt ist der klassische Ansatz eine interdisziplinäre Aufgabenstellung zu lösen, indem das Wissen verschiedener Disziplinen miteinander kombiniert wird. Interdisziplinäres Arbeiten gerät zur Rekonstruktion des „Puzzles Wirklichkeit“ bei der jede Fachwissenschaft einen Mosaikstein zum Gesamtbild beiträgt. Hinter dieser Art der Modellbildung steckt die Vorstellung des „Puzzlemodells“ der Wirklichkeit. Unter Absehung aller in die Fachwissenschaften eingehenden Grundvoraussetzungen wird versucht die Wirklichkeit „richtig“ d.h. der Realität angemessen abzubilden, indem verschiedene fachwissenschaftliche Ansätze in der Art eines Puzzles zusammengesetzt werden, in der Hoffnung, ein Gesamtbild der Wirklichkeit für den zu untersuchenden Aspekt herzustellen. Der Ansatz ist aus verschiedenen Gründen unmöglich:

1. Ontologische Grundannahme für das Puzzlemodell ist die Abbildungsfähigkeit der Wirklichkeit in *genau einem Modell*, das aus den Teilmodellen der Fachwissenschaften zusammengesetzt wird. Jedes Modell entsteht jedoch durch Abgrenzung und Beschränkung von Parametern. Modelle selbst sind bereits durch Zielsetzungen bestimmt und beschreiben nicht von sich aus das zu modellierende Objekt vollständig. Sie beschreiben Aspekte eines Objekts.

2. Der Ansatz beruht auf der Vorstellung, Wissen sei abgeschlossen oder zumindest in Richtung eines Aspekts der Wirklichkeit abschließbar, wenn alle Parameter bekannt sind. Nur dann funktioniert dieser Ansatz. Dies schlägt fehl, weil jeder Parameter weitere mögliche Parameter zutage bringt. Die Grenze des Wissens hat die Qualität eines mitwandernden Horizontes. Ist Wissen nicht begrenzt, kann kein vollständiges Modell erarbeitet werden, sondern allerhöchstens lässt sich ein Modell konstruieren, dass das begrenzte aktuelle Wissen verwendet. Von diesem Modell kann allerdings nicht gesagt werden, es beschreibe die Wirklichkeit vollständig.
3. Die Methodik der konkreten Fachwissenschaften muss in allen anderen Fachwissenschaften gelten. Fachwissenschaften sind gerade dadurch geprägt, dass sie spezifische Methoden ihre eigen nennen, die sich von anderen Wissenschaften abheben.

Interdisziplinäres Arbeiten ist aus kulturalistischer Perspektive konstruierendes Handeln, das zur Einrichtung von Brücken zwischen den Inseln des Fachwissens führt. Eine wesentliche Folgerung für eine Ethik der Technikgestaltung ist, dass sich Ingenieure des lokalen Charakters ihres Wissens bewusst sind, wenn sie argumentieren. Sie sollen feststellen können, wann sie die Insel ihres Fachwissens verlassen und wie weit der Gültigkeitsanspruch für ihre Aussagen reicht.

„Für jemanden, der einen Hammer in der Hand hält, sieht die ganze Welt wie ein Nagel aus". Dieses erkenntnistheoretisches Bonmot illustriert recht gut, wie sich überzogene Geltungsansprüche von Fachwissen äußern. Anlässlich eines Vortrags erinnerte mich die Bemerkung eines Physikers an diesen Satz. Der Vortragende erwähnte, dass es in der modernen offenen Gesellschaft eine Vielzahl moralischer Auffassungen gibt, die sich nicht ohne weiteres auf eine einziges Wertemodell reduzieren lässt. Woraufhin der Physiker meinte: „Man kann die Entropie halt nicht besiegen".

2.6 Die neue Verbindung zwischen Erkenntnistheorie und Ethik

Ein wesentlicher Zug des methodischen Kulturalismus ist die handlungsleitende Dimension von Erkenntnis und Wissen. Indem Erkenntnisse zurückgeführt werden auf gemeinschaftliches Handeln in einer Kultur gelingt es, die ethische Dimension von Erkenntnis und Wissen zu rehabilitieren. Diese ethische Dimension betrifft zwei Ebenen des Erkenntnisprozesses. Die erste Ebene betrifft die Zwecke, die in erkennendem Handeln verfolgt werden. Diese Zwecksetzungen lassen sich relativ zu einem gemeinschaftlichen Wertesystem bewerten. Wertfreie Erkenntnisse sind deshalb nicht zu haben, sondern Erkenntnisse sind nach ihren Zwecksetzungen bewertbar. Die viel propagierte Wertfreiheit der Wissenschaft und die daraus abgeleitete ethische Neutralität der Technik findet hier ihr jähes Ende. Die zweite Ebene betrifft Erkenntnisse als Grundlage der Lebensbewältigung in einer Gemeinschaft. Erfolgreiche gemeinsame Lebensbewältigung macht es wünschenswert nach den Gründen für Gelingen und Misslingen gemeinsamer Handlungen zu fragen, um Leitlinien für künftiges Handeln entwickeln zu können. Dieses Reflektieren über die Regelung gemeinsamer Praxis ist Gegenstand der Ethik. Sie soll für die gemeinsame Praxis klären, wie am besten gehandelt werden kann und soll. Indem Erkenntnisse direkt auf die Frage nach dem Menschen führen, haben sie mit Selbstbildern des Menschen und der Gesellschaft zu tun. (vgl. Kapitel 1.2.2) Dieser erkenntnistheoretische Ansatz ist ganzheitlich und bietet den Vorteil, dass Erkenntnis und Ethik nicht mehr vollkommen isoliert voneinander zu betrachten sind. In der Lebensbewältigung durch gemachte Erkenntnis konstituiert sich Sinn als Interaktion des Subjekts mit dem Unverfügbaren. Lebensbewältigung kann je nur vom Menschen als Ganzes geleistet werden. (Degenhart, 1999) Erkennendes Handeln in Gemeinschaft mit anderen Menschen ermöglicht erst die Lebensbewältigung. Erkennen hat damit Konsequenzen für das Leben. Wer nach dem Menschen fragt, muss notwendigerweise danach fragen, wie gelingendes Leben für den Menschen als Ganzes möglich ist und wie er dabei handeln soll. Erkenntnisse verändern die Praxis einer Gesellschaft, indem sie den Lebensvollzug gestalten. Der Lebensvollzug verdankt sich der Anwendung bestimmter Techniken die das Ergebnis von Erkenntnisprozessen sind. An dieser Stelle ist die grundsätzliche Verbindung von Erkenntnis, Technik und Ethik zu finden. Hier liegt der *erkenntnistheoretische Ankerpunkt* der im folgenden zu entwickelnden Ethik der Technikgestaltung.

***

2.7 Fallbeispiel (2): Modellbildung der Streamerentwicklung in Isolieröl

Die praktische Bedeutung erkenntnistheoretischer Aspekte in der Forschungspraxis der Ingenieurwissenschaften wird im folgenden an Hand der Modellbildung des Blitzdurchschlages von Isolierölen erläutert.

2.7.1 Motivation der Untersuchungen

Isolieröle, wie sie zur Isolation von Transformatoren, Durchführungen und anderen Betriebsmitteln dienen, zeigen unter Stoßspannungsbelastung die unterschiedlichsten Vorentladungserscheinungen die zu einem Überschlag der Isolierstrecke führen können. Die Vorentladungsstrukturen werden als Streamer bezeichnet. Dabei wird einerseits die morphologische Struktur und andererseits die Ausbreitungsgeschwindigkeit der Streamer als Kriterium für die Kategorisierung verwendet. Die Deutung der Streamerstrukturen als Gebiete geringer Dichte ist seit den Anfangszeiten der Untersuchungen relativ unumstritten. Die Untersuchungsmethoden basieren in den meisten Fällen auf optischen und elektrischen Messmitteln. Ergänzend werden chemische Untersuchungen angestellt. Unter dem Einfluss hoher Spannungen entwickeln sich in inhomogenen elektrischen Feldern hoher Feldstärke in isolierenden Flüssigkeiten baumartige Vorentladungsstrukturen, die sich zur Gegenelektrode hin ausbreiten. Die Struktur dieser Vorentladungen wird, je nach Untersuchungstechnik in vier bzw. drei verschiedene Ausbreitungsmodi unterteilt:

1. Bildung eines Gebietes geringer Dichte
2. Ausbreitung des Gebietes geringer Dichte mit einer Ausbreitungsgeschwindigkeit kleiner als Schallgeschwindigkeit
3. Ausbreitung des Streamers mit anderer Morphologie und höherer Ausbreitungsgeschwindigkeit
4. Fadenförmiger überschallschneller, selbstleuchtender Streamer

Die Unterscheidung der Klassen ist nicht „natürlich" bedingt, sondern beruht darauf, die für die mechanischen Phänomene gültigen Gesetzmäßigkeiten weiterverwenden zu können, um den Primärstreamer zu beschreiben, während die elektronischen Modelle für den Sekundär- und Tertiärstreamer zu gebrauchen sind. An dieser Stelle wird eine „Arbeitsteilung“ zwischen Fluidmechanik und Quantenelektronik eingeführt, ohne dass dies explizit erwähnt ist.

Aus historischer Sicht fanden die ersten Untersuchungen unter wirtschaftlicher Motivation für die Optimierung der Isolieranordnungen statt. Dazu wurde zunächst, auf Grund der verfügbaren Experimentiertechnik der flüssige Isolierstoff untersucht. Aus erkenntnistheoretischer Sicht sind die Untersuchungen alle mit experimenteller Technik und nachfolgender theoretischer Modellbildung durchgeführt worden. Dabei herrscht bis heute eine mittelalterlicher Erkenntnisbegriff vor, der sich auf die Entdeckung (versteckter) Naturphänomene bezieht. Alle Forschergruppen behaupten letztendlich, dass sie in der Lage sind die Realität als Teil eines integralen phänomenologischen Konzeptes nachzubilden.

2.7.2 Untersuchungstechniken

Die Erfahrung der durch Blitzeinschläge und Überspannungen hervorgerufenen Schäden, machte die Erforschung des Durchschlagmechanismus bei Stoßbelastung erforderlich. Mit dem Aufkommen der Bildwandlerkamera und der Möglichkeit extrem schnell ablaufende Vorgänge photographisch zu fixieren gewann die optische Untersuchung der Durchschlagmechanismen wissenschaftliche Bedeutung. Durch die Möglichkeit den Ablauf des Vorentladungsvorgangs photographisch festzuhalten erhoffte man sich, die Isolierung besser gestalten zu können.

2.7.2.1 Schattenbildphotographie

Die folgende Beschreibung der Versuchstechnik kann als Handlungsanweisung für den Nachvollzug der dargestellten Ergebnisse aufgefasst werden. Sie ist damit eine Wissensrepräsentation in Form einer Handlungsanweisung, welche die transsubjektive Nachvollziehbarkeit garantiert (Kapitel 2.4) Eine zentrale Untersuchungsmethode des Isolieröldurchschlages ist die Schattenbildfotografie mit Hilfe einer Bildwandlerkamera. Da sich die Vorentladungsvorgänge durchweg im µs-Bereich abspielen sind dazu Bildfolgen extremer Höhe notwendig. Die zu untersuchende Ölstrecke wird von einer starken Lichtquelle durchleuchtet und von einer Kamera aufgezeichnet. Die Ergebnisse lassen sich als Schattenbilder deuten. Die auf den Bildern zu sehenden Strukturen kommen durch die Brechung des Lichtes der Lichtquelle an den optisch unterschiedlich dichten Medien intaktes Isolieröl / Streamerstruktur zustande. Für die Experimente wurde eine Bildwandlerkamera vom Typ IMACON 790 benutzt. Die für die Untersuchung zur Verfügung stehenden Einschübe der Kamera erlauben eine Differenzierung der Belichtungszeit und der Bildfolge. Es stehen zwei Einschübe mit einer Bildfolge von $2* 10^7$ Bilder /sec und $2*10^6$ Bilder /sec mit Bildbelichtungszeiten von 10 bzw. 100ns je Einzelbild und bis zu 4 Bildpaaren je Bild zur Verfügung. Die Bildfolge der Einzelframes auf den nachfolgend abgebildeten Bildern ist:

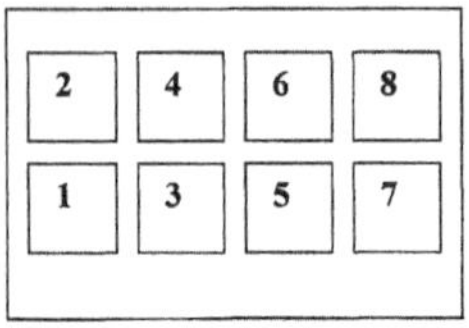

Abbildung 2-1.: *Abfolge der Einzelframes auf den Bildern*

Ein am Institut entwickelter Triggergenerator erlaubt die zeitliche Variation der Bildfolge in Abhängigkeit der anliegenden Spannung. Wie sehr die Aufnahmetechnik Einfluss auf die Modellbildung und die Beschreibung von Grundeigenschaften hat, äußert sich zum Beispiel in der Angabe von Ausbreitungsgeschwindigkeiten. Die Bildwandlerkamera verfügt über einen festen Bildabstand, der nur Momentaufnahmen gewisser Augenblicke innerhalb der Ausbreitung gestattet. Das Zurückrechnen der Ausbreitungsgeschwindigkeit durch Vergleich der Streamerlänge auf zwei unterschiedlichen Bildern führt zu gemittelten Werten der Ausbreitungsgeschwindigkeit, die leicht den Anschein erheben können, die Ausbreitung sei gleichförmig. Ob sie dies ist oder nicht kann durch diese Technik nicht festgestellt werden, sondern lässt sich allenfalls abschätzen.

Das Zurückrechnen der Spannung auf die am Streamerkopf herrschenden Feldstärken bedingt die Berücksichtigung der Geometrie der Elektrodenanordnung. Diese lässt sich analytisch für rotationssymmetrische Systeme mit dem Verfahren der konformen Abbildung lösen. Eine Abschätzung der Feldstärke an der Nadelspitze ergibt :

$$E = \frac{U}{2R \ln\left(\sqrt{\frac{R + 0{,}5d}{R}}\right)}$$

E = Elektrische Feldstärke

d = Elektrodendistanz

R = Spitzenradius der Elektrode

Die Berechnung der sogenannten Einsatzfeldstärke erfolgt quasistatisch und berücksichtigt den Einfluss injizierter Ladungen nicht. Die verwendeten Spannungsformen, also die Impuls und Wechselspannung sind in der Hochspannungstechnik übliche

Standardformen. Ihre Erzeugung braucht nicht noch einmal konkret erwähnt werden, weil sie Gegenstand der Normung ist. (Schwab, 1981)

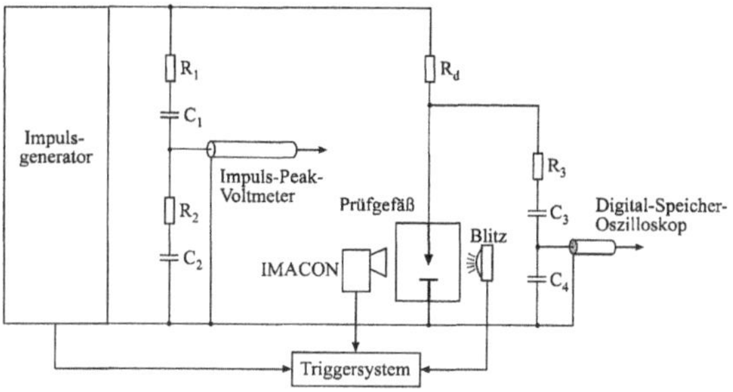

Abbildung 2-2.: *Experimenteller Aufbau zur Untersuchung der Vorentladungserscheinungen (Kist, 1999)*

Alle beobachteten Vorentladungsstrukturen werden ausnahmslos als Streamer bezeichnet. Der Begriff ist formal der Gastheorie entnommen und weist darauf hin, dass fast alle Deutungsmuster der Vorentladungsstruktur daran festhalten, dass es sich bei dem beobachteten Phänomen um eine gasförmige Erscheinung innerhalb der Flüssigkeit handelt. Dies wird daran festgemacht, dass die Lichtbrechung nur an unterschiedlich dichten Medien auftritt, wie etwa bei einer Gasblase, die in der Flüssigkeit auftritt. Es handelt sich daher nicht um einen neutralen Begriff, sondern die Verwendung dieses Begriffs setzt schon voraus, dass sich die hier beobachteten Phänomene mit Hilfe des Instrumentariums der Gastheorie modellieren lassen. Etwas einfacher formuliert: Da es sich um Gebiete geringer Dichte handelt, die gasförmig sind, muss die Gastheorie darauf zutreffen.

2.7.3 Positive Polarität

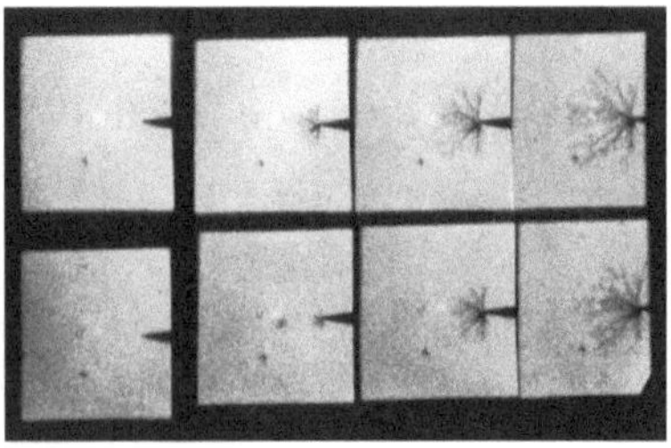

Abbildung 2-3: *Positiver Primärstreamer in Rapsöl unter Blitzstoßbelastung. Spitze-Platte-Elektrodenkonfiguration Elektrodendistanz 8 mm; $\hat{U}$ = 45 kV; Bildabstand 500 ns; Verzögerung der Aufnahme 3□s gegenüber Beginn der Belastung*

Der ***positive Primärstreamer*** hat eine doldenförmige Struktur und eine Ausbreitungsgeschwindigkeit, die mit 2 bis 3 km/s angegeben wird. Die berechnete Einsatzfeldstärke ist 400 bis 600 kV/mm. Die Hauptastdurchmesser auf der Fotografie betragen 40 bis 50 µm. Der Öffnungswinkel beträgt mehr als 180°. Der ***positive Sekundärstreamer*** breitet sich mit einer Geschwindigkeit von 11 bis 32 km/s aus und ist tannenzweigförmig. Er entsteht an den Verlängerungen des Primärstreamerhauptastes. Seine Einsatzfeldstärke ist 1,2 bis 1,6 MV/mm, die Hauptdurchmesser sind größer als beim Primärstreamer.

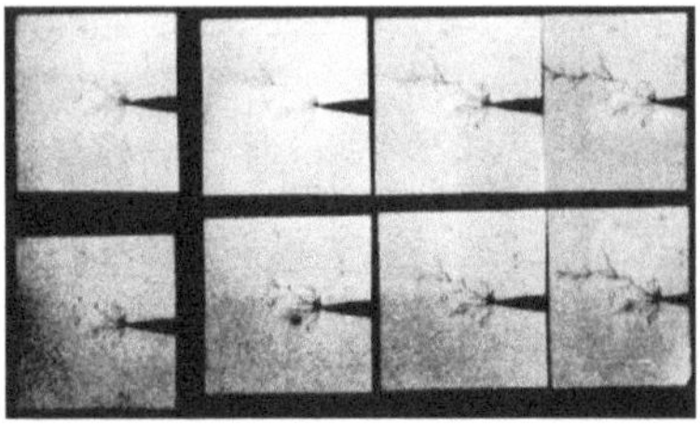

Abbildung 2-4: *Positiver Sekundärstreamer in Rapsöl unter Blitzstoßbelastung. Spitze-Platte-Elektrodenkonfiguration Elektrodendistanz 8 mm; $\hat{U}$ = 57 kV; Bildabstand 500 ns; Verzögerung der Aufnahme 0,5µs gegenüber Beginn der Belastung.*

Der Tertiärstreamer der positiven Polarität erreicht bis 100km/s und tritt bei Feldstärken oberhalb von 2MV/mm auf. Er besteht aus einem dünnen, selbstleuchtenden Kanal.

2.7.4 Negative Polarität

Bei negativer Polarität werden die Phänomene ähnlich charakterisiert, wie bei positiver Polarität.

Für den Primärstreamer ergeben sich Ausbreitungsgeschwindigkeiten von 1 bis 16 km/s bei einer Einsatzfeldstärke von 300 bis 400 kV/mm, wobei die Ausbreitungsgeschwindigkeit feldstärkeabhängig ist.

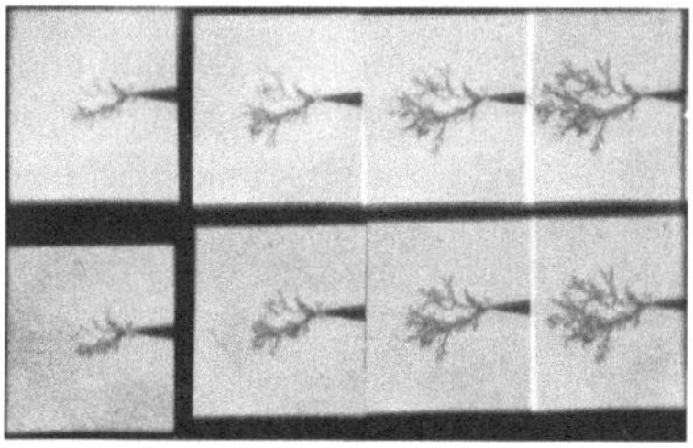

Abbildung 2-5 : *Negativer Streamer in Rapsöl unter Blitzstoßbelastung. Spitze-Platte-Elektrodenkonfiguration Elektrodendistanz 8 mm; Û = 60kV; Bildabstand 500 ns; Verzögerung der Aufnahme 3µs gegenüber Beginn der Belastung*

Der Sekundärstreamer ist gegenüber dem Primärstreamer nicht genau abgegrenzt, die Übergänge sind vielmehr fließend, Unterschiede sind lediglich morphologisch. Der Tertiärstreamer gleicht der positiven Polarität, mit einer Einsatzfeldstärke von 400 kV/mm bis 2 MV/mm und einer Ausbreitungsgeschwindigkeit von mehr als 65 km/s.

2.7.5 Gastheoretisches Modell

Das gastheoretische Modell geht auf die Beschreibung des Streamers als Gas- bzw. dampferfüllten Raum zurück, der den Gesetzen der Elektrohydrodynamik unterliegt und sich durch die Einwirkung elektrischer Kräfte im Flüssigkeitsraum ausbreitet. Die Ausbreitung wird in diesem Modell mechanischen Kräften zugeschrieben. Dabei wächst der Streamer aus einem Blasenkeim, der z.B. durch die Bildung eines Gebietes geringer Dichte auf Grund von elektrohydrodynamischer Zugspannungen innerhalb der Flüssigkeit bildet. Die Ausbreitung erfolgt durch mechanische Wechselwirkung und Ladungsträgerlawinen innerhalb der Gasphase. Die Ausbreitung lässt sich deshalb mit den Methoden der Fluiddynamik simulieren und berechnen. Dies führt in der Betrachtungsweise darauf dass das Gebiet geringer Dichte sich zunächst trägheits- und viskositätsbegrenzt ausbreitet und anschließend unter Ausbildung einer

Verdampfungsinstabilität kollabiert. Dabei entstehen Fluidstrudel, die die Ausbreitung des Gebiets geringer Dichte weiter fördern. Die Energiebetrachtung der injizierten Elektronen führt zu dem Schluss, dass der überwiegende Teil der injizierten Energie für die Verdampfung der Flüssigkeit aufgewendet wird. Innerhalb des entstandenen Gebietes geringer Dichte lässt sich die klassische Gasentladungstheorie einsetzen, wenn postuliert wird, dass es zu einer Trennung von Ladungsträgern kommt, die auf Grund der Beschleunigung im elektrischen Feld lawinenartig vermehrt werden können. Durch Stoßprozesse mit den Flüssigkeitsmolekülen werden diese gespalten und verdampft. Die Grenze des Gasmodells ist, dass es nicht zu erklären vermag, wie das Gebiet geringer Dichte überhaupt zustande kommt und wie die mikroskopischen Verhältnisse sowie die Ladungsträgerinjektion stattfindet. Hinsichtlich des Ansatzes lässt sich das gastheoretische Modell als makroskopisches Modell auffassen.

In der gastheoretischen Modellbildung wird entlang der folgenden Argumentationskette geforscht:

1. Entstehung des Gebietes geringer Dichte (GgD) durch Blasenkeimbildung
2. Ausbreitung des Gebiets geringer Dichte in der Flüssigkeit durch elektrohydrodynamische Prozesse (Fluidmechanik)
3. Beschreibung der Entladung innerhalb des GgD durch die Gasentladungsphysik
    a. Injektion von Ladungsträgern
    b. Ausbildung von Ladungsträgerlawinen
    c. Auswirkungen der Ladungsträgerlawinen

2.7.6 Festkörpertheoretisches Modell

Das festkörpertheoretische Modell beruht auf der Betrachtung des Fluids und seiner quantenelektronischen Eigenschaften. Die Perspektive dieses Modells ist also eine mikroskopische, auf der Berücksichtigung der atomaren Struktur der Flüssigkeit und der darin auftretenden Wechselwirkungen beruhende, Betrachtungsweise. Sie versucht zu erklären, wie das Gebiet geringer Dichte überhaupt erst zustande kommt. Die Ursache des Gebietes geringer Dichte ist die Wechselwirkung von Ladungsträgern mit den Molekülen der Flüssigkeit, die diese zum Verdampfen bringen. Im Gegensatz zum gastheoretischen Modell ist das Gebiet geringer Dichte nicht die *Ursache der Streamerausbreitung*, sondern die eine *Auswirkung* vorangegangener elektronischer Prozesse. Die Modellbildung erfolgt durch folgende aufeinander aufbauende Schritte:

1. Ladungsträgerinjektion in das Fluid durch Betrachtung der Einzelprozesse
    a. Metall-Oxid-Schicht (Kist, 1999)
    b. Helmholtzschicht (Julliard, 1996)
2. Ladungsträgertransport im Fluid durch
    a. Gebundene / Ungebundene Zustände
    b. Strukturfluktuationen im Fluid (Julliard, 2000a)
3. Verdampfung der Flüssigkeit
4. Ausbreitung des GgD
5. Makroskopische Modellbildung durch Perkolationstheorie (Kist, 1999);(Julliard, 2000a)

Die Injektion von Ladungsträgern in die Flüssigkeit lässt sich durch Betrachtungen aus der Elektrochemie (Atkins, 1991) erklären. Durch Einbringen von Metall in Flüssigkeit entsteht eine Helmholtzschicht, mit einer Dicke von:

$$L_D = \sqrt{\frac{\varepsilon_0 \varepsilon_r k_B T}{e^2 \sum Z_i n_i}} \quad (2)$$

L = Debye-Länge

$\varepsilon_0 \varepsilon_r$ = Dielektrizitätskonstante

k_B = Boltzmann-Konstante

T = Temperatur

$Z_i n_i$ = Ladungsträgerkonzentration in der Flüssigkeit

durch die ein Ladungstransport erfolgen kann. Die Ladungsträgerinjektion in die Flüssigkeit wird durch Rekurs auf die Feldemission erklärt.

Für die Modellbildung, die sich an der molekularen Struktur der Flüssigkeit orientiert, ist es notwendig, die elektrochemische Struktur der Flüssigkeit zu untersuchen und die Eigenschaften von Elektronen als Ladungsträgern in Flüssigkeiten zu kennen. Die Struktur der Flüssigkeit und ihre elektrischen Eigenschaften hängen vom chemischen Aufbau entscheidend ab, weshalb dieses Modell für unterschiedliche Flüssigkeiten unterschiedliche Streamermorphologien voraussagt. Die Flüssigkeit wird festkörpertheoretisch modelliert. Das wird damit begründet, dass die Struktur einer Flüssigkeit hinsichtlich Dichte und Molekülbeweglichkeit eher dem Festkörper als einem Gas ähneln. Für die Modellvorstellung werden daher Vorstellungen der Festkörperphysik auf die Eigenschaften der Flüssigkeit adaptiert. Das Dilemma bei der Modellierung der atomaren Eigenschaften der Flüssigkeit ist, dass Flüssigkeiten weder komplett ungeordnete Gebilde mit mittlerer freier Weglänge und Stoßprozessen zwischen den einzelnen Molekülen, noch geordnete Strukturen darstellen, wie sie in einem Kristall auftreten. Die geordneten Strukturen des Festkörpers und die ungeordnete Struktur des Gases lassen sich recht gut mit mathematischen Modellen beschreiben. Die teilweise geordnete Struktur der Flüssigkeit entzieht sich bisher hingegen der exakten Berechnung innerhalb von Modellen. Zwar gibt es bereits Modellvorstellungen über das Zustandekommen der auch in Flüssigkeiten vorhandenen Nahordnung und der Leitungsmechanismen in der Flüssigkeit. Diese wird durch das Ausbilden von Clustern an polaren Verunreinigungen und Dipolen erklärt. (Hugelmann, 1999) Wie sich diese Cluster makroskopisch auswirken und wie der Übergang von der Flüssigkeit in die Gasphase vor sich geht, welche makroskopischen Auswirkungen also dahinter stehen, ist bislang ungeklärt. Das festkörpertheoretische Modell untersucht die Ladungsinjektion in die Flüssigkeit, den Ladungstransport innerhalb der Flüssigkeit und das Zustandekommen der Gasphase. Die Ladungsinjektion wird unter Zuhilfenahme des Modells der elektronischen Struktur der Oxidschicht auf der Metallelektrode und der sich anschließenden Helmholtzschicht durch die Kombination beider Einzelmodelle elektrochemisch modelliert. (Julliard, 2000b) Dabei werden die Eigenschaften der Teilmodelle zusammengesetzt. Zusätzlich erschwert wird die gegenüber dem gastheoretischen Modell mikroskopisch zwar präzisere elektronische Modellbildung noch durch zwei Tatsachen: Zum einen handelt es sich bei Isolierölen um stark heterogene Gemische unterschiedlichster Kohlenwasserstoffe, zum anderen interessieren die elektronischen Eigenschaften dieser Kohlenwasserstoffe in der Elektrochemie nicht, weil es sich um Isolierstoffe handelt, die damit für elektrochemische Zwecke unbrauchbar sind, womit die elektrochemische Modellierung nicht auf bereits bewährtes Wissen aus der Chemie zurückgreifen kann

Alle Leitungsmechanismen in Isolierflüssigkeiten sind mit der Streuung von Elektronen verbunden Die dissipierte Energie des verlustbehafteten Ladungstransports wird an das Beteiligte Molekül abgegeben und verursacht zunächst eine Anregung des Moleküls und kann zu einer Spaltung des Moleküls führen. Beide Prozesse führen als makroskopisch sichtbare Wärmezufuhr zur Formierung einer Gasphase innerhalb der Flüssigkeit und zwar in dem Bereich, der von den Ladungstransportmechanismen betroffen ist. Diese Gasbildung dehnt sich dann gemäß dem gastheoretischen

Modell aus und formt den Streamer. Die Modellbildung überträgt bei der Besprechung der Leitungsmechanismen in der Flüssigkeit Modelle aus der Festkörpertheorie amorpher Isolatoren auf die Flüssigkeit. Die Zulässigkeit dieses Schrittes wird damit begründet, dass sich amorphe Festkörper hinsichtlich ihrer atomaren Struktur als eingefrorene Flüssigkeiten vorstellen lassen, bei der die Verschiebbarkeit der Moleküle gegeneinander stark eingeschränkt ist. Die empirische Absicherung dieses Erkenntnisschritts sollen Untersuchungen des Durchschlagverhaltens von gefrorenem Öl am Phasenübergang flüssig/fest (Hoferer, 1996) und Untersuchen an verflüssigten Kunststoffen, speziell Low-density-Polyethylen (Xie/Kao, 1985) leisten. Die Leitungsmechanismen allein vermögen allerdings noch nicht zu erklären, weshalb ein Streamer in einer bestimmten Morphologie wächst, noch geben sie Hinweise auf die Voraussagbarkeit und Simulierbarkeit der Streamerentwicklung. Diese Lücke sollte durch die Einbeziehung eines weiteren Modells, der Perkolationstheorie geschlossen werden. (Kist, 1999)

Die Perkolationstheorie stellt ein Musterbeispiel für ein lebensweltliches a-priori einer Theorie dar. Entwickelt wurde die Theorie an Hand der Erfahrungen mit dem Filter einer Kaffeemaschine, bei der das Wasser immer einen unterschiedlichen Weg innerhalb des Kaffeepulvers nimmt, wobei der Weg ausschließlich von den lokalen Parametern des Pulvers und der Wassermenge an einem bestimmten Ort abhängt. Das Wasser formt sich seinen Weg nach den Bedingungen, die das Kaffeepulver durch seine strukturelle Ordnung vorgibt. Man kann vereinfacht sagen: Das Wasser schafft selbst die Bedingungen für seine Fortbewegung, die von der zufälligen Struktur des Pulvers abhängen und die das Wasser während des Fliessens wiederum beeinflusst. Dabei kommt es zu drei Wachstumsstadien: Das Pulver hält zunächst nur einige erlaubte Orte für das Wasser innerhalb seiner Struktur bereit. Mit steigendem Wasseranteil formen sich dann langsam Kanäle, in denen das Wasser fließt, bis sich diese untereinander verbinden und letzten Endes das ganze Pulver mit dem Wasser getränkt ist. Soweit die Grundidee. Das Auftreten der zeitlich hintereinander auftretenden Stadien „isolierte Bereiche", „Kanäle" und „vollkommen durchtränktes Medium" hängt von der potentiellen Energie und der Menge des Wassers ab, wobei sich mehrere kritische Energien ergeben. Der Weg des Wassers lässt sich bei Kenntnis der lokalen Parameter potentielle Energie und Wassermenge mit Hilfe von Algorithmen simulieren. Der nächste Schritt innerhalb der Nutzung der Perkolationstheorie als wissenschaftlichem Modell stellt die Abstraktion vom lebensweltlichen Umfeld dar. Zunächst wurde die Theorie auf poröse Medien und Flüssigkeiten übertragen, wobei das Anwendungsfeld von der Filtertechnik bis zur morphologischen Erklärung von Flussläufen in der Landschaft reicht. Anschließend wurde das Modell weiter abstrahiert und umgewidmet als allgemeine Theorie zur Klärung stochastischer Prozesse in der Materie, wobei die beteiligten Komponenten als „Fluid" und „poröses Medium" bezeichnet wurden. Bei Anwendung auf Elektronen in ungeordneter Materie, sind die Elektronen als „Fluid" und der Feststoff das „poröses Medium". Das Zustandekommen der „erlaubten" Bereiche für die Elektronen, also in quantenmechanischer Hinsicht „freie Plätze" ließ sich durch die Schaffung einer Ordnung kurzer Reichweite in Form von Clustern erklären. In Clustern entstehen durch Umordnung der Flüssigkeit neue elektronische Zustände. Die makroskopischen Auswirkungen der Cluster sind Gegenstand der Anwendung der Perkolationstheorie. (Kist, 1999); (Julliard, 2000a) Durch Umordnung der Flüssigkeitsmoleküle entstehen Cluster, die sich als erlaubte Bereiche für Ladungsträger innerhalb der Flüssigkeit äußern. In diesen erlaubten Bereichen ist der Ladungstransport gegenüber der nicht erlaubten Bereichen höher. Die erlaubten Bereiche sind lokal begrenzt und statistisch verteilt. Durch Verbindung der erlaubten Bereiche und weitere Ladungsträgerinjektion kommt es wiederum zu einer Umordnung der Flüssigkeit am Streamerkopf, welche zu neuen erlaubten Bereichen führt. (Hugelmann, 1999); (Julliard, 2000c)

2.7.7 Erkenntnistheoretische Problemstellungen

Die erkenntnistheoretischen Grundfragen an die Modellbildung sind:

1. Welche Vorbedingungen des Wissens gehen in die Modellbildung ein
2. Welche voluntativen Auswahlen werden getroffen im und nach dem Experiment
3. Wie kann zwischen neuen Erkenntnissen und a-priori Annahmen unterschieden werden
4. Wie werden Teilerkenntnisse zu einem Modell kombiniert
5. Gibt die Modellbildung vor, die Wirklichkeit exakt zu beschreiben oder wird der konstruktive Charakter der Modellbildung erwähnt?
6. Welcher gesellschaftliche Nutzen steht dem Forschungsaufwand gegenüber ?

Die Modellbildung des Öldurchschlags weist starke Parallelen zur Modellbildung des Treeings innerhalb von Polymeren auf und hängt sehr stark von den subjektiven Ansätzen der einzelnen Forscher ab. Sie unterliegt, wie die nachfolgende Tabelle zeigt, stark dem common-sense des wissenschaftlichen Mainstreams.

Grundidee	**Treeing-Modell**	**Streamermodell**
Bandmodell der Kristalle auf Isolatoren übertragen und Erstellen eines modifizierten Bandmodells für Kunststoffe.	Trap-Modell durch Übertragung des Potentialtopfes für Elektronen (Bause, 1972)	Hopping-Prozess, Tunnelprozess Lewis, Badent
Lawinentheorie der Gasentladung	Trees als Gasräume im Feststoff	Entstehung eines Gasraums und anschließende Ausbreitung Denat, Tobazeon, Foster
Halbleiterphysikalische Modellbildung	Elektroneninjektion in den Isolierstoff	Metall-Oxid-Fluid (Kist, Julliard, 1999)
Selbstorganisationstheorien (Fraktale, Perkolation, Mandelbrottheorie)	Fraktales Wachstum von Trees	Streamer als Bereich erlaubter Zustände (Lüthen, Kist 1999)
Elektrochemische Modellierung	Feststoff als gefrorene Flüssigkeit- amorpher Festkörper (Xie 1985; Ieda, 1985)	Flüssigkeit in Clustern entspricht amorphem Festkörper (Julliard 1996)
Kombinationsmodell Gas/Festkörper	Multikriterien-Modell Sack 2002	Elektronische Bildung des GgD und anschließende mechanische Ausbreitung und Auftreten von Gasentladungen im Streamerkanal (Badent, 1996)

Dies ist insbesondere an der Art und Weise spürbar, wie der Ansatz für die Modellbildung vom einzelnen Forscher gelegt wird. Für Isolierflüssigkeiten und relativ parallel für Trees in Hochpolymeren sind die Ansätze in der folgenden Tabelle zusammengefasst. Wie aus der Tabelle ersichtlich unterliegt die Modellbildung sehr starken historischen Strömungen, ist also nicht „objektiv“ in dem Sinne, dass sie vollkommen unabhängig von äußeren Einflüssen sind. Maßgeblichen Einfluss auf die Modellbildung haben insbesondere Selbstorganisationstheorien, die aus der Physik übernommen und auf weitere Aufgabenstellungen übertragen wurden. (Nicolis/Prirogine, 1977); (Dekking, 1999) Diese Theorien erreichen zeitweise den Status einer prägenden Theorie für einen Großteil der Naturwissenschaften. So behauptet Mandelbrot sogar, die ganze Natur habe einen fraktalen Charakter und sei eine sich selbst organisierende Struktur (Mandelbrot, 1983) Das erkenntnistheoretische Problem dieser Argumentation liegt in dem Anspruch, die Wirklichkeit auf ein einziges Modell beschränken zu können. Zunächst schien die Universalität des Ansatzes durchaus gegeben zu sein. Die Theorie Mandelbrots wurde in den nachfolgenden Jahren auf so verschiedene Forschungsthemen wie

- Elchbewegungen im Winter
- Epidemieausbreitung in der Bevölkerung
- Selbstorganisation von Wirtschaftsprozessen
- Streamerausbreitung im Dielektrikum
- Wachstum von Vorentladungserscheinungen in Festkörpern

angewendet. Allerdings stellt das Postulat, eine universell einsetzbare Theorie der Selbstorganisation zu formulieren eine erkenntnistheoretische Engführung dar, die auf einer mittelalterlichen Vorstellungsweise beruht. Erstens impliziert sie ein auf einer Ordnung beruhendes Weltbild, dessen Ordnungsschema erkennbar und identifizierbar ist. Zum zweiten besteht das Problem, dass Ordnung bereits das Ergebnis einer zielgerichteten Handlung des Erkennens ist. Die Stärke der Theorie von Mandelbrot liegt nicht in der universellen Erklärung des Organisationsprozesses im Rahmen einer ontologischen Argumentation, sondern vielmehr in der Bereitstellung eines Instrumentariums, mit dem sich gewisse stochastisch verlaufende Prozesse mehr oder weniger erfolgreich handhaben lassen. In die festkörpertheoretische Modellbildung gingen neben der Theorie Mandelbrots, weitere historisch gewachsene Strömungen ein, die sich rekonstruieren lassen. Sie bauen in ihrer chronologischen Reihenfolge aufeinander auf. Folgende Grundmodelle der Quantenphysik liegen zugrunde und werden sukzessive immer wieder adaptiert:

1. Idealkristall (Potentialtopf)
2. Geordneter Halbleiter (Potentialtopf mit Fehlstellen)
3. Amorpher Halbleiter
4. Isolierstoff fest als amorpher Isolator
5. Isolierstoff flüssig als ungeordneter amorpher Isolator
6. Streamer als Folge der Ausbildung amorpher Ordnung und nachfolgender Leitungsprozesse.

Wie sich aus der oben zusammengefassten Abfolge ergibt, beruhen die einzelnen Modellbildungsschritte aufeinander und sind nicht unabhängig voneinander. Eine wesentliche Größe in der wissenschaftlichen Diskussion ist, dass es trotz aller Unordnung zumindest in einem abgegrenzten Bereich so etwas wie eine Ordnung des Kosmos geben muss. Damit ist bereits festgelegt, dass ein Weltbild vorausgesetzt ist, dem eine auffindbare Ordnung zugrunde liegt, die der jeweilige Forscher nur auffinden muss und in einem möglichst exakten Modell abbilden soll.

Ob es sich bei der Vorentladung um einen gasförmiges Gebilde handelt, dessen Ursache durch rein gastheoretische Überlegungen zu rekonstruieren sind oder um einen elektronischen Vorgang, der zur Gasbildung führt ist nicht ex-ante entscheidbar. Die Beantwortung dieser Frage ist aus erkenntnistheoretischer Sicht noch nicht einmal entscheidend. Folgt man den in Kapitel 2.1 bis 2.5 vorgestellten konstruktivistischen Ansatz, dann hängt die Frage nach der „Natur" des Durchschlagsphänomenes bereits von einer gewählten Perspektive ab. Die Wahl der Perspektive bestimmt mit welchem Instrumentarium der Forscher gewillt ist, das Phänomen zu beschreiben. Dies ist keine ontologische Fragestellung, die aufgrund des „gasförmigen Charakters" oder der Eigenschaft der Flüssigkeit und ihres Einflusses auf die Vorentladung vorher feststeht. De Grundfrage ist vielmehr, welche Modellbildung zweckmässiger ist, sich mathematisch besser beschreiben lässt und zum gewünschten Erfolg führt. Allerdings setzt diese Einsicht voraus, dass der Anspruch auf „Weltdeutung im Kleinen und für einen speziellen Bereich" fallen gelassen wird. Ist diese Richtung der Modellbildung erst einmal eingeschlagen, bestehen die für die einzelnen Forschergruppen sich stellenden Teilaufgaben nur noch darin, durch Untersuchung möglichst aller Parameter mehr und mehr „Puzzle"-Teile zusammenzutragen, um das Gesamtbild zu vervollständigen. Damit läuft die Modellbildung letztendlich in eine Sackgasse, wie die Vervielfachung der Parameter während der Untersuchungen zeigt. Die jetzt in Angriff genommene Untersuchung alternativer flüssiger Isolierstoffe auf der Basis nachwachsender Rohstoffe geht deshalb einen pragmatischeren Weg. Nach der Untersuchung von Rapsölen auf ihre elektrischen Eigenschaften und der prinzipiellen Strukturähnlichkeit der Vorentladungen wurde ein realer Transformator mit inhibiertem Rapsöl befüllt. Der Transformator wird derzeit einer Typprüfung unterzogen und geht anschließend in einen Probebetrieb, der die Einsetzbarkeit des Rapsöls unter realen Bedingungen zeigen soll. Der Transformator wurde dazu in einigen Teilen modifiziert. Dazu gehört ein hermetisch geschlossenes Gehäuse, das den Eintritt von Luftsauerstoff verhindern soll, weil Luftsauerstoff die Oxidation und Zersetzung des Öls beschleunigt. Zusätzlich wird diese Maßnahme durch die Verwendung eines inhibierten Öles unterstützt. Im Gegensatz zu den Untersuchungen des Öldurchschlags wird hier ein diametral entgegengesetzter Weg eingeschlagen. Es wird in einem trial-and-error-Verfahren getestet, ob der Weg an sich gangbar ist. Bei Schwierigkeiten kann immer noch weiterer Forschungsbedarf identifiziert werden. Wie sich aus der Darstellung ergibt, kann eine erkenntnistheoretische Kritik zuweilen die Praxis der Forschung konstruktiv beeinflussen, wenn sie auf Bereiche aufmerksam macht, die auf den ersten Blick den Ingenieuren nicht zugänglich sind, wie dies bei grundsätzlichen Fragen, etwa der Frage nach der grundlegenden Motivation, sowie der Modellbildung durch Beschränkung auf relevante Parameter der Fall ist. Sie kann Beiträge zu verantwortlichem Handeln liefern, das die Beschränkung der Forschungsmittel mitbedenkt indem sie durch Reflexion der bisherigen Untersuchungspraxis gezielt Ausstiegspunkte identifiziert, wenn sich im Verlauf des Forschungsverfahrens herausstellt, dass kein handhabbares Wissen konstruierbar ist. Allerdings hängt die Wirksamkeit der Kritik davon ab, ob der konstruktive Charakter naturwissenschaftlicher Forschung bewusst mitbedacht wird.

3 Technik und Kultur

Kultur wurde in Kapitel 2.3 definiert als Bereich, den der Mensch handelnd hervorbringt, um die Aufgabe der Lebensbewältigung zu lösen. Techniken spielen bei diesem Handeln eine tragende Rolle. Um Aussagen über die kulturelle Bedeutung von Techniken treffen zu können, wird zunächst die Bedeutung der Technik handlungstheoretisch rekonstruiert. Die handlungstheoretische Rekonstruktion führt auf den Technikbegriff einer zweiten Reflexionsstufe, der weit über den klassischen alltagsprachlichen Begriff in Kapitel 1.1 hinausreicht.

Die Abgrenzung des Begriffs Technik stößt auf methodische Schwierigkeiten. (vgl. die verschiedenen Sichten von Technik in Kapitel 1.1.1) Schon die alltagssprachliche Verwendung des Begriffs beinhaltet eine Vielzahl ganz unterschiedlicher Aspekte, die sich nur schwer unter einem gemeinsamen Oberbegriff unterbringen lassen (Janich/Hartmann, 1996; Grunwald, 2001a, 2002c). Man spricht von Technik auf mehreren Ebenen:

1. **Technik als Kunstfertigkeit,** die sich im Beherrschen bestimmter Handlungsabläufe äußert. Dazu zählen ganz unterschiedliche Techniken wie die des Programmierens, des chirurgischen Operierens, der Redefertigkeit in der Rhetorik, des Malens von Kunstwerken, des Brotbackens, des Instrumentenbaus, der handwerklichen Bearbeitung, des Experimentierens als handwerkliche Fertigkeit, des Spielens in Musik und Sport usw.

2. **Technik als Produkt** technischen Handelns (Artefakt) in Form von Geräten, wie im Fall von Messtechnik, Analysetechnik usw.

3. **Technik als Wissen um Verfahren,** wie bestimmte Zwecke durch geeignete Mittel zu erreichen sind. Etwa in den Disziplinen Elektrotechnik, Medizintechnik, Maschinenbautechnik, Bautechnik, Mechatronik usw. Gemeint ist damit Wissen um Verfahren, z.B. wie mechanische Energie in elektrische Energie gewandelt wird, wie Informationen verarbeitet und gespeichert werden können, wie Anlagen für bestimmte Produkte hergestellt werden usw.

Es scheint auf den ersten Blick unklar, wie diese unterschiedlichen Dimensionen auf eine gemeinsame Wurzel zurückzuführen sind. Wie das zu leisten ist, tritt klarer hervor, wenn die Frage nach dem gemeinsamen Zweck von Techniken im Handeln gestellt wird. Erkenntnisse bauen auf erfolgreichem Handeln auf (Kapitel 2.3), wobei Grundlage der Erkenntnis die Einzelhandlung ist. Im Alltagsleben bleibt es nicht bei einer Einzelhandlung, sondern im Handlungsvollzug werden Einzelhandlungen zu

Handlungsketten kombiniert. Das Beherrschen von Handlungsketten nennt man Technik (v.a. im Sinne von Punkt 1 der o.g. Zusammenstellung). Techniken bedingen das hintereinander Ausführen mehrerer Einzelhandlungen in einer Handlungskette. Handlungsketten lassen sich technisch gesprochen als Algorithmen verstehen. Algorithmen sind methodisch strikt geordnete Handlungsketten. Methodisch strikt geordnet heißt, dass zur erfolgreichen Ausführung einer Handlungskette alle Einzelschritte in einer ganz bestimmten Reihenfolge auszuführen sind, weil sonst die Gesamthandlungskette fehlschlägt. (Hartmann, 1996; Grunwald, 1998c)

Es ist unmöglich erst eine Schraube festzuschrauben, danach das dazugehörende Gewinde zu schneiden um anschließend das Loch für Schraube und Gewinde zu bohren, sondern die erfolgreiche Ausführung der Handlungskette „Schraubenverbindung herstellen" bedingt das exakte hintereinander Ausführen der Schritte Loch bohren, Gewinde schneiden, Schraube eindrehen. Die Handlungskette lässt sich noch dadurch rationalisieren, das sich Schritte durch „raffiniertere" Technik zusammen ausführen lassen z.B. wenn Schrauben zum Einsatz kommen, die sich ihre Gewinde selbst schneiden.

Das Wiederausführen einer Handlungskette ist für die Lebensbewältigung wünschenswert, weil damit verfügbares Wissen generierbar ist. Insbesondere gilt das für Aufgaben, die sich immer wieder stellen.

Für den Fall der Schraubenverbindung gilt: Wer eine komplexe Maschine mit einer Vielzahl von Schraubenverbindungen konstruieren will, für den ist noch nicht viel gewonnen, wenn „zufällig" das Herstellen einer einzigen Schraubenverbindung gelingt. Es ist vielmehr wünschenswert, dass die Handlungskette „Schraubenverbindung herstellen" immer und immer wieder gelingt.

Handlungsketten machen erst dann alltagsweltlich Sinn, wenn sie immer wieder und möglichst auf Anforderung gelingen, also abrufbar sind. Genau diesen gemeinsamen Kern haben alle drei Ebenen des Technikbegriffs. Techniken dienen der situationsinvarianten Reproduzierbarkeit von Handlungsketten. Sie stellen das erfolgreiche (Immer-)Wiederausführen von Handlungen sicher. Techniken erweitern menschliche Handlungsmöglichkeiten, indem sie das, was vor der Beherrschung des Algorithmus als Unverfügbares galt, unter bestimmten Randbedingungen sicher verfügbar machen. (Grunwald 2002a) Alle Elemente, die diesem Zweck dienen, werden unter Technik subsumiert. Idealerweise soll Technik das erfolgreiche Ausführen von Handlungsketten immer und überall gewährleisten. Dies bedeutet nichts anderes, als das immer mehr vom konkreten Handlungskontext abstrahiert wird, womit sich der Weg für die Verwendung von Handlungsketten jenseits ihres ursprünglichen Anwendungsbereichs bahnt. Techniken gewährleisten damit die Übertragung von Handlungsketten auf andere Handlungsvollzüge. (Grunwald 2001a) Dies ist der Grund der prinzipiellen Umwidmungsfähigkeit von Technik, die ein Hauptziel technischer Entwicklung ist.

Es gehört zu herstellenden (poietischen) Handlungen, dass ein erfolgreicher Handlungsvollzug Relikte als materielle Artefakte hinterlassen kann, die über das zeitliche Ende der Handlung hinaus verfügbar bleiben. Diese durch eine „technische" Handlung hergestellten materiellen Mittel verwendet man, wenn sie einmal vorhanden sind, immer weiter. Sie lassen sich durch Vollziehen der herstellenden Handlung beliebig funktionsgleich reproduzieren. (Grunwald, 1998a) Die Weiterverwendung führt dazu, dass Handlungsketten, die auf der Verwendung dieser Mittel aufbauen, ohne diese Mittel logischerweise nicht ausführbar sind. Das Ausführen der Handlungskette bedingt das Vorhandensein dieser konkreten oder funktionsgleicher Mittel. Sie stellen eine notwendige Bedingung für das Ausführen dieser Handlungsketten dar. Deshalb sagt man zu technischen Mitteln in verkürzter Redeweise ebenfalls „Technik".

Das Herstellen von festen Schraubenverbindungen in o.g. Beispiel ist nur möglich, wenn vorher sowohl die Schraube als auch Bohrer, Gewindeschneider und Schraubendreher hergestellt wurden, die als Produkte vorausgehender Handlungen „übriggeblieben" sind und somit zur Verfügung stehen. Ein funktionsgleiches Mittel für den Schraubendreher ist beispielsweise eine Messerklinge, mit der eine Schraube u.U. auch festgedreht werden kann.

Das alleinige Vorhandensein technischer Mittel reicht für den erfolgreichen Vollzug nicht aus. Vielmehr muss noch gewusst werden, wie die Mittel einzusetzen sind und welche Einzelhandlungen der Handlungskette wann ausgeführt werden müssen. Das Individuum kann dieses Wissen in nichtsprachlicher Form als handwerkliche Fertigkeit besitzen, ohne dass eine sprachliche Fixierung des Wissens notwendig ist. (Kapitel 2.3). Zur Ermöglichung einer gemeinschaftlichen Praxis ist eine sprachliche Fixierung technischen Wissens von besonderem Vorteil, vor allem, wenn technische Handlungen im Voraus geplant werden sollen. Planung von Handlungen in der Zukunft bedingt ein Sprechen über Handlungen. (Grunwald 1998b) Die sprachliche Fixierung in Form von Wissen erfolgt, so weit wie möglich, kontextfrei und zielt auf die (Weiter-)Verwendung erfolgreicher Verfahren in anderen Kontexten ab. Technische Wissenschaften stellen damit eine sprachliche Archivierung des Wissens um kombinierte Handlungsketten dar, die sich nach Bedarf aktivieren lassen.

***

Wenn Kultur das ist, was der Mensch handelnd hervorbringt und Technik erfolgreiches Handeln ermöglicht, dann ist Technik das Grundelement jeglicher Kultur. Alle

Kultur beruht auf dem Einsatz von Technik, die zuvorderst ein Kulturwerkzeug ist. In Analogie zur Softwareentwicklung könnte man Techniken als „Entwicklungstool der Kultur“ bezeichnen. Menschliches Leben in Handlungs- und Kommunikationsgemeinschaft verdankt sich technischem Handeln. Der Mensch steht, noch bevor er zu reflektieren beginnt, zuallererst vor der Aufgabe der konkreten Lebensbewältigung, die er mit Hilfe der Kultur meistert, wobei technisches oder handwerkliches Handeln eine tragende Rolle spielt. Die Lebensbewältigung wird durch zweckgerichtetes Eingreifen in das jeweils Vorfindliche vollzogen. Das zweckgerichtete Eingreifen ist in den meisten Fällen schon eine Frage der richtigen Technik. Das Beherrschen von Techniken erfordert die Einübung von Handlungsketten. Diese führen zurück auf erfolgreiches Handeln, wobei der Teilnehmer an der Handlungspraxis die Handlung zunächst selbst bewertet, je nachdem, ob sie seiner Meinung nach den in die Handlung gesetzten Zweck erreicht oder nicht. Hier kommt die Handlungsgemeinschaft mit anderen Menschen zum tragen, weil sie die Handlungen während des Einübens und Ausführens zusätzlich von außen bewertet. Die Bewertung bezieht sich nicht mehr allein darauf, ob die Einzelhandlung für den Akteur erfolgreich ist oder nicht, sondern gewichtet die Handlung relativ zur Praxis der Handlungsgemeinschaft. Handlungen, im Einklang mit der Praxis der Gemeinschaft werden positiv, Handlungen im Widerspruch zur gängigen Praxis negativ bewertet. Damit kommt ein Lernprozess in Gang, dessen Ziel die Eingliederung des Handlungsvermögens des Einzelnen in die Handlungsgemeinschaft ist. Dieser Prozess übt eine normierende Funktion auf das Handeln des Individuums aus.

Ein Kind, das selbständig mit Besteck essen will, muss zunächst die Technik des Sitzens, des Besteckhaltens, des Aufnehmens der Nahrung auf das Besteck und des Führens des Bestecks zum Mund usw. nacheinander erlernen, oder besser erarbeiten, wobei es auf trial- and error angewiesen ist. Dabei bewerten die Menschen seiner Umgebung durch Beifall oder Ablehnung bereits die Einzelhandlungen. Z.B. wird üblicherweise das Aufrechtsitzen positiv bestätigt während, nach einer gewissen Einübungszeit, die Nahrungsaufnahme direkt mit der Hand negativen Zuspruch ausgesetzt ist.

Ganz elementar an diesem Beispiel ist schon die Tatsache, dass der Prozess des „Essenlernens mit Besteck“ alle Teilaspekte des kulturalistischen Technikverständnisses beinhaltet:

1. Die Technik verfolgt einen *Zweck außerhalb ihrer selbst*, die Nahrungsaufnahme, für die das Essen mit Besteck eine adäquate, wenn auch nicht die einzige Problemlösung darstellt. In anderen Kulturkreisen ist es durchaus üblich und genauso erfolgreich, mit den Händen zu essen.

2. Die Technik beruht auf der *Beherrschung von aufeinander aufbauenden Einzelhandlungen*, die allein für sich genommen noch keine Nahrungsaufnahme ermöglichen. Erst die geordnete Abfolge der Handlungskette führt zur Nahrungsaufnahme.

3. Voraussetzung für das Essen mit Besteck ist das Vorhandensein desselben als Produkt einer vorhergehenden Handlung, die das Kind nicht selbst ausgeführt haben muss. Üblicherweise nimmt man Besteck, das bereits da ist.

4. Das Erlernen der Technik erfolgt in einem *kulturellen Umfeld*, das immer wieder vormacht, wie das Essen mit Besteck letztendlich erfolgreich ist und gesellschaftlich akzeptiert wird. Zugleich ist die Kulturabhängigkeit der technischen Entwicklung enthalten, man denke z.B. an asiatische Kulturen, die diese Aufgabe mit Hilfe von Stäbchen bewältigen.

An diesem einfachen lebensweltlichen Beispiel treten bereits die wesentlichen Verbindungen von Kultur, sozialem Umfeld und „Technik" hervor. Die Herstellung von Artefakten ist im Beispiel enthalten. Die Kombination von Hilfsmitteln und ihre Umwidmung für neue Aufgaben kann z.B. darin bestehen, mit dem Löffel nun Sand statt Nahrung zu schaufeln. Wobei das Kind nicht das erste wäre, das tatsächlich den ersten Löffel Sand in den Mund führt. Eine weitere Umwidmung wäre den Stiel des Löffels als Schraubendreher zu benutzen.

Die Technikgestaltung im Ingenieursalltag trägt ebenfalls die Züge der Kulturalisierung. In der Technikgestaltung wird zunächst eine Aufgabenstellung definiert, für die eine Problemlösung zu erstellen ist. Dann wird, methodisch geordnet, aufbauend auf der vorfindlichen Technik diese entweder weiterentwickelt oder umgewidmet, um eine Lösung zu erfinden. Schließlich wird in einem gesellschaftlichen Prozess (z.B. zwischen Hersteller und Anwender bzw. Gesellschaft) solange die Tauglichkeit der Lösung diskutiert und die technischen Mittel angepasst, bis die einzusetzende Technik zufriedenstellend funktioniert. Was „zufriedenstellend" ist, wird von einem Kollektiv bestimmt, das die normativen Rahmenbedingungen festlegt. Eine Änderung der Rahmenbedingungen induziert wiederum einen Wechsel im Lösungsansatz oder eine Weiterentwicklung der Technik, wie dies z.B. an der Wechselwirkung Umwelttechnik – Umweltauflagen sofort einsichtig ist. Der nächste Gang in dieser Entwicklungsspirale hat diese „verfeinerte" oder neuentwickelte Technik bereits als Vorfindliches. Technikentwicklung als Kulturleistung lebt ganz entscheidend vom Dialog zwischen Technikgestaltern und Gesellschaft, der als rekursives Verfahren ausgeführt wird. Dies kann als gesellschaftliche Dimension der Technikentwicklung bezeichnet werden. Technik hat, weil sie mit Zwecksetzungen im Handeln von Menschen in einer Gemeinschaft zu tun hat, immer soziale, kulturelle und teleologische Vorbedingungen, die innerhalb der Technik selbst nicht entscheidbar sind. Im Mittelpunkt der Technik steht letzten Endes die Lebensbewältigung des Menschen. Der Mensch ist, weil er handelt, Techniker. Er kommt, will er erkennen, um das „Machen" von Erkenntnissen mit Hilfe einer Technik nicht herum. (Jelden, 1994); (Janich, 2000) Weil Technik auf erfolgreiches Handeln abzielt, beinhaltet sie immer ethische Fragen. Eigenes Handeln kann mit dem Handeln anderer Menschen, Handeln in der Gruppe mit dem Handeln anderer Gruppen konfligieren, schließlich kann Handeln ganz misslingen. Stets lässt sich fragen, ob und wie gehandelt werden soll. Die Frage nach Grenzen des Technikeinsatzes ist eine Frage des Sollens und Dürfens von Handlungen, nicht die nach natürlichen ontologisch gefassten Grenzen des Handelns. (Grunwald 1998a) Hier ist der *handlungstheoretische Ankerpunkt* einer Ethik der Technikgestaltung zu finden.

3.1 Technikbewährung (Rekursiver Charakter der Technik)

Aus der Rekonstruktion der Technikgestaltung als herstellende zweckgerichtete Handlung lässt sich die Auswahl von Zwecksetzungen und der Umgang mit Werten während des Gestaltungsvorgangs analysieren. Die Relikthaftigkeit technischer Entwicklung führt auf die Möglichkeit, mit diesen Relikten technische Systeme aufzubauen, die auf dem historischen Stand zum Zeitpunkt der Entwicklung beruhen. Solche in den gemeinsamen Lebensvollzug einer Gesellschaft eingebetteten Systeme formen Kultur. Techniken sind „Motor" der Kultur, weil Relikte technischen Handelns sich immer weiter verwenden lassen. Der Zuwachs an Erkenntnissen durch technisches Handeln hat kumulativen Charakter, der sich in der Kulturhöhe einer Gesellschaft äußert. Kulturhöhe ist in diesem Zusammenhang nicht wertend gemeint, sondern stellt ein Maß für das akkumulierte Verfügungswissen durch Technik dar. Von technischem Wissen kann, vielleicht im Gegensatz zu nichttechnischem Wissen, gesagt werden, dass es einen ununterbrochenen Erkenntnisgewinn darstellt, mit welchen Mitteln welche Zwecke zu erreichen sind. (und mit welchen Mitteln bisher nicht.) Technik als Verfügungswissen zweckmäßigen Handelns beruht nicht auf der Erkenntnis „immer schon gültiger" Weisheiten. Sie braucht nicht einmal einen Begründungsanfang im Sinn eines beweisfähigen Satzes. Die „Wahrheit" einer Technik beweist sich selbst im Anwendungsfall. (vgl. Kapitel 0) Technische Produkte und Verfahren stellen zweckmäßiges Wissen dar, das einem historischen Bewährungsprozess durch die Teilnehmer einer Praxis unterliegt.

> *Praktisch bewährt, heißt ein Mittel in ähnlichen Zwecksetzungszusammenhängen hinreichend ähnlich* ***immer wieder mit Erfolg*** *zu verwenden,* ***was nur durch tatsächlichen Vollzug und nicht durch sprachliches Begründen geschieht****. Praktische Bewährtheit kann zwar übertroffen werden durch noch bessere Mittel ... ist aber prinzipiell nie revidierbar, als einmal bewährte Mittel sich auf einmal als untauglich erweisen könnten. (Janich, 1998, S.153f.)*

Von einer Kultur bleibt übrig, was sich als sinnvoll für die Lebensbewältigung ihrer Mitglieder erweist. Dieses Vorfindliche stellt die Ausgangsbasis für die nächste Kulturstufe dar. Es ist deshalb vollkommen richtig, wenn von Kulturleistungen in Form technischer Errungenschaften gesprochen wird, wie auf dem Gebiet der Architektur, des Wasserbaus, der Ackerbau- und Viehzuchttechniken usw. Technische Errungenschaften stehen in Gefahr, dass man sie bei der Betrachtung von Kulturen zu Gunsten des klassischen Begriffs der Kunst übersieht. Zu leicht gilt als Kultur nur das, was Kunst und Kunstgeschichte darunter verstehen. Dabei wird übersehen, dass zur Lebensbewältigung der Künstler und Denker selbst eine ausdifferenzierte (handwerkliche) Kultur gebraucht wird.

Technisches Wissen als Verfügungswissen ist von der Zwecksetzung seiner Aufgabenstellung geprägt. Weil sich prinzipielle Aufgabenstellungen, wie das Bewegen von Lasten, der Transport von Gütern und die Bereitstellung eines Grundbedarfs an Wärme, Wasser und Kommunikation nicht ändern, sind Techniken, die mit dieser Aufgabenstellung zu tun haben, transkulturell übertragbar.

> *Ausnahmslos jede Kultur ist darauf angewiesen Strategien der Wasserbereitstellung zu erfinden oder zu entwickeln. Unabhängig der Feinheit des technischen Mittels sind verschiedene Systeme zur Wasserbereitstellung erfunden worden. Allen Kulturen gemein ist ab einer bestimmten Stufe das Anlegen von Zisternen und die Bohrung von Brunnen. Weil sich die Grundaufgabenstellung in allen Kulturen nicht unterscheidet, finden sich Brunnen und Zisternen weltweit. Die Bewährung des Brunnens als technisches Mittel führt dazu, dass der Brunnen zur Wasserbereitstellung nicht wieder aufgegeben wird.*

Das akkumulierte technische Wissen bildet einen Stand der Technik als Stand der Kultur. Ein Zurückgehen auf die Ebene hinter diesen Stand der Technik ist irrational, weil es einer Beschränkung von Handlungsmöglichkeiten gleichkommt. Wissen, das einmal „in der Welt ist" und Eingang in das Archiv einer Gesellschaft gefunden hat, lässt sich nicht „wieder aus der Welt" schaffen. Techniken lassen sich optimieren und führen dann zu eleganteren Lösungen. Die eleganteren Lösungen bauen auf der Existenz zuvor hergestellter Technik auf. (Janich, 1996; Janich, 1998)

Die Wasserbereitstellung lässt sich verfeinern, etwa mit mechanischen oder elektromechanischen Pumpen, mit Filtertechniken zur Wasserreinigung, mit Leitungssystemen zur Verteilung des Wassers vom Gewinnungsort weg usw. Alle diese Verfeinerungen haben aber gemeinsam, dass sie nicht „hinter die Erfindung des Brunnens zurück können" bzw. den Brunnen sogar voraussetzen.

Abhängig vom historisch Verfügbaren sind zur gleichen Aufgabenstellung, je nach Kultur, unterschiedliche Lösungen entwickelt worden. Historisch durchgesetzt hat sich dabei die zweckmäßigste Lösung. Sie wird, ist die Kulturhöhe einmal erreicht, nicht wieder aufgegeben. Der bisher vorgebrachte Gedankengang ist allerdings an einer Stelle etwas unscharf. Techniken lassen sich nämlich durch funktionsgleiche Techniken ersetzen. Sollte es notwendig sein, kann auf eine bestimmte Technik verzichtet werden, wenn sich der gesellschaftliche Lebensvollzug ändert. Wie sich der gegenseitige Einfluss von Technik, Nutzungskontext und Gesellschaft verstehen lässt, soll Gegenstand der nachfolgenden Abschnitte sein.

3.2 Technisches Wissen und Naturwissenschaften

In der klassischen Auffassung der Ingenieurwissenschaften stellen diese den Bereich angewandter Naturwissenschaften dar. (vgl. den Technikbegriff in Kapitel 1.1) Technik wird verstanden als Ausformulierung naturwissenschaftlicher Erkenntnisse in die (wissenschaftlich) unbedeutende Sphäre der Praxis. Dahinter verbirgt sich ein Konzept der Arbeitsteilung, wonach der „reine" Naturwissenschaftler dem Ingenieur als Voraussetzung für die Technikentwicklung naturwissenschaftliche Gesetze zur Verfügung stellt. Der Ingenieur hat die Aufgabe, diese Gesetze in der richtigen Art und Weise anzuwenden, um eine Maschine zu konstruieren. Das eigentliche Wissen liegt demnach in Form von Erkenntnissen der Physik, Chemie, Biologie und Materialwissenschaften vor.

Technik als angewandte Naturwissenschaft beschreiben zu wollen, hängt mit dem mittelalterlichen Weltbild zusammen, wonach Wissenschaft die vorhandene Natur immer feiner abbildet. Natur wird dabei immer mehr „ent"-deckt, womit die Menschheit immer besseres Detailwissen über die Natur gewinnt. (vgl. die immer noch bestehende Idee der „Weltformel") Naturwissenschaftliche Erkenntnis selbst soll, so gesehen, zweckfrei sein. Die Verzwecklichung der Erkenntnisse findet erst bei der Umsetzung in eine Gerätetechnik statt. Hier ist eine der Wurzeln für die oft vorgebrachte „Neutralität des technischen Mittels" zu finden. (zur Kritik siehe (Ropohl, 1996); (Van de Poel, 2001a); (Rohbeck,2001; S. 118-134)). Diese Auffassung ist in methodischer, wie in wissenschaftstheoretischer Hinsicht problematisch. Handlungstheoretisch ist sie, wie aus dem oben abgeleiteten mehrschichtigen Technikbegriff ersichtlich, schlichtweg falsch. Erkenntnisse werden zuerst durch Handeln gewonnen, bevor sie sprachlich in einer Theorie methodisch fixierbar sind. Techniken als Versuchs- und Experimentiertechniken gehen naturwissenschaftlicher Theorie immer voraus. Naturwissenschaft verdankt ihre Existenz dem Experiment, bei dem, unter Einsatz einer bestimmten Mess- und Versuchstechnik, Erkenntnisse gemacht werden, die dann in einer Abstraktion als Wissen sprachlich formulierbar und als Handlungsanweisung tradierbar sind. Bereits das Experimentieren und Präparieren eines Versuchs stellt eine zweckgerichtete Handlung dar, genauso wie das Messen und die Deutung der Messergebnisse. Insbesondere muss der Experimentator entscheiden, welche Versuchsdurchführung er als gelungen ansieht. Das Bild der „Natur" als Urgrund aller Erfahrung und sicherer Boden der Erkenntnis schlägt deshalb fehl, weil Naturerfahrung oft technisch vermittelt ist. (Jelden, 1994; S. 16) Naturerfahrung ist nicht „unmittelbar", sondern enthält bereits konstruktive Elemente, weil sie nur durch Handeln möglich ist.

> *So hängt, z.B. ... [in der Elementarteilchenphysik] das durch die Physiker vermittelte Bild von der Natur von den technischen Fähigkeiten ab, Großbeschleuniger zu bauen, durch die die energetische Grenze der Elementar-Teilchenexperimente festgelegt wird. Das derart technisch erzeugte Bild von der Natur hängt ... sogar davon ab, wie viel finanzielle und personelle Ressourcen eine Gesellschaft investieren kann oder will, um Großbeschleuniger zu bauen. ... Ein naturalistisches Verständnis von Natur als „unmittelbar gegeben" erscheint vor diesem Hintergrund als naiv. (Grunwald, 1998a; S. 186)*

Während Technikwissenschaften der unmittelbaren Stützung technischer Praxen des Maschinenbaus, der Elektrotechnik, des Chemieingenieurwesens usw. dienen, fungieren die Naturwissenschaften als Überbau für diese Praxen. In diesem Überbau lassen sich die Regeln technischen Wissens weiter verallgemeinern und systematisieren. Besondere Wertschätzung erfahren dabei Regeln, die unterschiedliche technische Regeln weiter zusammenfassen. Durch fortschreitende Systematisierung und Verallgemeinerungen kommt es zu überall anwendbaren „Universalregeln", die ob ihres weiten Anwendungsfeldes für den uneingeweihten Beobachter scheinbar überall gültig sind. Solche Universalregeln heißen Naturgesetze. Technische Regeln werden durch methodische Verallgemeinerung und Zusammenfassung zu Naturgesetzen hochstilisiert. (Grunwald, 1998a; S. 211)

Naturwissenschaften verfolgen das kulturell gesetzte Ziel, technisches Wissen kontextfrei übertragbar zu machen. Von hier aus gelingt die Erklärung, weshalb es das

Phänomen der *Theorie-Resistenz der Technik* (Armin Grunwald) gibt. Wäre alles technische Wissen lediglich angewendete naturwissenschaftliche Erkenntnis, müssten mit einem Wechsel in der naturwissenschaftlichen Theorie gleichzeitig alle technischen Maschinen ihre Funktion aufgeben und unbrauchbar werden. Dies ist ersichtlich nicht der Fall, vielmehr arbeiten technische Einrichtungen genauso zuverlässig weiter, wie vor dem Paradigmenwechsel. Dies ist nur erklärbar, wenn klar ist, dass ein Wechsel in der Beschreibung der zusammenfassenden Wissenschaften stattfindet, nicht dadurch, dass Technik auf einmal „falsch" wird, weil sie nach alten Gesetzmäßigkeiten konstruiert ist.

3.3 Gesellschaftliche Dimension der Technik

Technisches Handeln läuft nicht im luftleeren Raum ab. Technikgestalter und Techniknutzer sind vielmehr schon Mitglieder einer Sozialstruktur, bevor sie zu handeln beginnen. (Apel, 1988); (Habermas, 1968a) Technik als ein Mittel der Lebensbewältigung einer Handlungs- und Kommunikationsgemeinschaft steht als Kulturleistung unmittelbar in gesellschaftlichen Zusammenhängen. Sie ist insgesamt, so, wie sie im Moment vorgefunden wird, Ausdruck des *derzeitigen* Lebensvollzugs einer Gesellschaft und Basis für die *künftige* Kultur. Als Produkt einer unumkehrbaren Reihe von Kulturleistungen ist sie die Folge historischer Menschen- und Gesellschaftsbilder. (Kapitel 1.2.2) Die Summe aller Techniken einer Kultur steckt die aktuelle Grenze menschlicher Handlungsmöglichkeiten ab. Indem Technik auf die Erweiterung menschlicher Handlungsmöglichkeiten abzielt, legt Technikentwicklung fest, wie in Zukunft überhaupt gehandelt werden kann. Dies ist nicht deterministisch zu verstehen, so als lege Technikentwicklung alle Handlungen der Zukunft fest, sondern Technikentwicklung eröffnet zusammen mit dem Vorfindlichen den Raum, in dem Handlungen in Zukunft möglich sind.

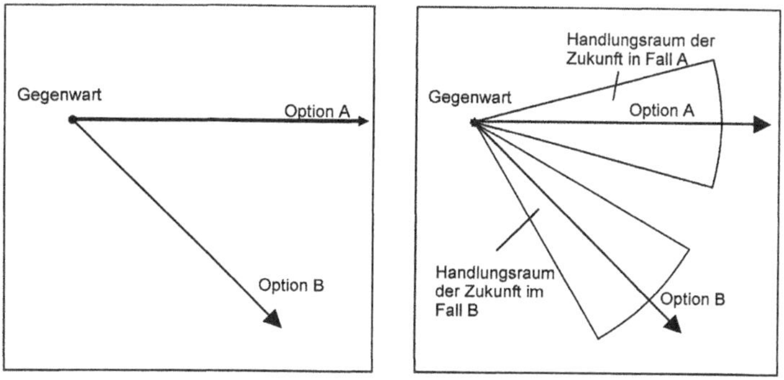

Abbildung 3-1: *Beim deterministischen Verständnis der Entwicklung von Handlungsräumen (links) liegen alle künftigen Handlungsmöglichkeiten fest, wenn eine Option gewählt wird. Beim nichtdeterministischen Verständnis eröffnen Optionen Handlungsräume, die eine Vielzahl von Handlungen zulassen. Die Wahl einer Option legt lediglich eine Grobrichtung fest. (rechts)*

Alles künftige Handeln der nächsten Kulturstufe kann nur in dem Handlungsraum stattfinden, der in historischen Entscheidungen für die Wahl bestimmter Techniken gestaltet wurde. Technikentwicklung steckt damit den Grundriss künftiger Kultur ab. Technik ist unverzichtbar, weil auch zukünftig zu handeln sein wird. Sie ist deshalb immer wertbeladen und niemals ethisch neutral. Ethisch relevant ist die Frage, wie künftig gehandelt werden können soll, d.h. die Frage welche Handlungen wir uns als Gesellschaft in Zukunft erlauben sollen und wollen.

Die Beschränkung von Handlungsmöglichkeiten durch Technik ist mehrfach aus der Beobachterperspektive kritisiert worden. Dabei wird zumeist übersehen, dass Technik Handlungsmöglichkeiten überhaupt erst ermöglicht. Die Kritik bezieht sich darauf, dass Technik immer nur eine Realisierungsmöglichkeit unter vielen ist, während die nicht gewählten Handlungsmöglichkeiten durch die materielle Konkretisierung der ausgewählten Technik untergehen. (Ropohl, 1991);(Hubig, 1995) Das Argument der Beschränkung des „virtuell möglichen Handlungsraums" ist handlungstheoretisch fragwürdig. Es läuft im Grunde genommen auf die triviale Feststellung hinaus, dass wer viel handelt auch viele Fehler macht und deshalb am Besten gar nicht gehandelt werden soll. Die Auswahl bestimmter Techniken und ihre Konkretisierung in Mitteln ist eine *conditio sine qua non* dafür, dass überhaupt gehandelt werden kann. Entscheidungen über technische Entwicklungen sind daher nicht nur „Belanglosigkeiten zu technischen Details". Spielen gesellschaftliche Wertvorstellungen in Konflikte der Technikgestaltung hinein, werden aus rein technischen Konflikten rasch Konflikte um

Menschenbilder und Gesellschaftsentwürfe der Zukunft. (Grunwald, 1998a) Wird Technik als tragender Bestandteil der Kultur angesehen, ist klar, dass es schnell zu derartigen Konflikten kommt, weil ein Wandel der Kultur stets die Gesellschaft beeinflusst. Technikwandel ist Kulturwandel. Kultur und Technik stehen dabei in einer engen Beziehung, wobei die Kultur nicht ausschließlich technischer Natur ist. Ein Kulturwandel provoziert neue technische Entwicklung als Form der Lebensbewältigung der neuen Kulturstufe. Die gegenseitige Beziehung von Technik und Kultur führt zur Idee der Ko-Evolution von Technik und Gesellschaft.

3.4 Koevolution von Technik und Gesellschaft

Die wechselseitige Beziehung zwischen Technik und Gesellschaft ist als Koevolution beschrieben worden. Die Ansätze beruhen auf der Idee, Technik als konstruktives Element der Gesellschaftsgestaltung zu betrachten (Bijker/Law, 1994). Mit diesem Gedanken ist die Hoffnung verbunden, Technik sozialverträglich gestalten zu können. Paradigmatisch ist der Buchtitel „Shaping Technology - Building Society".

***

Technik wird für ein bestimmtes Einsatzgebiet unter Verwendung konkreter Mittel auf dem aktuellen Stand der Wissenschaft entwickelt, lässt sich aber letztendlich nicht vollständig determinieren lässt. Techniken als Mittel des Handelns stehen unter den gleichen Prämissen wie Handeln überhaupt. Sie rufen intendierte und nichtintendierte Folgen hervor, deren Erscheinen nicht ex-ante zu vorauszusehen ist. Die Auswahl einer technischen Lösung unter vielen anderen hat Nebenfolgen und ist deshalb nicht neutral. Auswahlen hängen immer von der Gewichtung von Werten ab, deren Bewertungskriterien nicht allein aus der Technik genommen werden, wie z.B. Sicherheitsaspekte, ökonomische Randbedingungen, Umweltverträglichkeit, Risikoabschätzungen. Jede technische Entwicklung findet nicht um ihrer selbst willen und in völliger Unabhängigkeit von gesellschaftlichen Normen statt. Technik wird stets für Nutzer entworfen und gefertigt, umgearbeitet, weiterentwickelt oder vom eigentlichen Zweck entfremdet. In jeden dieser Schritte sind Entscheidungsträger involviert, die über neue Einsatzgebiete und Anpassungen der Technik entscheiden. Sie sind dafür eigenverantwortlich. Die Schnittstellen des Übergangs der Verantwortung müssen näher definiert werden, finden sich aber jedenfalls in Prüffeldabnahmen, Einsatzdefinitionen und Handbüchern.

Aus dem bisher Gesagten lässt sich zeigen: Technik ist nicht zweckfrei realisierbar, vielmehr ist jedes technische Produkt als Ergebnis einer Handlungskette schon eine Lösung für eine konkrete Aufgabenstellung. In dieses Produkt sind während des

Planungs- und Produktionsprozesses Gewichtungen von Werten eingeflossen, die von einer Gesellschaft vorgegeben wurden. (van de Poel, 1999);(van de Poel, 2000);(Grunwald/Saupe, 1999). Die Gewichtung von Wertvorstellung wird dabei einerseits durch die Festlegung der Rahmenbedingungen für die Technikentwicklung in einem politisch legitimierten Verfahren vorgenommen, andererseits von Ingenieuren und Managern bei der Produktentwicklung konkretisiert. Während die Rahmenbedingungen lediglich grobe Richtlinien vorgeben, innerhalb derer Technik realisiert wird, bedarf die konkrete Produktentwicklung eine Feinanpassung an gewählte Werte. Die Vorgehensweise ist dabei näher zu untersuchen. (Kapitel 5.4)

Neben dieser ersten Ebene der Technikgestaltung, die als Wahl der Mittel für festliegende Zwecke umrissen werden kann, zeigen Untersuchungen, dass die Wahl der Mittel und der Zwecke manchmal chronologisch vertauscht ist. Während die bisher vorgelegten Überlegungen immer davon ausgehen, dass Technikgestaltung zuerst die Aufgabenstellungen definiert, um danach die Mittel zu wählen, gibt es durchaus Fälle, bei denen die Zwecke nach der Erfindung des Mittels gefunden wurden. Der gesellschaftliche Bedarf wird durch die Existenz des Mittels erst erzeugt. Manchmal ergeben sich die Zwecke erst nach der Umwidmung des Mittels. Da es gerade eine der definierten Eigenschaften von Technik ist, prinzipiell umwidmungsfähig zu sein, birgt Technik an dieser Stelle immer inhärentes Innovationspotential, dessen praktische Realisierung von der Erfindung der Zwecke während des Umwidmungsprozesses abhängt.

Ein relativ bekanntes Beispiel dafür stellen die Selbstklebeetiketten der Firma 3M dar. Eigentlich sollte ein wiederlösbares Klebemittel erfunden werden. Zu Testzwecken wurde der Kleber auf Papierstreifen aufgebracht. Für den ursprünglich intendierten Einsatz war der Kleber eigentlich zu schwach. Durch seine unintendierte Umwidmung entstand ein neues Mittel, das relativ schnell durch eine immer größer werdende Gruppe von Nutzern nachgefragt wurde und heute einen entscheidenden Anteil am Geschäftserfolg von 3M hat. Die Liste der auf diese Art und Weise gemachten technischen Erfindungen ließe sich nahezu unbegrenzt fortführen. Aspirin ist ein Beispiel, ebenso die Erfindung der Vulkanisation von Kautschuk und seine Umwidmung zu Autoreifen.

Eine zu deterministische Vorgabe für die Technikentwicklung, die eine zu enge Zwecksetzung vornimmt, läuft deshalb Gefahr, Innovation einzuschränken.

Diese Beobachtungen zur Technikentwicklung stehen unter dem Verdacht, technische Entwicklung sei eine determinierte anthropologische Zwangsläufigkeit, die nach einem chaotischen Muster ablaufe. Technikentwicklung lasse sich deshalb nicht steuern und gesellschaftlich beeinflussen. Eine Methode, die Offenheit für solche Prozesse mit gleichzeitiger zielgerichteter Entwicklung verbindet, ist die Idee flexibler

Planung. (Grunwald, 2000c; S. 79-108). Die Beantwortung der Frage gesellschaftlicher Gestaltbarkeit von Technik bedingt eine Reflexion der Technikentwicklung in einem gesellschaftlichen Kontext. Sie soll Antwort geben auf die Frage in welcher Art und Weise sich Technik und Gesellschaft aneinander weiterentwickeln. Die Chiffre der Koevolution von Technik und Gesellschaft ist ein Modell, das den Einfluss neuer Techniken auf die gesellschaftliche Praxis und der gesellschaftlichen Praxis auf neue Techniken untersucht.

3.4.1 Science-Fiction-Konzept des Technikentwurfs

Technikentwurf ist aus erkenntnistheoretischer Sicht Zukunftsentwurf durch Einsatz des aktuellen Wissens. Technikentwicklung ist die Planung weiterer menschlicher Handlungsmöglichkeiten. Sie ist ohne Zukunftsbezug nicht vorstellbar. Die Entwicklung von Technik ist spekulativ und experimentell, weil sie einen Vorgriff auf ein Geschehen darstellt, das erst in Zukunft stattfindet und dazu vorläufiges Wissen ansetzt. Das Attribut „experimentell" ist hier in wissenschaftlichem Sinn gemeint. Technikentwicklung ist ein ergebnisoffener Prozess, der genaue Überlegungen und präzises Handeln erfordert, wie ein wissenschaftliches Experiment. Technikentwicklung kann als Science-Fiction-Konzept angesehen werden, wenn dies in der ursprünglichen Bedeutung der Worte „Science" und „Fiction" verstanden wird. Beide Anteile der Wortkombination gehen in die Betrachtung ein:

1. *Technikentwurf soll rational nachvollziehbar sein.* (Science) Aktuelles Wissens ist so zu verwenden, dass nicht „irgendwie" sondern zweckgerichtet und rational gehandelt wird. Rational bedeutet in diesem Zusammenhang, dass die gesellschaftliche Praxis des Handelns so berücksichtigt wird, dass Entscheidungen nachvollziehbar bleiben.(Kapitel 2.4) (Grunwald, 2000c; S.243) Dies wird durch Einsatz des Wissens und der tradierten Prozeduren innerhalb der Technikentwicklung garantiert.

2. *Technikentwicklung ist spekulatives Handeln* (Fiction) Sie hat mit Fiktionen und Projektionen zu tun. Notwendigerweise müssen Annahmen über den Verlauf der künftigen Entwicklung getroffen werden. Dazu werden Prognosen und Szenarien angesetzt, die in ihren Ergebnissen recht stark variieren, je nachdem, welche Kriterien in die Szenariofindung einfließen. Weil zukünftige Nutzer zu bedenken sind, hat Technikentwicklung automatisch mit Vorstellungen über Zukunft, insbesondere mit Menschen- und Gesellschaftsbildern zu tun.

Technikentwicklung steht vor dem Dilemma, dass sie einerseits die Weichenstellungen für die Zukunft vornehmen soll, ihre Entscheidungsbasis aber aus der Vergangenheit und aus mehr oder weniger scharfen Prognosen stammt. Dies macht das ganze Verfahren zu einem *Handeln unter Risiko.* In wieweit dies ethisch problematisch ist oder nicht, wird noch zu thematisieren sein. Neben den rein technischen Fragestellungen spielen hier gesellschaftliche Überlegungen eine große Rolle. Technik wird nämlich nicht für die *heute bestehende,* sondern für die Gesellschaft *von morgen* entwickelt. Entwicklungsleitend sind Auffassungen über den erwarteten Menschen und die erwarteten Gesellschaft. Beide sind in Leitbildern enthalten. (Dierkes/Hoffmann/Marz, 1992) Leitbilder lassen sich als Leitlinien für die Technikentwicklung verstehen. Ihrer Herkunft nach sind Leitbilder ein Teil der Technik-Genesetheorien. In diesen Theorien wird davon ausgegangen, dass die Formulierung von Leitbildern einen entscheidenden Einfluss auf die Gestaltung von Technik haben. (Mambrey et al., 1995); (Grin/Graaf/Hoppe 1997) Leitbilder sind Idealvorstellungen einer Gesellschaft bezüglich der Frage, wie Technik am besten gestaltet werden soll. Sie sind nicht neutral, sondern enthalten bereits Präferenzen und Wertentscheidungen.

Beispiele für Leitbilder in der Technikentwicklung sind das Atomzeitalter, die e-society als elektronische Gesellschaft, Digitalzeitalter, nachhaltige Gesellschaft, menschenfreundliche Technik, die nutzerfreundliche Anlage, unblutiger bzw. sauberer Krieg usw. Leitbilder können technikspezifisch sein und enthalten dann Wertungen z.B. enthält die e-Society bereits die Favorisierung einer bestimmten Technik, in diesem Fall der Kommunikationstechnik. Leitbilder beziehen sich nicht nur auf gesamtgesellschaftliche Dimensionen. Sie finden auf allen Ebenen der Technikentwicklung statt. Designkriterien für eine bestimmte Technik erfordern das Nachdenken über den Nutzer und führen auf Nutzerbilder. Technisches Design hängt ganz entscheidend von diesen Nutzerbildern ab. So impliziert das Nutzerbild des „faulen Arbeiters" ganz andere Anforderungen an die Entwicklung von Automatisierungstechnik als die des kompetenten leistungswilligen Facharbeiters. Ebenso spielt für das Design einer Anlage eine Rolle, ob qualifiziertes Personal oder „jedermann" die Anlage bedienen soll.

Die grundsätzliche Schwierigkeit von Leitbildern besteht darin, dass sie einen Planungsoptimismus nahe legen, der suggeriert, die richtige Wahl des Leitbilds garantiere die Sozialverträglichkeit der Technik.

Technikkrisen

Technikkrisen können eintreten, wenn von den Technikentwicklern der Vergangenheit Gesellschaftsbilder angesetzt wurden, die sich nachfolgend nicht eingestellt haben oder Gesellschaftsentwicklungen stattfinden, deren Relevanz bei der Technikentwicklung nicht abzusehen war. Besonders schwerwiegende Krisen entstehen, wenn Langzeitentwicklungen im Rahmen von Großtechniken in Angriff genommen werden und die gesellschaftlichen Folgen der Technikentwicklung in einem langen Zeithorizont schwer abzuschätzen sind. Dies gilt interessanterweise auch für Techniken, die vom technischen Standpunkt als „ausgereift" angesehen werden und deren Weiterentwicklung eigentlich nur noch in der Optimierung vorhandener Mittel besteht. Gerade Großtechniken werden in sehr langen Zeithorizonten entworfen, die eine Prognose der gesellschaftlichen Entwicklung nahezu unmöglich machen. Dies gilt für den Bereich der staatlichen Infrastrukturplanung genau so wie für die Energieversorgung. Im letztgenannten Fall ist es besonders problematisch, weil teilweise Projekte angegangen werden, die generationenübergreifend geführt werden müssen, um das angepeilte Ziel zu erreichen. Ein Beispiel dafür ist die Erforschung der Kernfusion und ihre technische Nutzung. Dabei bleibt zumindest offen, ob die künftige Gesellschaft eine Energieversorgung mit Hilfe der Kernfusion überhaupt wünscht.

Ein Beispiel für eine gesellschaftsinduzierte Technikkrise bietet die Nutzung der Kernenergie in Deutschland. In den 1960er Jahren wurde die Kernenergie als eine saubere und umweltfreundliche Energieform betrachtet. Man sprach gar vom „atomaren Zeitalter" in dem eine Lösung des Energieproblems in greifbare Nähe gerückt schien. Atomenergie schien eine gesellschaftlich akzeptierte und gut etablierte Energieform zu sein. Die Akzeptanz dieser Energie wurde mit dem Aufkommen der ökologischen Bewegung erstmals in Frage gestellt und zwar am Thema der Behandlung der atomaren Restprodukte. Während von wissenschaftlicher Seite, und damit aus Teilnehmerperspektive an der Technikgestaltung, auf die Innovationsfähigkeit vertraut wurde, die eine Behandlung der Abfälle durch in der Zukunft entwickelte Technik gewährleisten wollte, wurde öffentlich (aus Beobachterperspektive) die Zulässigkeit der Zumutung von Risiken an zukünftige Generationen thematisiert. Mit der Erfahrung der Havarie des Reaktors von Tschernobyl wurden die Risiken einer Kernschmelze schlagartig klar. Der sich daran anschließend aufbauende gesellschaftliche Druck hat schließlich zum Beschluss des Ausstiegs aus der Kernenergie geführt.

Dieses Beispiel will in keiner Weise dazu verführen, zu behaupten, die Entwickler hätten ein falsches Gesellschaftsbild angesetzt und müssten daher verantwortlich gemacht werden. Es belegt lediglich, dass gesellschaftliche Entwicklungen maßgeblich an Technikentwicklung teil haben und ein kontinuierliches Monitoring der Zielerreichung und der gesellschaftlichen Prozesse notwendig ist. Durch die Totzeiteigenschaft großtechnischer Systeme sind nachträgliche Änderungen an prinzipiellen Systemeigenschaften sehr schwer. Am zweckmäßigsten lässt sich die Zielerreichung in einem gesellschaftlichen Kontext durch eine flexible Planung erreichen. Dabei wird technische Entwicklung nicht auf einer strikt determinierten Zielvorgabe geplant, sondern in einem rekursiven Verfahren, das immer wieder Änderungen zulässt.

3.4.2 Inkulturierung

Das Einbringen neu entwickelter Technik in die gesellschaftliche Praxis beschreitet eine neue Stufe kultürlicher Lebensbewältigung. Durch neue Techniken etablieren sich neue Handlungsvollzüge. Das neu erworbene Handlungsvermögen erfordert eine Einpassung in gesellschaftliche Üblichkeiten. Das Einfügen der Technik in die gesellschaftliche Praxis gelingt durch Anpassung der neuen Technik und / oder des gesellschaftlichen Wertesystems. Es handelt sich dabei um einen Weiterentwicklungsprozess der Kultur. Die Fortentwicklung des Wertesystems lässt sich mit Hilfe des Konzepts der *morale provisoire* beschreiben, während die materielle Seite dieses Einbettungsprozesses mit Hilfe des Begriffs der *technologischen Textur* zu modellieren ist.

3.4.3 Morale Provisoire und gesellschaftliche Kohärenz

Eine Grundfrage ist, wie für einen neu entstehenden, technisch ermöglichten Handlungsraum eine Regelung der gemeinsamen Praxis stattfinden kann. Technikentwicklung ist ein Handeln unter ethischer Unsicherheit, weil die Regeln für die gemeinsame Praxis des entstehenden Handlungsraumes erst noch festgelegt werden müssen. Ethisch sensitive Entscheidungen, die in diesem Bereich getroffen werden müssen, erfolgen deshalb unter Vorbehalt. Andererseits macht die Abwesenheit ethischer Konflikte beim Vorhandensein eines von allen Beteiligten akzeptierten impliziten Wertesystems deutlich, dass in der Technikentwicklung und Anwendung Teilbereiche vorhanden sind, die keiner speziellen Ethik bedürfen, weil sie sich mit herkömmlicher Moral (business as usual – Moral (Grunwald 2000a) so lange bewältigen lassen, bis entweder Konflikte um Wertvorstellungen expliziert werden oder aber neue ethische Fragestellungen auftreten. Ein Problem der multikulturellen Gesellschaft bleibt die Frage nach dem maßgeblichen Wertesystem für die neue Praxis. Ein Dilemma ist dabei, dass ein solches Wertsystem in demokratisch legitimierten Verfahren ausgehandelt sein soll (Rorty, 1991), aber gleichzeitig für neu zu erschließende Handlungsräume in einer pragmatischen Art und Weise bereits vorausgesetzt wird. Christoph Hubig (Hubig, 1995, 1997) hat in diesem Zusammenhang den Begriff der *morale provisoire* vorgeschlagen, um anzudeuten, dass notwendige Entscheidungen auf einer vorläufigen Moral beruhen, die bei gesellschaftlicher Akzeptanz, zur Moral der neuen Kulturstufe werden kann. Wie eine solche morale provisoire aussehen kann, ist im folgenden zu diskutieren.

Für neue durch Technik ermöglichte Handlungsräume werden, müssen für ethisch sensitive Fragestellungen Wert- und Entscheidungsmaßstäbe bereitgestellt werden, die weder beliebig noch endgültig sein müssen. Da die Entscheidungen in diesen Fällen zumeist in abgeschlossenen Gruppen ablaufen, sind es moralische Praxen, die sich nachfolgend gesellschaftlich legitimieren lassen, sobald der Adressatenkreis die ursprüngliche Gruppe übersteigt. In Forschung und Entwicklung zur Technikgestaltung können solche Gruppen Forscherteams oder Abteilungen von Unternehmen sein. Sie stellen eine begrenzte gesellschaftliche Insel dar, auf der neues Wissen und seine Inkulturation modellhaft vorgenommen wird.

Dies ist Gegenstand der morale provisoire. Es handelt sich um vorläufig gültige Maßstäbe, die sich in der zukünftigen Praxis erst noch bewähren müssen und die weiterzuentwickeln sind. Morale Provisoire ist noch keine geschlossene Ethik, sondern sozusagen „der Feldversuch" oder die „Vorausentwicklung" neuer Ethik.

Bei einem plötzlichen Auftreten eines ethischen Konflikts agieren Personen nach folgendem Muster: zunächst wird versucht, den Konflikt mit dem eigenen bisherigen Wertesystem und den eigenen Lösungsstrategien zu bewältigen. Dies kann auf Basis einer expliziten oder subjektiven Entscheidungsstrategie erfolgen. Dabei werden erst einmal die bisher geltenden Werte als Arbeitshypothese angesetzt. Ist der Konflikt damit nicht lösbar, weil z.B. der Akteur nicht überblicken kann, wie die Nebenfolgen der Entscheidung aussehen oder aber weil ein neuartiges Konfliktpotential auftritt, das gehandhabt werden muss, wird zunächst auf eine kleine Gruppe von Vertrauten zurückgegriffen. Der Sinn dieser Vorgehensweise kann aus soziologischer Perspektive rekonstruiert werden. Das in Konflikt geratene Individuum ist sich der Möglichkeit des Fehlgehens eigener Urteile bewusst und sucht deshalb transsubjektive Vergewisserung in einer gesellschaftlichen Gruppe. Es handelt sich um eine Entlastungsstrategie des Einzelnen. Sie ist gleichwohl eine Umsetzung der Forderung nach transsubjektiver Rationalität im gesellschaftlichen Handeln, wenn auch in einem kleinen Maßstab. Sie ist rational nachvollziehbar und geboten. Die Gruppe der ins Vertrauen Gezogenen repräsentiert sozusagen eine Miniaturgesellschaft, deren im Vergleich zur Großgesellschaft leichter herzustellende gemeinsame Übereinkunft (Kohärenz) die Wertebasis für die Entscheidung des Konflikts bereitstellt. Lässt sich der Konflikt mit dieser Wertebasis bewältigen, kann die Anwendung der neu geschaffenen Entscheidungsmaßstäbe in der nächst größeren Gruppe getestet werden. Die geschaffene Gruppenmoral hat die Eigenschaft einer Insel. Sie ist lokal begrenzt und verfügt über eine eingegrenzte Teilnehmerzahl.

Für die Bildung provisorischer, lokal gültiger Moralen gelten analoge Vorgehensweisen, nach folgendem Schema:

1. Rückgriff auf bereits gültige Paradigmen und Werte, die uminterpretiert oder ergänzt bzw. adaptiert werden. Die Bewältigung von Konflikten geschieht auf Basis der bereits bestehenden Moral. Versucht wird, Konflikte lokal in dezentraler Strategie zu behandeln, um die Entscheidungsfähigkeit der Gruppe zu erhalten, ohne dass Entscheidungen ethisch beliebig ausfallen.

2. Ist ein Konflikt mit dieser *lokalen Strategie* nicht mehr lösbar, müssen entweder neue Auslegungsregeln für Prinzipien geschaffen werden oder es sind neue Wertvorstellungen zu entwickeln. (Mackie, 1977; S.149-160) Diese lassen sich zunächst innerhalb der Gruppe entwickelten und erproben. Während dieses Erprobungsprozesses prüft man die neuen Regeln auf ihre Kompatibilität mit dem herkömmlichen System. Im Falle von Inkompatibilität besteht Beratungsbedarf, ob die bisher geltende Moral geändert oder weiterentwickelt werden muss. Dies kann zunächst gruppenintern erfolgen oder durch Information der Öffentlichkeit, die somit zur Mitwirkung aufgerufen wird.

3. In vielen Fällen wird anschließend eine Ausweitung des Gültigkeitsbereichs auf größere gesellschaftliche Gruppen versucht. Kommt es darüber nicht zum Konflikt, wird die neue Moral faktisch angenommen und nach und nach festgeschrieben (bis hin zu rechtlichen Festlegungen).

4. Treten bei der Extension des Gültigkeitsbereiches Konflikte mit anderen Gruppen auf, kann zum einen ein gesamtgesellschaftlicher Diskurs über die Annahme der neuen Regeln, ihre Weiterentwicklung oder ihre Verwerfung geführt werden. Zum anderen können, wenn keine anderen gesellschaftlichen Gruppen betroffen sind, *bilaterale Aushandlungen* zwischen den Gruppen stattfinden.

5. Die neuen Maßstäbe werden einer Bewährungsphase innerhalb des erweiterten Geltungsgebietes unterzogen.

6. Die Notwendigkeit und Sinnfälligkeit der neu entwickelten Ethik wird nochmals gesamtgesellschaftlich geprüft. Der Gesamtprozess ist Kulturentwicklung auf Grund von Kohärenzbemühungen zwischen gesellschaftlichen Gruppen.

Die derart entwickelte Morale Provisoire ist eine „Ethik für unterwegs“. In Anlehnung an die Vorgänge der Softwareentwicklung kann man eine solche Moral als „Betaversion“ bezeichnen. Die Anwender sind sich bewusst, dass es sich um eine vorläufige Konfliktbewältigungsstrategie handelt, die noch Fehler enthält und verbessert werden muss, andererseits gibt es für derartige Fälle keine andere Möglichkeit.

Ein Beispiel für eine morale provisoire stellt die gesellschaftliche Regelung des Umgangs mit Transplantationstechniken für Organe dar. Die Technik der Organtransplantation machte eine Umdefinition des Todeszeitpunktes notwendig. Vor Erfindung der Transplantation war als Todeszeitpunkt der Zeitpunkt des Herzstillstands ein allgemein akzeptiertes Kriterium. Organe sind nur dann transplantierbar, wenn der Blutkreislauf noch arbeitet. Mediziner, die z.B. eine Herztransplantation vornahmen, wären, folgt man dieser Argumentation, „theoretisch“ Mörder des Organspenders. In einem gesellschaftlichen Prozess wurde für die kulturelle Kategorie „Todeszeitpunkt“ ein neues Kriterium zur Verfügung gestellt: Der Hirntod als Ende eines autonomen Lebens. (Smits, 2002) Mit der „Dazuerfindung“ des Hirntodes ließ sich die Transplantationstechnik erst in der Gesellschaft etablieren. Die Durchsetzung der neuen Kategorie erfolgte in einem sukzessiven Prozess, indem über die Annahme und den Umgang mit dem neuen Todeszeitpunkt in einem gesellschaftlichen Prozess befunden wurde. An diesem Prozess waren verschiedene Gruppen beteiligt. Eine Mehrheit der Gruppen, inklusive der Kirchen befürworteten die Annahme der neuen Kategorie. Der Aushandlungsprozess führte zu einer Neuregelung des Umgangs mit diesen Patienten, um einen Missbrauch von Organspendern zu verhindern. Bestandteil der neuen Regelung sind Detailregeln zur Bestimmung des Todeszeitpunktes durch zwei unabhängige Ärzte, die Anonymität der Spender und die Verteilung der Organe gemäss Wartelisten und nicht nach der Zahlungskraft der Organempfänger. Trotzdem gibt es einige gesellschaftliche Gruppen, etwa Religionsgemeinschaften, die die Transplantation als Technik ablehnen. Eine Durchsetzung neuer moralischer Wertvorstellungen ist nicht immer in der gesamten Gesellschaft möglich und notwendig.

Ein anderes Beispiel ist die Frage, wie lange Menschen mit unheilbaren und nicht therapiefähigen Krankheiten künstlich ernährt und mittels Medizintechnik am Leben erhalten werden sollen. Hier ist die Frage nicht, ob dies technisch möglich ist, sondern viel mehr, welches Handeln dem Kriterium der Humanität entspricht. In diesem Fall ist die Wertvorstellung „Leben unter allen Umständen zu erhalten“ durch technische Entwicklung tangiert. Im Sinne einer morale provisoire wird heute in der Medizin die Therapie ab einem bestimmten Zeitpunkt abgebrochen, um unnötiges Leiden zu vermeiden, obwohl es „technisch“ möglich wäre, Patienten weiterhin am Leben zu halten.

Eine Grundeigenschaft der morale provisoire ist ihre lokale Gültigkeit für Gruppen. Das bedeutet nicht, dass eine explizite Aushandlung zwingend stattfindet. Möglicherweise kommt es innerhalb einer Gruppe auf Grund des faktischen Gebrauchs von Regeln zu einer funktionierenden Vorgehensweise hinsichtlich der Bewältigung ethischer Aufgabenstellungen, die von dieser Gruppe niemals in Frage gestellt wird. Diese Moral kann solange verwendet werden, wie sie relativ reibungsfrei die Praxis der Gruppe zu regeln im Stande ist. Sie ist von relativer Robustheit, weil sich die Grundeinstellungen der Beteiligten in der Regel nur über längere Zeiträume ändern.

Die Bluttransfusion als (medizin)technisches Mittel ist beispielsweise eine der Üblichkeiten, die keinen gesamtgesellschaftlichen Diskurs ausgelöst haben. Vielmehr akzeptiert eine Mehrheit der Bevölkerung die Bluttransfusion (stillschweigend) als ein geeignetes technisches Mittel, um Leben zu erhalten.

Morales provisoires entstehen immer an Inseln neuen Wissens innerhalb einer Gesellschaft. An dieser Stelle wird die Verbindung von Erkenntnistheorie und Ethik offensichtlich, die in der naturalisierten Erkenntnistheorie verloren ging bzw. systematisch ausgeschlossen wurde. Erkenntnisse verändern über die Gestaltung von Technik die gesellschaftliche Praxis. Sie wirken prägend ein und stellen eine Herausforderung an bisher gültige Ethik. Erkenntnisse provozieren die Bildung von morales provisoires. Diese entwickeln sich parallel zu Techniken und an ihnen entlang. Sie beeinflussen technische Entwicklung, indem Wertvorstellungen aus den Morales provisoires für die Gestaltung neuer Techniken eingesetzt werden. Hier ist die primäre Verbindung zwischen Technik und Ethik zu finden. Sie muss nicht aufwändig philosophisch konstruiert und dann in die Technikentwicklung „importiert" werden.

Gesellschaftliche Kohärenz

Die lokale Gültigkeit der morale provisoire steht unter dem Verdacht gesellschaftlich kontraproduktiv zu wirken, weil sie den Gleichheitsgrundsatz insofern verletzt, als für einzelne Gruppen gesonderte Regeln gelten. Die Idee einer allgemeinen Anwendbarkeit von Wertvorstellungen setzt voraus, dass es in der Gesellschaft ein von allen akzeptiertes normatives Gerüst, allgemein als Wertekonsens bezeichnet, gibt. Einen kleinsten gemeinsamen ethischen Nenner, der idealerweise invariant gegenüber gesellschaftlicher Entwicklung ist. Dies ist erkennbar nicht der Fall und nicht unbedingt wünschenswert. Vielmehr bestehen gesellschaftliche Ethiken aus lokal gültigen Gruppenethiken, die sich in ihrem Geltungsbereich und in Wertvorstellungen partiell überschneiden. Die partielle Überschneidung ist zu einem Teil in der Gesetzgebung niedergelegt, zum anderen Teil besteht sie aus tradierten Üblichkeiten einer Kultur. Gesellschaftliche Werte Im Überschneidungsbereich sind für alle Gruppen akzeptabel. Dieser Bereich soll nachfolgend *gesellschaftliche Kohärenz* heißen.

Kohärenz von Werten

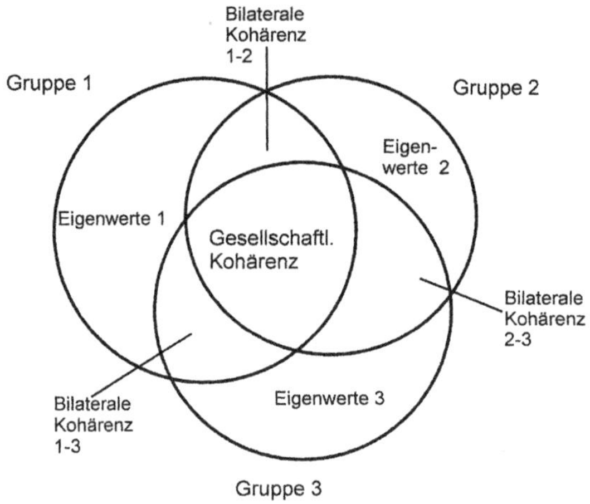

Abbildung 3-2: *Kohärenzbereich von Wertvorstellungen*

Religiöse Gruppen sind ein Musterbeispiel für Gruppenethiken. Sie haben erkenntlich alle eine gruppeneigene Moral, die, wenn sie nicht mit den Moralen anderer Gruppen konfligiert, nicht per definitionem problematisch ist. Geltungen von Wertvorstellungen dürfen für Gruppenmitglieder wesentlich restriktiver sein, als durch Gesetze festgeschrieben, ohne dass dies problematisch ist. Solche Gruppenethiken sind nicht Ausdruck von Elitebildungen oder Bevorzugungen, sondern der legitime Ausdruck einer pluralen Gesellschaft. (Julian Nida-Rümelin 2002; S. 76ff.) Ein Beispiel stellt die Einhaltung von Ruhezeiten wie z.B. das Arbeitsverbot am Sonntag dar, das je nach Gruppenzugehörigkeit unterschiedliches Gewicht hat. Speise- und Reinheitsvorschriften sowie andere Vorstellungen des guten Lebens gehören ebenfalls dazu. Ein eher politisches Beispiel stellt die Haltung der Kirchen gegenüber gesetzlich geregelter Abtreibung und die Ablehnung der Präimplantationsdiagnostik dar. Ein säkulares Beispiel ist die Ablehnung gentechnisch veränderter Lebensmittel durch die ökologische Bewegung.

Allerdings müssen die Gruppen miteinander ihre Praxis regeln können. Konfliktträchtig sind Kollisionen zwischen Gruppenethiken, in denen unterschiedliche Wertvorstellungen herrschen. Sie sind dies insbesondere dann, wenn die Gültigkeit der Gruppenethik für die Gesamtgesellschaft beansprucht wird. Dies ist problematisch, weil in einer pluralen Gesellschaft keine Gruppe mehr den Alleinvertretungsanspruch für Wertvorstellungen erheben kann. (Nida-Rümelin, 2002; S.65ff.) Eine vordringliche Aufgabe bei der Technikentwicklung und -verbreitung besteht deshalb darin, zu erkennen, wann die lokale Insel der Gruppenethik verlassen wird und welche Herausforderungen sich dadurch ergeben. Die gemeinsame Nutzung oder Nichtnutzung neuer Techniken erfordert Aushandlungsprozesse. Diese Aushandlungsprozesse lassen sich als Konstruktion gesellschaftlicher Kohärenz verstehen. Im Fall der Einführung neuer Techniken müssen Maßstäbe für deren gemeinsame Nutzung erstellt werden. Dies funktioniert auf der Basis von Gruppenethiken gut, solange die Nutzung von Techniken auf einen Nutzerkreis beschränkt ist. Für die Ausweitung einer Techniknutzung auf mehrere Gruppen muss entweder die Gruppenethik der ursprünglichen Entwicklergruppe als in für die Techniknutzung relevanten Teilen für alle anderen Gruppen als gültig angesehen werden, oder es finden neue Aushandlungen statt. Gegenstand der Aushandlung ist ein Bereich von Wertvorstellungen, der für alle Gruppen rational akzeptabel ist. Dieser Bereich lässt sich als Kohärenzbereich der Gruppenethiken vorstellen. Gesellschaftliche Kohärenz kann hinsichtlich der Technikentwicklung als Konstruktion von Akzeptanz auf Grund von rationaler Argumentation aufgefasst werden. Sie ist nicht ein-für-alle Mal zu definieren, sondern muss in Konfliktfällen je neu errungen und ausgehandelt werden. Wird Kohärenz erreicht, setzt sich neue Technik auf breiter gesellschaftlicher Basis durch.

3.4.4 Technologische Textur

Während die Weiterentwicklung des gesellschaftlichen Wertesystems im vorhergehenden Abschnitt besprochen wurde, soll nun auf die materielle Seite der Inkulturierung als technikinduziertem sozialem Geschehen näher eingegangen werden. Neue Techniken weisen vielfältige Schnittstellen auf, die an bereits bestehende Techniken anschließen und auf Techniken zurückgreifen, die sich bereits bewährt haben. Die Schnittstellen müssen dabei angepasst werden, wobei unter Umständen eine ganze Reihe nicht sofort sichtbarer Umwandlungsprozesse stattfindet. Dies gilt im Besonderen für neue Großtechniken wie die Energiebereitstellung oder den Autoverkehr aber auch für andere, nicht direkt dem technischen Fortschritt zuzuschreibenden Veränderungen wie die Fortentwicklung von der Industriegesellschaft zur Informationsgesellschaft, die neue Möglichkeiten schafft und gleichzeitig bisherige Techniken ablöst.

Die materielle Seite der gesellschaftlichen Praxis, die sich in einer gewissen Gerätetechnik und im Umgang mit bestimmten, bewährten Techniken innerhalb der Lebenswelt manifestiert, kann als aktuelle *technologische Textur* einer Kulturstufe bezeichnet werden. Technologische Textur einer Gesellschaft ist die derzeitige technische Seite des Lebensvollzugs, die sich in der Nutzung bestimmter Techniken durch verschiedene Gruppen innerhalb dieser Gemeinschaft äußert. Die Metapher Textur soll andeuten, dass es sich um Interdependenzbeziehungen handelt, die einerseits gesellschaftliche Praxen und andererseits Teiltechniken umfassen. Das Gebilde kann in der Art eines Gewebes mit verschiedenen Verknüpfungspunkten modelliert werden. Neue Techniken knüpfen in der Regel an bestehende gesellschaftliche Praxen und bestimmte vorfindliche Techniken an. Gleichzeitig erscheinen Anknüpfungspunkte sowohl für neue Techniken, als auch für neue gesellschaftliche Üblichkeiten. Für den Erfolg neuer Produkte ist maßgeblich, dass sie sich in diese Textur einpassen lassen, indem sie an bisherigen Vorstellungen anknüpfen oder ihnen ähnlich sind.

So ist die Erfindung der e-mail z.B. deutlich am damals bestehenden Brief- und Telefonsystem orientiert, auch wenn sie sich anderer technischer Mittel bedient. Im Verlauf der Inkulturierung hat sich um die e-mail eine neue Praxis mit eigenständigem Profil etabliert.

Die Einpassung neuer Techniken in die technologische Textur erfolgt in ähnlichen Schritten wie die Entwicklung einer morale provisoire (Kapitel 3.4.3), sie ist allerdings, weil materiell zu gestalten, greifbarer und sichtbarer als die moralische Weiterentwicklung. Am Ende steht ein materielles Gebilde, das selbst bei Aufgabe dieser Technik eine gewisse Dauerhaftigkeit hat und deshalb nicht einfach zu beseitigen ist.

Aus der Ausweitung des Nutzerkreises, ergeben sich bereits Anforderungen an eine gewisse Infrastruktur, wie z.B. Händlern und Service-Punkten sowie an Ersatzteilbeschaffung. Durch Inkulturierung kommt es zur Anbindungen an bestehende Techniken. Die technologische Textur und das zugehörende Know-How formen in materieller und ideeller Weise das Archiv einer Gesellschaft mit. Techniken als Methoden werden im Verlauf des Inkulturierungsprozesses Teil des kollektiven Gedächtnisses einer Gesellschaft. Sie lassen sich durch Anwendung des hinterlegten Wissens bei Bedarf stilllegen und reaktivieren. Dieser Vorgang, den man in Anlehnung an geologische Vorstellungen als Sedimentierungsprozess bezeichnen kann, beginnt mit der Verankerung bisher nicht üblicher Techniken in die soziale Praxis.

Verankerung in der gesellschaftlichen Praxis

Der erste Schritt zur Inkulturierung stellt die Verankerung einer neuen Technik in der gesellschaftlichen Praxis durch Ausweitung des Nutzerkreises dar. Dafür haben sich in der Marketingstrategie gewisse Standardmodelle etabliert, wonach das Verbraucherverhalten einer Gauß-Verteilung entspricht, bei der es Innovatoren als frühe Techniknutzer, Frühaufnehmer, eine frühe und späte Mehrheit von Anwendern und Nachzügler gibt. (Hering/Draeger, 1995; S. 393) Begleitet wird dies durch typische Technik- und Produktlebenszyklen, die Früh-, Reife- und Abbauphase aufweisen. (Hering/Draeger, 1995; S.365ff.) Von Bedeutung für die Inkulturation ist die Tatsache, dass sich grundlegende Funktionen und Prinzipien nur in relativ langen Zeiträumen von 10 bis 15 Jahren ändern, während Gerätegenerationen typischerweise alle 5 Jahre wechseln und Varianten wesentlich kürzere Zyklen aufweisen. Relevant für die Inkulturierung als gesellschaftlichen Vorgang ist die Einführung neuer Funktionen und Prinzipien, während wechselnde Generationen- und Gerätevarianten bewährter Techniken nur geringen Einfluss haben, weil sie keine grundlegende Veränderung der gesellschaftlichen Praxis darstellen. Ein wesentlicher Schritt während des Inkulturierungsvorgangs ist die Ausweitung des Nutzerkreises und damit einhergehend des Gültigkeitsbereichs der morale provisoire. Neue Techniken erfordern von ihren Nutzern die Einübung neuer Handlungsroutinen, die damit Gegenstand gesellschaftlicher Üblichkeiten werden.

Die Nutzung des Telefons bedingt bei beiden Teilnehmern am Telefongespräch ein gemeinsames Wissen um seine Bedienung. Trotz der weiten Verbreitung des Telefons ist die Nutzung des Mobiltelefons bei aller Ähnlichkeit der Bedienhandlung für den ungewarnten Nutzer beim ersten Mal zunächst ungewohnt, weil der Verbindungsaufbau teilweise länger dauert, die Kommunikation störungsanfälliger ist usw. Das Schreiben von SMS Nachrichten erfordert über die Grundkenntnis des Telefonierens hinaus andere Routinen, wie das Schreiben mit der Telefontastatur, das zunächst „gewöhnungsbedürftig" ist. Während die Nutzung von SMS-Nachrichten in Deutschland und Europa bereits sehr gebräuchlich ist, blickt sie in den USA bislang auf keine Erfolgsgeschichte zurück.

Die neue Üblichkeit ist zunächst auf die Teilnehmer an einer Technik beschränkt, die damit einen gesellschaftlichen Lernprozess anstoßen. Dieser kann mit gesellschaftlichen Konflikten zwischen Technikneuerern und Technikskeptizisten beladen sein. Die von Ingenieuren meist belächelten Technikskeptiker spielen eine gesellschaftliche Rolle. Ihre Funktion liegt in der Wahrung gesellschaftlicher Kontinuität, die für die Orientierung des Lebensentwurfs von Individuen bedeutsam ist. Insofern „bremsen" sie zu rasante Entwicklungen ab und bereiten Lernprozessen das Feld. Für den Fall, dass sich kein Konsens über die Nutzung neuer Techniken ergibt, haben sich bereits

Methoden wie Moratorien usw. etabliert, die einen zeitlichen Aufschub der Einführung neuer Techniken bis hin zum Aufgeben der Einführung erwirken können. Der zeitliche Aufschub gestattet die bessere Anpassung neuer Techniken an das normative Grundgerüst der Gesellschaft oder seine Weiterentwicklung. Die neuen Techniken stehen auf dem gesellschaftlichen Prüfstand.

Schaffung von Sekundärtechniken und Folgetechniken

Aus logistischen Gründen steht bei der Ausweitung des Nutzerkreises schon bald die Schaffung geeigneter Infrastrukturen und Sekundärtechniken an, welche die Inkulturierung der neuen Technik weiter vorantreiben. Sekundärtechniken sollen dabei all jene Zweige der Technik genannt werden, die als direkte Folge der Inkulturierung einer Technik entstehen, also durch die Einführung der Primärtechnik selbst bedingt sind. Unter Sekundärtechniken fallen Anpassungen oder Neuschaffungen von Infrastrukturen genauso wie die Etablierung entsprechender Vertriebs- und Servicestützpunkte. Kennzeichnend für diese Phase der Inkulturierung ist, dass sie einen länger währenden Prozess darstellt, der immer breitere Gesellschaftsbereiche erfasst. Selten läuft diese Phase in revolutionären Zeithorizonten ab, sie gleicht vielmehr einer langsamen und methodisch geordneten Einführungsphase, die sich ohne weiteres über mehrere Jahre und je nach Technik sogar bis zu Jahrzehnten ausdehnen kann.

Für das Automobil ist z.B. die Verbesserung des Straßennetzes, die Schaffung neuer Brennstoffbereitstellungsstrukturen, die Verkehrssicherheitstechnik, die Pflege- und Instandhaltungstechnik, die Zulieferindustrie usw. zu nennen.

Der Prozess der Inkulturierung als Verankerung in der gesellschaftlichen Praxis und die Schaffung von Sekundär- und Folgetechniken hat eine je nach Technik stärker oder schwächer wirkende Sozialdimension. Diese Sozialdimension steht in Gefahr in der Technikentwicklung latent übersehen zu werden, weil sie nicht direkt mit der Produktentwicklung in Zusammenhang steht.

Verwebung mit der technologischen Textur einer Gesellschaft

Die Einbettung der neuen Technik in die gesellschaftliche Praxis lässt sich auf der materiellen Seite als Verwebungsprozess vorstellen. Die Einführung neuer Techniken ist das Einknüpfen eines neuen Fadens in das bereits bestehende Gewebe der technologischen Textur. Bestandteile dieses Gewebes sind bereits bestehende Techniken und Handlungsvollzüge. Das Einweben der neuen Technik in die technologische Textur erfolgt nach und nach durch die Schaffung von Verknüpfungen sowohl mit bestehenden Techniken als auch mit gesellschaftlichen Handlungsmöglichkeiten der Technikanwender. Dabei entsteht ein neues Muster und neue Anknüpfungspunkte für spätere Folgetechniken. Die Verwebung ist ein sukzessiver Prozess, bei dem Verknüpfungspunkte mit älteren Techniken nach und nach entstehen und neue gesellschaftliche Üblichkeiten mit in die Textur eingebunden werden. Sie wird im Laufe der Zeit immer intensiver. Sekundärtechniken lassen sich parallel einbinden, wobei die Verknüpfungen vielfältig sind und sich nicht exklusiv auf die jeweilige Primärtechnik beschränken. Am Ende des Verwebungsprozesses ist ein unterschiedlich dichtes Verknüpfungsmuster entstanden, abhängig davon, wie intensiv die Technik den Lebensvollzug der Gesellschaft prägt. Nach erfolgreicher Verwebung wird eine Stilllegung der Technik umso aufwändiger, je mehr sie in den Lebensvollzug eingebunden ist. Soziologisch gesprochen spricht man vom Grad der Kontextualisierung einer Technik. Die nächste Abbildung gibt die Grundidee wider.

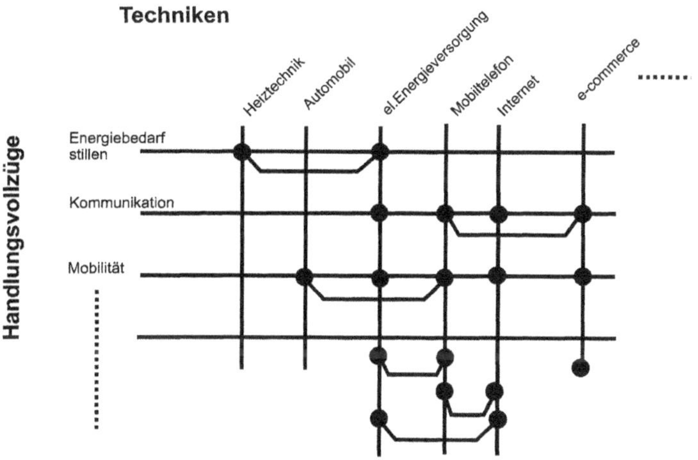

Abbildung 3-3: *Technologische Textur als Verwebung von Handlungsmöglichkeiten und Technik. Punkte weisen auf direkte Verknüpfungen hin. Linien zwischen den Punkten stellen Verknüpfungen zwischen den Techniken dar. (Sekundär- und Folgetechniken oder neu entstandene Verknüpfungen)*

Bei Infrastrukturtechniken kann die Verwebung soweit gehen, dass eine Auslösung aus der gesellschaftlichen Praxis nicht mehr möglich ist, ohne den Lebensvollzug einer Gesellschaft insgesamt zu gefährden.

Besonders eindrücklich ist hier die Versorgung moderner Gesellschaften mit elektrischer Energie, die in vielfältigen Weiterentwicklungs- und Umwidmungsvorgänge involviert ist. Eine Stilllegung der Stromversorgung ist nicht ohne weiteres möglich und würde zu einem Zusammenbruch des gesellschaftlichen Lebens führen. Die Stilllegung und der Ersatz solch stark verwobener Techniken kann nur in langwierigen Prozessen unter Entwicklung von Alternativtechniken erfolgen.

Ist der Prozess beendet, hat sich also die neue Technik in der Gesellschaft bewährt, kann davon gesprochen werden, dass sie nun fest mit dem Wertesystem und der Praxis verbunden ist. Ist dieses Stadium erreicht, kann die Inkulturierung als abgeschlossen gelten. *Technik ist in der Gesellschaft angekommen* (J. Halfmann) Die gesellschaftliche Gestaltungsmöglichkeit von Techniken ist in der Inkulturierungszeit am größten. Mit fortschreitender Inkulturierung steigt der gesellschaftsformende Einfluss der Technik. Nach Abschluss der Inkulturierung, und je nach Technik parallel dazu, etablieren sich neue Handlungsstrategien. Auf neuer Technik aufbauend entwickeln sich Folgetechniken und Umwidmungen dieser Technik. Auf Grund des Erneuerungsprozesses werden teilweise Verknüpfungen zu älteren Techniken gelöst und diese lassen sich nachfolgend stilllegen oder unter historischen Aspekten konservieren. Die Stilllegung von Techniken erfordert in der Regel die Suche nach einer Alternativtechnik oder das Aufgeben bestimmter Handlungsvollzüge. Sie ist nicht kurzfristig ausführbar.

3.5 Folgerungen für eine Ethik der Technikgestaltung

Der über den alltagssprachlichen Gebrauch hinausgehende kulturalistische Technikbegriff eröffnet neue Perspektiven für eine Ethik der Technikgestaltung. Technikgestaltung umfasst in dieser Perspektive mehr als nur das Handeln der Ingenieure. Zur Technikgestaltung, wie sie hier diskutiert wird, gehört die Gestaltung des Technikeinsatzes in einem gesellschaftlichen Kontext. Technik wird hier gesehen als ein „Lebensmittel“. Sie ist wesentliches Gestaltungselement der Kultur und für die Lebensbewältigung der Menschheit unerlässlich. Techniken sind Elemente gemeinschaftlichen Handelns und insofern nicht ethisch neutral, weil dieses Handeln und die dieses Handeln ermöglichenden Mittel zweckgebunden sind. Die verfolgten Zwecke und die Festlegung von Zweck/Mittel-Beziehungen innerhalb einer technischen Realisierung sind Gegenstand gesellschaftlicher Lebensbewältigung und unterliegen damit gesellschaftlicher Kritik. (Kapitel 3.3) Diese Kritik ist relativ zur gesellschaftlichen Praxis und zielt darauf ab, Handlungsmöglichkeiten für alle am Prozess Beteiligten zu erhalten. Hauptziel der Technikethik ist es, Antwort auf die Frage zu geben, wie Technik gestaltet werden soll, damit sie der Lebensbewältigung innerhalb einer Gesellschaft am Besten dient. Weil Technikentwicklung immer die Zukunft und ihren Handlungsraum zum Inhalt hat, ist Gegenstand der Technikethik nicht nur die Lebensbewältigung der *jetzigen* Kulturstufe, sondern auch die der künftigen Gesellschaft.

3.5.1 Erkenntnistheoretische Grenzen der Technik

Die Geschichte der Technik als Erfolgsgeschichte menschlichen Handelns dreht sich um die Verfügbarmachung dessen, was vorher unverfügbar war. Der kumulative Erkenntniszuwachs durch Techniken gleicht für den Beobachter allzu leicht einer fortschreitenden Determinierbarkeit der Zukunft durch heutige Erkenntnisse. Das Zurückdrängen des Unverfügbaren durch verbesserte Handlungsmöglichkeiten schlägt leicht in die Idee um, Unverfügbares könnte eines Tages gänzlich verschwinden. Die Erfahrung der Optimierbarkeit technischer Prozesse innerhalb des Projekts „Moderne und Postmoderne" hat zum Erfolg der Technik entscheidend beigetragen. Im Umkehrschluss entstand eine durchaus verbreitete Meinung, die Techniker hätten oder bekämen „alles in den Griff". Technikentwicklung und -kontrolle sei daher Sache der Techniker, die diese Aufgabe innerhalb der arbeitsteiligen Gesellschaft wahrnehmen. Die Naturalisierung der Erkenntnis trägt das Ihre dazu bei, indem sie behauptet, alles sei evolutionistisch erklärbar und durch Kenntnis der Mechanismen kontrollierbar. Die Schlussfolgerung für die Technikethik lautet, man müsse lediglich verbesserte „Steuer- und Regelmechanismen" fordern, um negative Folgen zu beherrschen. Der systematische Ausschluss des Unverfügbaren hat zur Fehldeutung verführt, man könne die Realität vollständig in ein technisches Modell abbilden. Dies ist ein planungsoptimistischer Fehlschluss. Modelle verfolgen bestimmte Absichten. Sie sind nur so gut, wie ihre Grenzen und müssen, das liegt im Wesen der Modellbildung, unter Einschränkung der eingehenden Parameter erstellt werden. Diese Einschränkung bedingt bereits, dass ein vollständiges Modell der Wirklichkeit unmöglich ist. Hier zeigt sich die Unerreichbarkeit vollständigen Wissens, dessen Grenze das Erscheinen des Unverfügbaren ist, das sich nicht vollständig beherrschen und kalkulieren lässt. Beide haben die Qualität eines mitwandernden Horizontes. Über künftiges Wissen wissen wir nichts (Karl R. Popper). Gleiches gilt für künftiges Unverfügbares. Weil sich Handlungsmöglichkeiten als Techniken ständig weiterentwickeln und damit immer neues Unverfügbares provozieren, lassen sich keine „natürlichen Grenzen" der Technik angeben.

Die Argumentationsfigur einer „natürlichen" Grenze der Technik ist eine allgemeine Üblichkeit. Sie äußert sich in Anmerkungen wie „die Natur schlage erbarmungslos zurück", wenn der Mensch mit Hilfe der Technik Naturgesetze verletze, weshalb Technik innerhalb dieser natürlichen Gesetze zu halten sei. Etwas despektierlich bezeichne ich diese Argumentationsfigur als „ontologische Keule", mit der ein beleidigtes „absolutes

Sein" strafend zurückschlägt, wenn die von ihm aufgestellten (verborgenen) Verhaltensregeln verletzt sind. Sie ist nichts weiter, als die Übertragung menschlicher Handlungsweisen auf die „Natur".

Die Grenzen der Technik sind die Grenzen menschlicher Handlungsmöglichkeiten. Sie sind deshalb kultürlicher und nicht natürlicher Art. Weil Handlungsmöglichkeiten beschränkt sind, ist eine Reflexion notwendig, wie die Lebensbewältigung im Handeln gelingen kann. (vgl. Zitat von Peter Janich in Kapitel 2.3) Lebensbewältigung durch Kultur ist ein ergebnisoffenes Experiment. *Die ethische Grenze der Technik, sofern es überhaupt eine gibt ist, ob sie sich gesellschaftlich zu bewähren vermag, ohne diese Gesellschaft in ihrem Überleben zu gefährden.* Ethische Grenzen der Technik beziehen sich auf Fragen des Sollens und Dürfens. Sie zielen darauf ab, wie sinnvollerweise gehandelt werden soll. Diese Grenze zu erkennen, erfordert ein Nachdenken über Bedingungen des Handelns.

3.5.2 Handlungsresultate und Handlungsfolgen

Wenn es darum geht, den Ansatz der Kulturalisierung der Erkenntnis für eine Ethik in der Technikgestaltung fruchtbar zu machen, dann muss folgendes mitbedacht werden: Der Mensch gestaltet durch Eingriff in das jeweils Vorfindliche seine Kultur und entwirft mit Hilfe der Technik aktiv den kulturellen Grundriss seiner Zukunft. Erfolgreiche Lebensbewältigung ist in unserer Kultur zu einem guten Teil technisch gemacht. Insofern ist Technikentwicklung und Gestaltung eine menschliche Notwendigkeit. Sie ist eine Grundbedingung aktiven menschlichen Seins. Soweit ist der Mensch als aktives Wesen an diesem Prozess beteiligt. Er meistert sein Leben durch das Machen von Erkenntnissen. Es bleibt jedoch nicht nur bei dieser aktiven Rolle. Der Mensch erfährt sich auch als passiver Teilnehmer am Leben, er erlebt Widerfahrnisse, die sich seinem Handeln entziehen und derer er sich nicht entwinden kann. (Lévinas, 1972); (Lévinas, 1982)

Diese Grunderfahrung spielt in die Machbarkeit der Erkenntnis hinein. In den Widerfahrnissen wird das Unverfügbare sichtbar, das der Mensch zwar nicht absolut beherrschen, aber mit Hilfe seiner Erkenntnisfähigkeit herausfordern kann. Das Unverfügbare provoziert die menschliche Kreativität. Die Unwägbarkeiten in der Technikentwicklung werden erst in einer a-posteriori-Rekonstruktion des Erkenntnisvorgangs sichtbar bzw. zeigen sich erst durch Anwendung des Wissens einer höheren Kulturstufe auf Vorgänge der Vergangenheit (Rekonstruktion). Für eine realistische Haltung hinsichtlich der Verantwortbarkeit technischer Entwicklung bedeutet das:

1. die Lebensbewältigung bedingt das Machen von Erkenntnissen, die sich je einer bestimmten Technik verdanken. Diese Erkenntnisse prägen das Welt- und Menschenbild. Welt- und Menschenbild unterliegen mit fortschreitender Entwicklung der Kulturstufen starken Veränderungen.

2. der Mensch kommt um das Machen von Technik nicht herum, wenn er sein Leben meistern will. Daher ist Technikentwicklung –gestaltung und ihre Anwendung eine Überlebensnotwendigkeit.

3. Erkenntnisprozesse sind nicht in allen Schritten von vornherein determinierbar, indem sie das Unverfügbare provozieren, kommt es zu Nebenfolgen, die positiver und negativer Art sein können.

4. Negative Folgeerscheinungen sind i.d.R. nur durch das Machen neuer Erkenntnis erkennbar und in nachfolgender Anwendung weiteren Wissens in bestimmter Weise beherrschbar, nicht aber durch den Rückbau der Kulturstufen.

Für Handlungen gilt, dass sie einerseits zu *intendierten Handlungsresultaten* und andererseits zu *nichtintendierten Handlungsfolgen* führen. Die „Gemachtheit der Erkenntnis" gemahnt zu Augenmaß. Eine realistische Haltung muss dies angemessen berücksichtigen. Sie hat daran festzuhalten, das alle Technikgestaltung nicht absolut determinierbar ist. Die These der perfekten bzw. absolut sicheren Technik ist abzulehnen. Vielmehr soll das Unverfügbare bewusst miteinfließen und zwar in dem Bewusstsein, dass die kultürliche Lebensbewältigung begrenzt ist.

3.5.3 Unverfügbares und Zukunftsoffenheit

Technische Planung findet auf dem aktuellen Stand der Wissenschaft statt. Dieser aktuelle Stand ist Produkt einer historischen Entwicklung und besteht aus den gemachten Erkenntnissen der Vergangenheit. Die Aussagekraft wissenschaftlicher Aussagen ist damit auf das bisher Verfügbare begrenzt. Der Grundsatz, auf dem aktuellen Stand der Technik und der maßgeblichen Normen zu entwickeln, stellt eine notwendige Bedingung für eine ethisch verantwortete Technikgestaltung dar, die aus den Fehlern der Vergangenheit gelernt hat. Sie ist hingegen keine hinreichende Bedingung für ethisch verantwortete Technik.

Für Technik gilt, dass sie auf vorläufigem Wissen beruht. Wird vor diesem Hintergrund gehandelt, dann kann Verantwortung nur für bewusst einbezogenen und zielgerichtet getroffenen Entscheidungen innerhalb der Technikentwicklung übernommen werden. Es ist ein Gebot der Klugheit, Handlungsfolgen schon bei der Technikentwicklung einzuplanen und so weit als möglich zu benennen. Eine Technikentwicklung mit „Vollversicherungsschutz“ gegen ungewollte Folgen ist leider ein Ding der Unmöglichkeit, weil das Unverfügbare sich der menschlichen Kontrolle entzieht. Eine Technikethik, die behauptet solches leisten zu können, ist erkenntnis- und handlungstheoretisch unredlich.

Die Zukunftsoffenheit ist Element des Unverfügbaren. Die Unabgeschlossenheit des Wissens ist eine Herausforderung an die Verantwortbarkeit einer bestimmten Technik in gesellschaftlicher Perspektive. Bei der Problematisierung der technischen Verantwortbarkeit wird sehr oft moniert, Ingenieure hätten auf einer unsicheren Entscheidungsbasis agiert, weshalb nicht intendierte Nebenfolgen aufgetreten sind. Dahinter steckt das Modell der vollständigen Determinierbarkeit technischer Entwicklung. Sie bildet die Basis für die normative Forderung, vollkommenes Wissen vor einer Entscheidung einzuholen. Dieses Modell wird sehr oft angeführt, wenn es darum geht, Technik ethisch zu begrenzen und in wünschbare Bahnen zu lenken. Die utopische Forderung besteht darin, jeder Ingenieur möge auf einer gesicherten Wissensbasis agieren und darüber hinaus ethische Maßstäbe technikbegrenzend einsetzen, womit eine Problemlösung erreicht wird. *Es scheint geradezu der blinde Fleck klassischer Ansätze zur Technikethik zu sein, dass sie versuchen, das Auftreten von Widerfahrnissen systematisch auszuschließen.*

Vollkommen übersehen wird die Tatsache, dass eine solche Vorgehensweise Innovation systematisch ausschließt, denn das, was entwickelt werden soll, muss in diesem Fall schon vorher bekannt sein. Die Vorstellung ist idealistisch und planungsoptimistisch. Wird sie vor dem Hintergrund der hier entwickelten Erkenntnistheorie betrachtet, ist sie schlichtweg falsch. Typischerweise führen derart verkürzte Betrachtungen dazu, dass das Auftreten von Nebenfolgen als systematischer Fehler dem Technikentwickler angelastet wird. Dabei liegt der systematische Fehler in der Modellbildung selbst. Die Unvollständigkeit des Wissens stellt eine Grundbedingung dar für die Entwicklungsfähigkeit von Technik und Gesellschaft. (Grunwald 2000c) Eine deterministische Planung von Technik ist deshalb weder in ingenieurwissenschaftlicher noch in gesellschaftlicher Hinsicht möglich. Sie ist, selbst wenn sie theoretisch möglich wäre, noch nicht einmal wünschenswert, weil alle Erkenntnisse, die nicht der direkten Zielerreichung dienen, aus dem Erkenntnisvorgang und der technischen Praxis systematisch ausgeschlossen würden. (Kapitel 2.3)

Zukunftsoffenheit wird gerne als Hindernis bei der Produktentwicklung betrachtet. Andererseits ermöglicht sie Entwicklung überhaupt. Geht es um Nebenfolgen, trägt sie entscheidend zu Problemlösungen bei. Korrekturmaßnahmen für Nebenfolgen verdanken beruhen selbst auf neuer Erkenntnis. Die Zukunftsoffenheit des Einsatzes und der Weiterentwicklung von Technik muss bei der ethischen Betrachtung der technischen und gesellschaftlichen Planbarkeit berücksichtigt werden. Die Unabgeschlossenheit des Wissens ist im technischen Handeln bei der Technikentwicklung und Technikgestaltung auf mindestens drei Ebenen präsent:

1. **Unabgeschlossenheit hinsichtlich der zukünftigen Entwicklung.** Darunter soll verstanden werden, dass die zukünftig stattfindende Entwicklung nicht vollständig antizipiert werden kann, weil weder unerwartete Nebenfolgen noch faktische Entscheidungen, die in Zukunft getroffen werden, zum aktuellen Zeitpunkt feststehen und gewusst werden können.

2. **Unabgeschlossenheit der relevanten Parameter bei der Technikentwicklung.** Es ist nicht möglich, in der realen Technikentwicklung alle denkbar möglichen Parameter auszumachen. Dies geht schon aus pragmatischen Gründen nicht, weil für die Technikentwicklung nun einmal Entscheidungen in einer begrenzten Zeit fallen müssen. Selbst Abschätzungen von Risiken finden unter Modellbildung bei Einschränkung der Parameter statt. Das Modell kann höchstens so gut sein, wie das Wissen über die Parameter. Stellt sich in Zukunft heraus, dass ganz andere Parameter eine tragende Rolle spielen, kann die Modellbildung dafür ex-ante keine Hinweise liefern. Armin Grunwald hat zu recht darauf hingewiesen, dass Entscheidungen „richtig" sind relativ zum Wissensstand bei der Entscheidung. Ein mehr an Wissen führt zu einer Vervielfachung der Parameteranzahl und mündet in einen unendlichen Kreislauf , wodurch die Entwicklung paralysiert wird. Im Extremfall kann dies zu einem Verlust des integralen Wissens über das zu untersuchende System führen, oder wie der Volksmund sagt „man sieht den Wald vor lauter Bäumen nicht mehr". Die Kunst besteht in diesem Fall in der richtigen Wahl der Parameter. Diese erfolgt wertbeladen und kann ethisch sensitiv sein. Die Auswahl der Parameter ist deshalb Gegenstand einer Ingenieursethik.

   Ein relativ bekannt gewordenes Beispiel für eine Problemlösungsstrategie, bei der ein Abschluss des Wissens durch Einholung zahlreicher Parameter geleistet werden sollte, ist die Simulation der Klimaveränderungen auf der Welt. Die Forscher stellten fest, dass das Modell soweit sei, ein sehr differenziertes Parametersystem in die Berechnungen einzubeziehen. Und zwar derart, dass sich metaphorisch gesprochen „ein Flügelschlag eines Schmetterlings" auf das Weltklima auswirken könne.

3. **Unabgeschlossenheit des Wissens über die gesellschaftliche Akzeptanz künftiger Technik** Selbst bei bester technischer Entwicklung kann nicht im vorneherein eine gesellschaftliche Akzeptanz der zu entwickelnden Technik garantiert werden. Die Akzeptanz einer Technik erweist sich erst während ihrer Inkulturierung. Die Inkulturierung ist selbst ein zukunftsoffener Prozess. Weder kann die Zumutbarkeit künftiger Technik noch können gesellschaftliche Strömungen in langen Zeiträumen antizipiert werden.

Es ist ein Gebot gesellschaftlicher Fairness, dass Ingenieure gegenüber einer Rechtfertigung einfordernden Gesellschaft nicht mit dem Anspruch auftreten, Technik in der Gesamtheit durch geschickte Arbeitsteilung deterministisch kontrollieren zu können. Aussagen über Technik sollen in einer Art und Weise erfolgen, die dem technischen Laien verständlich ist.

3.5.4 Realistische Grundhaltung

Ethische Fragestellungen sind über den sozialen Kontext und den zweckgerichteten Charakter der Technik automatisch in der Technikgestaltung enthalten, sie brauchen nicht „von außen" her importiert oder aufgezwungen werden. Die Sensibilisierung für ethische Fragestellungen in der Technikgestaltung soll nicht soweit getrieben werden, dass künstlich Probleme herbeigeredet werden. Vielmehr ist an dieser Stelle Augenmaß gefragt, damit weder leichtfertig noch hysterisch mit diesem Thema umgegangen wird. Für Ingenieure und Techniker gilt, dass sie in der Ethikdiskussion eine möglichst realistische Grundhaltung einnehmen sollen. Technikgestaltung ist ein soziales Phänomen, bei dem eine ganze Reihe von Individuen beteiligt sind. Sie verdient daher eine ernsthafte und wohlüberlegte Reflexion, die allein von den Ingenieuren nicht zu leisten ist, schon allein weil sie nicht per se eine repräsentative Gruppe der Gesamtgesellschaft darstellen. Innerhalb der Technikgestaltung muss eine Auseinandersetzung um gesellschaftliche Wertvorstellungen stattfinden, damit Technikgestaltung gelingen kann. Wesentlich ist, dass Technikentwicklung immer auf vorläufigem Wissen beruht. Dass es zu Fehleinschätzungen bzw. Fehlentwicklungen kommen kann, die sich erst im weiteren Verlauf des Technikeinsatzes herausstellen, ist damit klar. Das Erkennen von Fehlentwicklungen ist eine der Aufgaben von Technikethik und zwar in dem Sinn, dass aus den Fehlern der Vergangenheit gelernt wird. Dadurch darf die weitere Entwicklung nicht blockiert, vielmehr muss auf Bewältigungsstrategien durch Einsatz neuer Erkenntnisse vertraut, werden. Der Sinn der realistischen Haltung ist, einerseits die Vorläufigkeit des Wissens zu betonen und andererseits mögliche Konflikte und Korrekturmaßnahmen rechtzeitig zu identifizieren. Technikethik hat damit eine Frühwarnfunktion.

Man denke z.B. an die Begeisterung für den Werkstoff Asbest als unbrennbares Material. Das Material schien die ideale Antwort auf alle Brandschutzanforderungen zu sein und wurde als solches breitbandig eingesetzt. Erst mit der Erkenntnis, dass Asbestfasern Krebsleiden auslösen können, wurden Vorsichtsmaßnahmen für den Umgang und ein Verarbeitungsverbot aufgestellt. Darüber hinaus ließen sich Sanierungsstrategien für Asbest entwerfen und in die Praxis übernehmen. Asbest als Werkstoff befindet sich derzeit in der Entsorgungsphase und wird sukzessive aus der technologischen Textur entfernt. Möglich wurde dies durch die Erfindung von Ersatzstoffen. D.h. allgemein: Für sich einstellende, nicht absehbare Technikfolgen bleibt nur die Möglichkeit, auf Grund neuer Erkenntnisse a-posteriori Korrekturmaßnahmen einzuleiten. Ob diese erfolgreich sind oder nicht zeigt sich erst innerhalb eines Bewährungsvorgangs, der allerdings wieder erst im Nachhinein zu bewerten ist. Der Fall „Asbest" ist exemplarisch dafür, unter welchen Randbedingungen und Prämissen Technikeinsatz nur möglich ist.

3.5.5 Leitlinien einer Technikethik und Werte im technischen Handeln

Technikethik zielt auf die Erhaltung der Handlungsmöglichkeiten in einer Kultur ab. Ziel der Kultur ist die gemeinschaftliche Lebensbewältigung durch Handeln. Weil eigene Handlungen mit den Handlungen anderer Menschen in Konflikt geraten können, erhebt sich die Frage, wie diese Konflikte gewaltfrei zu lösen sind. Grundsätzlich gilt, dass Handlungen und Zwecke von Handlungen bewertbar sind und faktisch bewertet werden. Aus der bis hierher vorgebrachten Argumentation lassen sich die folgenden Leitlinien einer Technikethik ablesen:

- Techniken stellen Handlungsmöglichkeiten dar, die zur Lebensbewältigung einzusetzen sind. *Wenn Technikgestaltung Ausdruck des Lebensvollzugs einer Gemeinschaft ist, dann gilt, dass dieser Lebensvollzug allen Mitgliedern einer Gemeinschaft in gleicher Art und Weise offen stehen soll. Techniken, die in der Gesellschaft inkulturiert sind, sollen allen Mitgliedern einer Gesellschaft zugänglich sein.*

- Es ist Handlungen eigen, dass sie fehlgehen können und unerwünschte Nebenfolgen haben. So weit der Wissensstand erlaubt, sollen deshalb Nebenfolgen abgeschätzt werden. Dabei ist das Unverfügbare zu bedenken. *Nebenfolgen und ihre Beherrschung führen auf die Idee einer reversiblen Technik, die wieder aus der technologischen Textur ausgliederbar ist.*

- Weil Techniken bestimmte Handlungsoptionen erschließen, andere aber verschließen, ist sicherzustellen, dass der Handlungsraum der Zukunft nicht zu stark eingeschränkt wird. *Das macht die Idee einer nachhaltigen Technikgestaltung zu einem prägenden Element der Technikethik.*

- Technikethik soll die Frage klären, wie sinnvollerweise zu handeln ist. Dabei spielt die tradierte Praxis eine prägende Rolle. Sie stabilisiert das soziotechnische System gegen zu schnelle Veränderungen, die zu einem massiven Orientierungsverlust führen können. Die Aufgabe von Technikethik ist nicht das Aufsuchen der natürlichen Grenzen der Technik, sondern *die Frage nach der Akzeptanz der Technik in der Gesellschaft und der Sinnfälligkeit derzeitiger Technik.*

- Der Bedarf an Ethik in der Technikgestaltung hängt davon ab, wer von Technik wie betroffen ist. Nicht alle Techniken werden durch alle Gesellschaftsmitglieder benutzt, noch sind in jedem Fall alle Mitglieder betroffen. Nicht alle Techniken sind deshalb von gleicher gesellschaftlicher Relevanz. *Der Ethik-Bedarf in der Technikgestaltung und die Aushandlung von Konflikten orientiert sich am Grad der Betroffenheit der involvierten Parteien.* Der Bedarf an ethischer Reflexion einer bestimmten Technik hängt ferner davon ab, welche Nachteile welchen Vorteilen gegenüber stehen.

- Die ethische Bewertung einer bestimmten Technik hängt von ihrer Kontextgebundenheit ab. *Eine ausgewogene Zuschreibung ethischer Verantwortung muss sich am Handeln der Akteure orientieren. Umwidmungsprozesse von Techniken sind Transferhandlungen, die getrennt von der Erstellung der ursprünglichen Technik zu bewerten sind.*

Technikentwurf ist eine Form der aktiven Zukunftsgestaltung. Sie schafft eine neue Kulturstufe. und einen neuen sozialen Raum, dessen Spielregeln gesellschaftlich neu ausgehandelt werden müssen. Der Aushandlungsprozess kann entweder in einem impliziten oder einem expliziten Prozess stattfinden. Es handelt sich um eine dynamische Weiterentwicklung der gesellschaftlichen Normen an die neu gemachten Erfahrungen und eine Festlegung, wie künftig innerhalb der neuen Kulturstufe mit Werten umgegangen werden soll. Neue Techniken können hier zu neuen ethischen Fragestellungen führen, die auf Grund bisheriger ethischer Ansätze nicht zu beantworten sind. Stellvertretend sei die Gentechnik als bekanntes Beispiel genannt.

Die gentechnische Veränderung menschlichen Erbguts kann nicht allein mit dem Prinzip abgehandelt werden, dass es gut ist das „Leben in jedem Fall zu mehren“. Im Falle der Gentechnik versagt dieses Kriterium, weil unklar ist, ob ein Mensch, der z. B. ohne

Erbkrankheiten lebt wirklich ein „mehr“ an Leben hat oder nicht. Ein Konfliktpotential ist immer dann vorhanden, wenn Technikentwicklung bisher geltende Grundsätze selbst tangiert. D.h. wenn Werte und Prinzipien nicht mehr als Metakriterien taugen.

Von einer neuen Technik kann nicht immer ex ante gesagt werden, ob sie zur Bewältigung gesellschaftlichen Lebens taugt oder die Gesellschaft in ihrem Bestand gefährdet. In Betracht zu ziehen ist ferner, dass die Einführung neuer Techniken nur selten in revolutionären Schritten vor sich geht. Vielmehr handelt es sich bei der Inkulturierung um einen langsam ablaufenden gestaltbaren Prozess. An dieser Stelle ist allerdings durch den immer breiteren Einfluss der Technik erhöhte Aufmerksamkeit für die Identifikation von Nebenfolgen zu leisten. Ethisch relevant sind wertbeladene Entscheidungen innerhalb des Design- und Anwendungsprozesses von Techniken. In einer offenen Gesellschaft sind die anzusetzenden Wertvorstellungen keineswegs selbstverständlich (Kapitel 3.4.3), sondern hängen vom Erfolg der Konstruktion gesellschaftlicher Kohärenz ab. Ein Versuch, Wertvorstellungen für den Bereich der Technik bereitzustellen, die der Anforderung gesellschaftlicher Kohärenz entsprechen, stellt die VDI Richtlinie VDI 3780 –Technikbewertung dar. Ihre Operationalisierung als faktisch wirksame Leitlinie der Technikgestaltung steht noch aus. Die in dieser Richtlinie eingearbeiteten Werte sind das Ergebnis eines Diskurses in dem Technikentwickler, -nutzer und -betroffene beteiligt waren. Die Richtlinie hat Charakter einer vorläufigen Norm und bietet sich daher als Diskussionsgrundlage an. Sie stellt eine gewisse Standardisierung und Explizierung von Wertvorstellungen dar. Die in der VDI 3780 festgelegten acht Werte können als grobes Raster von Grundwerten für die Technikentwicklung angesehen werden, die im derzeitigen technischen Handeln tangiert sind. (Sogenanntes Werteoktogon).

Die dort vorgestellten Werte sind:

1. Funktionsfähigkeit
2. Wirtschaftlichkeit
3. Wohlstand
4. Sicherheit
5. Gesundheit
6. Umweltqualität
7. Persönlichkeitsentfaltung
8. Gesellschaftsqualität

Hinsichtlich des Umgangs mit Wertvorstellungen wird noch einmal in Grundwerte und abgeleitete Werte differenziert. Was als Grundwert und was als abgeleiteter Wert bezeichnet wird, ist im Einzelfall nicht ganz geklärt und hängt u.U. von den Begleitumständen, Rahmenbedingungen und individuellen Gewichtungen ab. Nach Christoph Hubig sind Grundwerte solche, die dazu dienen, generell Handlungsoptionen zu erhalten. (Hubig, 1995; S. 68ff.)

Grundwerte sind m.E:

- Sicherheit
- Gesundheit
- Gesellschaftsqualität
- Umweltqualität

Das Werteoktogon ist für eine direkte Umsetzung in die Praxis zu allgemein und muss deshalb noch einmal auf Unternehmensebene und in das konkrete Arbeitsumfeld präzisiert werden. Zum Beispiel kann der Wert Sicherheit in die Anteile Betriebssicherheit, Störfallsicherheit und diese selbst noch einmal in die Kategorien Bedienersicherheit/ technische Stabilität / Sicherheit der Bevölkerung usw. unterteilt werden. Um den oben herausgearbeiteten Leitlinien zu entsprechen, sollten die Werte

- Reversibilität
- Nachhaltigkeit
- Entsorgbarkeit

explizit in das Wertesystem eingebaut werden, weil sie nicht einfach als Unterbegriffe anderer Werte aufzufassen sind. Die VDI 3780 macht sich eine realistische Grundhaltung zu eigen, weil sie von vorne herein das Auftreten von Konflikten zwischen den Werten thematisiert. Wie mit konfligierenden Werten umgegangen werden kann, ist Gegenstand des Kapitels 4.6.1.

3.5.6 Forderung eines Primats der Praxis

Die kulturalistische Techniksicht macht es möglich, ethischen Fragestellungen innerhalb der Ingenieurstätigkeit zu ihrem Recht zu verhelfen. Dies kann als kompensatorisches Moment gegenüber der sich diversifizierenden technischen Disziplinen aufgefasst werden. *Damit ethische Konflikte in der Praxis erkannt werden können, müssen sie identifizierbar sein.* Das gelingt nur, wenn die fachdisziplinäre Ebene in der

Technikgestaltung an bestimmten Punkten verlassen wird, und die Beachtung der Sozialdimension der Technik einen breiteren Stellenraum einnimmt als bisher.

Bisherige Strategien zielten darauf ab, den Technikern *präskriptiv* ethische Verhaltenskodizes nahe zu legen. Der Ansatz geht von der philosophischen Reflexion in die Praxis und soll begrenzend wirken, vergleichbar den Sicherungen in elektrischen Niederspannungsnetzen. Eine Ethik der Technikgestaltung wird ihrer Zwecksetzung nur gerecht, wenn sie nicht aus der Position des unbeteiligten Zuschauers auf die Praxis heruntersieht. Sie soll vielmehr dafür sorgen, dass die Gewichtung der Wertvorstellungen und die Bewältigung vorhandener ethischer Konflikte bewusst wahrgenommen und vor dem Forum der kritischen Vernunft explizit ausgefochten wird. Sie soll innerhalb des Technikgestaltungsprozesses selbst stattfinden, statt als Kaffeepausen- und Feierabendphänomen ein Nischendasein zu führen. Der zweite Schwerpunkt liegt in der Realisierung einer Rückkopplungsfunktion, derart, dass a-posteriori überprüft wird, ob die ursprünglich verfolgten Zwecke mit den gewählten Mitteln unter Einhaltung der Rahmenbedingungen auch erreicht wurden. (Adolf Schwab) (Schwab, 2000a) Hier ist die Schaffung eines geeigneten Instrumentariums zu leisten. Als Drittes soll sie dazu beitragen, das Verhältnis von Gesellschaft und Technik in einem rationalen Prozess zu reflektieren und einem Lernprozess zuzuführen. (Grunwald 2000a) Eine weitere Chance besteht darin, gesellschaftliche Rahmenbedingungen und deren Geltungsanspruch sowie deren Beitrag zur Technikgestaltung zu thematisieren und geeignete Lösungsverfahren für Konflikte bereit zu stellen. Ferner kann sie problematisch gewordene Themen bei Diskussionsbedarf an die Öffentlichkeit tragen. Eine solche Ethik hat den Vorteil, dass sie nicht von außen aufgezwungen ist, sondern gleichsam von innen heraus wächst. Sie ist nicht daran interessiert, aus den Ingenieuren moralische Helden zu machen, sondern den Blick für vorhandene Probleme zu schärfen. Ihr Ziel ist nicht die Herbeiredung ethischer Konflikte und deren Aufzwingung von außen, sondern die Wahrnehmung und Bewältigung bestehender und sich abzeichnender Konflikte sowie die Reflexion zwischen Rahmenbedingungen und Praxis.

3.6 Fallbeispiel: Elektrische Energieversorgung (3)

Zweckmäßigkeit und Umwidmungsfähigkeit

Elektrische Energie stellt eine zweckmäßige Energiedienstleistung dar. Ihre große technische Zweckmäßigkeit hinsichtlich der feinen Dosierbarkeit, der Umwandlungsmöglichkeit in nahezu jede andere Energieform, wie Licht, Wärme, Antriebsenergie, elektromagnetische Wellen und die Fähigkeit sie zur Speicherung von Informationen verwenden zu können, eröffnen ein weites Anwendungsfeld und führen zur Durchsetzung elektrischer Einrichtungen in fast jede Domäne des Alltagslebens. Ob nun die Versorgung mit einem Grundbedarf an Wasser, Wärme und Lebensmitteln oder die Möglichkeit der Mobilität sowie der Aufbau von Kommunikationssystemen zu leisten ist, immer ist elektrische Energie an dem Prozess beteiligt. Elektrische Energie findet wegen ihres hohen Umwidmungspotentials und ihrer Zweckmäßigkeit ihren Einsatz quer durch alle Kulturen. Einmal in der gesellschaftlichen Praxis etabliert, wird sie nicht mehr aufgegeben. Die Elektrifizierung weiter Teile des gesellschaftlichen Lebens ist ein immer noch anhaltender Vorgang, der immer größere Bereiche des Alltagslebens erfasst. Elektrische Energieversorgung ist, wenn auch in unterschiedlichem Maß an verschiedenen Transformationsprozessen der Gesellschaft beteiligt. Der Übergang von der Industrie zur Informationsgesellschaft, die sogenannte digitale Revolution, das Leben in einer Informationsgesellschaft bauen auf funktionierende Elektroenergiesystemen auf. Aus technischer Sicht stellen diese Systeme Großsysteme dar, die wegen der Nichtspeicherfähigkeit ihrer Energieform einen erheblichen Aufwand erfordern. In einem Elektroenergiesystem muss die von den Verbrauchern angeforderte Leistung in Echtzeit produziert werden. Weil die Verbraucher fast keiner Beschränkung hinsichtlich ihres Leistungsbedarf und dem Zeitpunkt der Energienutzung unterliegen, determinieren sie direkt den zu erzeugenden Bedarf. Ein solches System derart in Betrieb zu halten erfordert ein differenziertes technisches Instrumentarium, zu dem neben gewaltigen logistischen Aufgaben wie der Bereitstellung von Brennstoffen, der Abfuhr von anfallenden Abfallstoffen auch gewaltige informationstechnische Steuer- und Regelsystem zu zählen sind.

Nutzung elektrischer Energie als Handlungsvollzug

Während den am Betrieb beteiligten Akteure die Komplexität ohne weiteres klar ist, nimmt der Verbraucher aus seiner Beobachterperspektive Elektroenergiesysteme ganz anders wahr. Für ihn ist elektrische Energie einfach zu bedienen, weil er in vielen Fällen lediglich den Stecker in die Steckdose stecken und den Ein- und Ausschalter betätigen können muss, schon ist die Energie verfügbar. Aus Beobachterperspektive ist die elektrische Energie damit eine nahezu ideale und, wegen ihrer lokalen Emissionsfreiheit, saubere Energieform, deren Verfügbarmachung von ihm keine Spezialfertigkeiten verlangt, wie dies etwa bei Dampfmaschinen der Fall ist. Weil sich elektrische Geräte für eine Vielzahl von Handlungsvollzügen herstellen lassen und dennoch immer nur die Handlung des Ein/Ausschaltens zum Vollzug der Handlung erforderlich ist, stellt diese Art der Energienutzung eine sehr rational Handlungsroutine dar. Hinsichtlich ihrer „Umwidmungsfähigkeit" entspricht elektrische Energie dem Ideal einer Technik als kontextfreier Handlungsstrategie. Dies dürfte der Hauptgrund für ihren großen Erfolg sein. Für die alltäglichen Handlungen Kochen, Staubsaugen, Radio und Fernsehen nutzen, heizen mit elektrischem Strom usw. braucht als Grundhandlungsroutine nur die oben ausgeführte Handlung des Einschaltens erlernt werden. Kaum einem Verbrauche ist dabei klar, dass er mit seiner Energieanforderung direkt die Erzeugung beeinflusst. Die hohe Verfügbarkeit und leichte Anwendbarkeit ist ambivalent, weil sie einen leichtfertigen Umgang mit elektrischer Energie nahe legt.

Elektroenergie und Kulturhöhe

Die Bedeutung elektrischer Energiesysteme als Ausdruck einer Kulturhöhe äußert sich in Zielsetzungen für die Entwicklung derjenigen Teile in der Welt, die noch keine elektrische Energieversorgung betreiben. Die unstrittige Zweckmäßigkeit elektrischer Energie findet hier ihren Niederschlag in den Entwicklungshilfe- und Strukturförderplänen, die in weiten Teilen Maßnahmen zum Aufbau elektrischer Versorgungsnetze enthalten. Und dies mit gutem Grund. Anschluss an die Versorgungsnetze elektrischer Energie ist die Grundvoraussetzung zur Teilnahme an einer bestimmten Kulturhöhe. Die Teilnahme an der Informationsgesellschaft und am digitalen Zeitalter setzt die Versorgung mit elektrischer Energie voraus. Das Internet lässt sich ohne eine Form der elektrischen Energie weder nutzen noch betreiben. Dementsprechend hat in der Bundesrepublik Deutschland jedermann das Recht mit elektrischer Energie versorgt zu werden. Dieses Recht begründet die Versorgungspflicht der EVU auch in Fällen, in denen Zweifel an der Zahlungsfähigkeit der Kunden besteht, diese Versorgungspflicht stellt einen „Eingriff" in die Üblichkeit des freien Marktes dar. Wie sehr der elektrische Strom Bestandteil der Kultur ist, lässt sich daran ermessen, dass in begründeten Fällen die Gesellschaft mittels der Sozialämter Stromrechnungen für Bedürftige bezahlt, damit diese am gesellschaftlichen Leben teilnahmen können.

Die historische Entstehung elektrischer Energiesysteme geht auf Thomas Alva Edison zurück, der nicht nur das erste Erzeugungsnetz installierte und in Betrieb hielt, sondern auch die Glühfadenlampe als eine erste Anwendung elektrischer Energie mit direktem Nutzen für den Verbraucher erschuf. Das System, mit dem Edison die erste Elektrifizierung in New- York durchführte lehnte sich formal an die bereits bestehende Gasversor-

gung an. Beide Versorgungsarten verfolgten das gleiche Ziel: Eine einfach verfügbare Beleuchtungstechnik, die die bis dahin gebräuchlichen Petroleumlampen ersetzen sollte. Weil beide Formen der Versorgung als gemeinsames Gut „Energie" hatten, konkurrierten sie auf Feldern, die heute eher ungewöhnlich erscheinen. So gab es eine Gaswaschmaschine genau so, wie das Gasbügeleisen und den Gaskühlschrank.(Rammert, 1993)) Ein nachfolgender gesellschaftlicher Selektionsprozess filterte aus den Anfangs ebenbürtigen Energieversorgungstechniken bestimmte Alternativen für spezifizierte Anwendungsbereiche aus. Während elektrisch betriebene Geräte sich für die Produktgruppe Beleuchtung, Kühlschrank, Bügeleisen und Waschmaschine durchsetzten, ist im Bereich der Heizsysteme die Gasheizung führend und im Bereich der Kochherde finden sich beide Alternativen. Aus Beobachterperspektive könnte man von einer fortschreitenden Spezialisierung der Technik auf die zweckmäßigsten Anwendungsgebiete sprechen. Bei den Kochherden lösten Gas- und Elektroherde als neue Technik die Kohle- und Holzherde der Vergangenheit ab. Die einfache Nutzbarkeit der elektrischen Energie als Antriebsenergie in Elektromotoren, die ohne Verbrennungsprozess auskamen sorgte dafür, dass Strom nicht nur für Beleuchtungszwecke, sondern auch für Antriebszwecke immer größeren Einfluss gewann. In historisch gewachsenen Industriebetrieben finden sich heute noch getrennte elektrische Teilenetze, sog. „Licht"- und „Kraftnetze", genauso, wie der Name der Berliner Licht- und Kraft AG (heute BEWAG) an diese Tatsache erinnert. Der Ausbau elektrischer Netze erfolgte schrittweise und dauerte über mehrere Jahrzehnte an. Von einem revolutionären Vorgang zu sprechen ist deshalb unzutreffend. Vielmehr handelt es sich um einen „Diffusionsprozess" mit dem der elektrische Strom in das Alltagsleben eintrat. Erst nach der Etablierung eines stabilen elektrischen Versorgungsnetzes ließen sich Sekundärsystemen wie Antriebe und Tertiärtechniken wie Telefon- und Telekommunikationseinrichtungen einrichten. Der hohe Verwebungsgrad kommt zum Ausdruck in den vielfältigen Prozessen, an denen elektrische Energie beteiligt ist, ohne dass dies dem Nutzer immer sofort einsichtig ist. Eine Stilllegung der elektrischen Energieversorgung insgesamt erfordert einen hohen Grand an Dekontextualisierung und ist mittelfristig nahezu unmöglich, weil damit gleichzeitig auf viele Handlungsmöglichkeiten verzichtet werden muss. Eine Gesamtstilllegung ist zwar irrational, aber in langfristiger Perspektive sind Veränderungen möglich, wie der weitere Ausbau dezentraler Versorgungsstrukturen und ein Wechsel in den Erzeugungsprozessen, etwa durch Brennstoffzellen oder Kernfusionstechniken der Zukunft. Eine Stilllegung der elektrischen Energieversorgung scheitert derzeit am vorhanden sein alternativer Techniken, die die derzeitige Erzeugungs- Verteilungs- und Verbrauchsstruktur funktionsgleich ersetzen könnte.

Unter den ethischen Aspekte elektrischer Energieversorgung finden sich mehrere Ebenen. Die Problematisierung des derzeitigen hohen Energieverbrauchs verwendet sehr häufig emotional belastete Metaphern, die moralisierend wirken. Das Szenario des „gigantischen Feuerwerks" mit dem die Menschheit innerhalb weniger Jahrzente die Ressourcen verpulvert, die die „Natur" in Jahrmillionen aufgebaut hat ist zwar ein populistisch beliebtes Argument, kann aber die Frage nicht beantworten, wie die Menschheit leben soll, wenn sie an einer bestimmten Kulturhöhe festhalten will. Die Metapher „Feuerwerk" ist nicht neutral, weil ein Feuerwerk Unterhaltungszwecken dient, die nicht direkt für die Lebensbewältigung notwendig sind und deren Wirkung tatsächlich nach wenigen Augenblicken verpufft ist. Darüber hinaus ist die Metapher der Ressourcen, die die Natur anhäuft ein Anthropomorphismus, der davon ausgeht, die Natur lege für einen bestimmten Adressaten Vorräte an. Aus diesem Anthropomorphismus lässt sich sowohl begründen, dass die Nutzung der Ressourcen reduziert werden soll, weil alle menschlichen Generationen davon profitieren sollen, als auch das Gegenteil, dass die Ressourcen für die jetzige Generation angelegt wurden und es deshalb legitim ist, sie jetzt auch zu nutzen. Nachfolgende Generationen hätten dann die Aufgabe,. neue Techniken des Überlebens zu erfinden. Eine realistische Haltung zwischen Generationengerechtigkeit und Pragmatismus ist, sich einerseits den Folgen des massiven Einsatzes von Primärenergie zu stellen und andererseits daran festzuhalten, dass künftige Generationen mit dem dann Vorfindlichen eine eigene Kulturstufe bauen, die andere Formen der Energienutzung kennen wird. Ein ethischer Aspekt der massiven Nutzung elektrischer Energie ist, dass es bei begrenzten Ressourcen und absehbaren nichtintendierten Nebenwirkungen geboten ist, vorsorgend Verantwortung zu übernehmen, indem rationellere Energieerzeugung und Energieeinsparung parallel betrieben werden. Eine Form derzeitiger Verantwortungsübernahme ist die Entwicklung einer neuen Technik, z.B. der Kernfusion, die emissionsfrei und mit weitaus kleinerem Risiko als derzeitige Kernkraftwerke gestaltbar ist und zudem (noch) eine breite Akzeptanz in der Bevölkerung hat. Kernfusion, so zeichnet sich mehr und mehr ab, ist wegen der gewaltigen noch zu lösenden Detailarbeit ein generationenübergreifendes Projekt, das derzeit in der zweiten Generation erforscht wird.

Wegen ihrer mehrheitlichen Erzeugung aus konventionellen Kraftwerken und Kernkraftwerken, die gesellschaftlich umstritten sind, genügt die elektrische Energieversorgung nicht den Maßstäben einer nachhaltigen Entwicklung. Erzeugung elektrischer Energie ist mehrheitlich ein nicht reversibler Prozess, der gewaltige Ressourcen vernichtet. Erste Schritte beim Umbau des Energiesystems hin zu mehr Nachhaltigkeit sind bereits erfolgt, wobei die Maßnahmen, die den größten Anteil haben, nämlich die Gewinnung elektrischer Energie aus Laufwasser- und Pumpspeicherkraftwerken,(30% in der BRD; 90% in Norwegen) leicht in der öffentlichen Meinung vergessen werden. Mit dem Erneuerbare Energien-Gesetz (EEG) und dem Gesetz über den Schutz von Strom aus Kraft-Wärme-Kopplung schuf der deutsche Gesetzgeber erste Maßnahmen zur Förde-

rung umweltfreundlicher Erzeugung. Jedoch sind beim derzeitigen Verbrauch dem Anteil regenerativer Energie an der Erzeugung Grenzen gesetzt. Verbraucher können durch die Wahl von Versorgern dazu beitragen, dass weitere regenerative Energieerzeugungsanlagen gebaut werden. Diese Anlagen ermöglichen allerdings nicht den Rückbau konventioneller Kraftwerke, sondern lediglich die Einsparung von Primärenergie. Der Umbau des Erzeugungssystems, etwa durch den Einbau von Brennstoffzellen ist eine langfristige Angelegenheit, weil es irrational wäre ein paralleles Erzeugungssystem aufzubauen. Vielmehr müssen diese dezentralen Anlagen in das Netz eingegliedert werden. Der Umbau zu einem nachhaltigeren System ist Schritt für Schritt vorzunehmen, wobei nicht vergessen werden darf, das zur Nachhaltigkeit eine soziale Komponente gehört, die im vorigen Abschnitt ausführlich behandelt wurde.

4 Technikethik als Ethik des Technikgestalters

Das folgende Kapitel ist der Umsetzung der bis hierher entwickelten Ethik der Technikgestaltung in eine Ethik des Technikgestalters gewidmet. Zwei Gesichtspunkte werden angesprochen: Der Ingenieur als individueller Technikgestalter im wirtschaftlichen Geschehen und der Zusammenhang zwischen Ingenieurshandeln und Rahmenbedingungen. In Analogie zur Diskussion des Themas in der angelsächsischen Literatur wird nachfolgend der Begriff Ingenieursethik (*engineering ethics*) für die Berufsethik von Ingenieuren verwendet. Nach einer Kritik vorliegender Ansätze wird ein Konzept vorgestellt, das die Verantwortung von Ingenieuren gegenüber anderen Akteuren abgrenzt.

4.1 Gegenwärtige Modelle der Technikethik

Gegenwärtig werden diverse Modelle der Technikethik diskutiert, deren Autoren sich der Technikethik aus verschiedenen Blickwinkeln zuwenden. Zwischen Untersuchungen aus Beobachterperspektive und Untersuchungen aus Teilnehmerperspektive verläuft ein breiter Graben. Es ist Ziel dieser Abhandlung, den Graben zu überbrücken, indem Beobachter- und Teilnehmerperspektive schon während der Technikgestaltung miteinander in Dialog kommen.

Aus der Perspektive der Technikgestalter agieren amerikanische Ansätze einer Ingenieursethik als Berufsstandsethik. Sie befassen sich mit der direkten Umsetzung philosophisch erarbeiteter Ansätze in eine Ethik des Technikers. Mehrheitlich stammen sie von Ingenieuren, die aus eigenem Antrieb die ethische Dimension der Technikgestaltung thematisieren. Bemerkenswerterweise suchten sie den Dialog mit Philosophen und Ethikern mit dem Ziel, ethische Handlungsstandards für die Berufsgruppe der Ingenieure zu definieren. Mit dieser Denkrichtung verbinden sich Namen wie Stephen Unger, Joseph Herkert, Caroline Whitbeck, John Ladd, Arne Vesilind, Carl Mitcham, Langdon Winner. Eine herausragende Rolle spielte der Ingenieurverband IEEE. Die Gruppe der Veröffentlichungen bewegt sich mehrheitlich auf der Ebene der Ingenieurspraxis und versucht, die in Berufskodizes niedergelegten Grundsätze in die Praxis zu übertragen, sowie die Anwendbarkeit der Handlungsanweisungen der Berufskodizes zu prüfen. Ihre Stärke liegt in der unmittelbaren Praxisbezogenheit. Zu Recht kritisieren einzelne Autoren die für Ingenieure zu abstrakten Reflexionsangebote der angewandten Ethik, die zu einer Überbewertung der Ethik in der Technik führen können. (Schwab 2000a);(Grunwald 1999b) Insgesamt thematisieren die Autoren meines Erachtens zu wenig den normativen Hintergrund und die Sozialdimension der Technik, obwohl diese Aspekte in Ansätzen eine Rolle spielen. Etwas überspitzt lässt sich feststellen, dass alle ethischen Fragen auf die Frage der Anwendbarkeit bzw. Erweiterbarkeit der Berufskodizes reduziert werden. Die Entwürfe zu einer Ingenieursethik als reine Individualethik haben gemein, dass sie die gesellschaftliche Ebene unzureichend berücksichtigen. Sie tendieren zur einfachen Formel wonach gesamtgesellschaftliches Verhalten nur die Summe des Einzelverhaltens der Gesellschaftsmitglieder ist. Für die Einbeziehung der Sozialdimension der Technik, wie sie erkenntnistheoretisch rekonstruiert wurde, ist grundlegend, dass zu einer ethischen Bewertung der Technikentwicklung ganz entscheidend die Analyse und Kritik des gesellschaftlichen Umgangs mit Technik gehört. (Grunwald, 2000c; S.248-260)

In Deutschland haben sich Betrachtungen aus Beobachterperspektive etabliert. Hans Jonas' Monografie „Das Prinzip Verantwortung" (1979), kann mit gewissem Recht für sich beanspruchen, die Diskussion um die Verantwortbarkeit des technischen Fortschritts (wieder) auf breiter Front ins Rollen gebracht zu haben. Jonas leitet das Prinzip Verantwortung aus der Pflicht der Menschheit zum Überleben ab, die selbst metaphysisch begründet wird. Die Verantwortung soll dafür sorgen, dass die Auswirkungen menschlichen Handelns mit der Präsenz menschlichen Lebens auf der Erde vereinbar sind. Sie lässt sich nach Jonas aufteilen, wobei dem Techniker als Verursacher der Technik, eine besondere Verantwortung zukommt. Jonas plädiert für das Prinzip der schlechten Prognose für Aussagen, die auf vorläufigem Wissen beruhen. Im Anschluss an Jonas haben verschiedene Autoren, wie Hans Lenk (1992, 1998), Fritz Rapp (1978, 1999), Günter Ropohl (1979; 1991), diesen Gedanken zu einer Verantwortungsethik im Rahmen der angewandten Ethik ausgebaut. Die angewandte Ethik thematisiert zu Recht, dass in modernen hochkomplexen Systemen und Prozessen eine Verantwortungszuweisung zu Einzelpersonen nahezu unmöglich ist, weil eine Vielzahl von handelnden Akteuren beteiligt ist. Diesem Umstand versuchen Ansätze der angewandten Ethik dadurch Rechnung zu tragen, dass sie eine Verantwortungszuschreibung zu Institutionen vorschlagen. Die Überlegungen fanden Eingang in die Formulierung einer Berufsstandsverantwortung des VDI (2001); (zu den Quellen siehe Hubig, 1995; Lenk, 1992; Ropohl, 2002) Ein bislang ungelöstes Problem sind soziale Fallen, in der Einzelne durch Ausnutzung des Wohlverhaltens aller Anderen ihren eigenen Vorteil optimieren.

Grundgedanke verantwortungsethischer Ansätze ist die Explizierung universalmoralischer Standards in die technische Praxis. Ethische Grundsätze dienen als „Leitplanken", innerhalb derer Technikentwicklung stattfinden kann. Ethik wird zur sozialen Notwendigkeit, die den Untergang der Menschheit verhindern könnte. Sie ist, so verstanden, ein Reparaturmittel, um nichtintendierte Nebenfolgen in den Griff zu bekommen bzw. Technikentwicklung in gesellschaftlich gewünschte Bahnen zu lenken. Ethik erscheint als Fremdkörper in der Technikentwicklung, der Technik restriktiv begrenzen soll. Eine generelle Schwäche der meisten Ansätze aus der angewandten Ethik ist, dass sie fast ausschließlich auf der Meta-Ebene operieren. Die so entwickelte Ethik der Technik geht in einem zur Übersimplifizierung neigenden Konzept davon aus, dass, wenn in jedem Schritt der Technikentwicklung die Ebene der ethischen Reflexion mitbehandelt wird, durch Addition des individuellen Wohlverhaltens integrales ethisches Handeln gewährleistet wird. An dieser Stelle erscheint eine Parallele zur wirtschaftsethischen Argumentation von Smith, wonach die „unsichtbare Hand" des Marktes alles zum Wohle aller regelt, wenn jeder Teilnehmer am Marktgeschehen auf die Maximierung des eigenen Vorteils bedacht ist. Hier wird als kompensatorische Maßnahme unter umgekehrten Vorzeichen die gleiche Argumentation vertreten. Alle sollen auf einen Teil der Maximierung des eigenen Vorteils zum Wohl der Allgemeinheit verzichten. Es ist sicherlich das Verdienst der angewandten Ethik, auf Probleme bei der Verantwortbarkeit des technischen Fortschritts hingewiesen zu haben. Indessen steht die Operationalisierung von Verantwortung noch weitgehend aus.

Die Ansätze sind aus den folgenden Gründen zu kritisieren:

1. In der Regel sind die Ansätze planungsoptimistisch, weil unterstellt wird, die Nebenfolgen könnten durch Einholung besseren Wissens in weiten Teilen antizipiert werden. An dieser Stelle wird der erkenntnistheoretische Hintergrund des Wissenserwerbs ungenügend hinterfragt. Ein Anhalten der technischen Entwicklung, bis genügend sicheres Wissen über die Unbedenklichkeit einer Technik vorliegt, ist handlungstheoretisch fragwürdig.

2. Die gegenseitige Verwobenheit von Gesellschaft und Technik wird vorwiegend unter dem Vorzeichen einer Ethik diskutiert, die eine sozial beschränkende Funktion auf die Technikentwicklung ausüben soll. Eine solche Ethik wäre latent innovationsfeindlich, weil sie neuen Techniken aus methodischen Gründen von vorne herein Grenzen setzen müsste. Dies setzt bereits voraus, dass sie dies kann und soll. Hier kehrt die These von der Antiquiertheit des Menschen gegenüber der von ihm geschaffenen Technik wieder. Die Wechselbeziehung von Technik und Gesellschaft und die Möglichkeit gesellschaftlichen Lernens an neuen Techniken wird übersehen. Es ist aus methodischen Gründen unmöglich für neue Handlungsmöglichkeiten vor ihrer Eingliederung in die gesellschaftliche Praxis Leitlinien zu formulieren. (Kapitel 3.4)

3. Die Ansätze versuchen eine sozialverträgliche Technik zu erreichen, indem auf Techniken verzichtet werden soll, die „problematisch" sein könnten. Dieser Ansatz läuft auf eine Beschränkung von Handlungsmöglichkeiten hinaus.

4. Das der Ethik fundamentale Prinzip der Verallgemeinerbarkeit steht im Gegensatz zur technischen Praxis. Techniken sind fast immer Lösungen für eine ganz konkrete Aufgabenstellung. Sie werden gewonnen durch immer stärkere Detaillierung der Anforderungen. Eine Ethik der Technikgestaltung steht daher vor der Aufgabe aus Teilnehmerperspektive Leitlinien für verantwortete Technikentwicklung vorzulegen, die zur Awendung in der Praxis fein genug sind.

5. Bei der Kritik technischen Handelns wird sehr oft das Argument der Entfremdung des Menschen von seiner Arbeit und Umwelt angeführt. Diese auf Karl Marx zurückgehende Argumentation beruht auf der Vorstellung, der Mensch müsse „irgendwie" in seiner Urform erhalten werden.

6. Die meisten Ansätze versuchen systematisch das Unverfügbare auszuschließen, entweder durch Verbot bestimmter Handlungsstrategien a-priori, die normative Forderung nach dem Vorrang der schlechten Prognose oder der Forderung, alle Folgen vor der Ausführung von Handlungen abzuschätzen.

Ebenfalls aus Beobachterperspektive agieren Ansätze, wie die von Johannes Rohkeck (Rohbeck, 1993) und Eva Jelden (Jelden, 1994), die eine Kritik der Technik aus einem angeblichen Selbstdeterminismus technischer Entwicklung ableiten. Die Autoren verstehen Technikphilosophie als Technikkritik. An Hand der Kritik des teleologischen Handlungsmodells führt Rohbeck aus, dass technische Mittel immer eine überschießende Potenz enthalten, weil sie sich für verschiedene Zwecke einsetzen lassen, bzw. sich zu technischen Mitteln immer neue Gebrauchsmöglichkeiten erfinden lassen. Technikphilosophische Autoren bezeichnen diese Tatsache als „Inversion von Mittel und Zweck". (Jelden, 1994; S. 10-38); (Rohbeck, 1993; S. 218fff.); (Ropohl, 1991; S. 238 ff). Grundthese dieser Inversionstheorie ist:

> *Die gegenständlichen Mittel der Technik enthalten und offenbaren während ihres Gebrauchs immer mehr und andere Möglichkeiten, als zur Zeit ihrer Planung und Herstellung bezweckt war. (Rohbeck, 1993; S. 219f.)*

Aus dieser Tatsache folgert Rohbeck richtigerweise, dass der Gebrauch technischer Mittel in neuen Handlungskontexten eine neue ethische Bewertung der Technik nötig macht. Für Ingenieure ist die Betrachtungsweise der Inversion von Mittel und Zweck ungewöhnlich. Aus kulturalistischer Perspektive sind technische Mittel nur als Teil einer *Handlungskette* verständlich und „enthalten" nicht per se andere Gebrauchsmöglichkeiten. (siehe die Untersuchungen zur Wirkung von Technik bei Jost Halfmann (Halfmann, 1996; S.158ff.)) Ein Beobachter kann immer nur ex-post feststellen, dass man Mittel, die zu einem bestimmten Zweck geschaffen wurden, später umwidmen kann. Die Umwidmung „steckte" nicht im technischen Mittel, sondern ist das Ergebnis einer Umwidmungshandlung durch einen Akteur. Das Zuschreiben von Umwidmungsmöglichkeiten zu den Mitteln ist ein methodischer Fehler. Dass man technische Mittel für verschiedene Zwecke einsetzen kann, ist ein Hauptziel von Technik, nämlich Handlungsketten situationsinvariant reproduzierbar zu machen. (Kapitel 3)

Die Konzepte von Rohbeck und Jelden gründen auf der Annahme, dass jede Generation das Recht darauf hat, exakt die gleichen Voraussetzungen vorzufinden, wie vorhergehende Generationen. Dahinter verbirgt sich die Idee, der Lebensvollzug sei eine unveränderbare, feststehende *conditio humana*. (zur Kritik siehe (Nida-Rümelin, 2002; S. 258ff.) Die Ansätze sind traditionell-konservativ. Jede Abweichung von früheren Lebensweisen steht unter dem Verdacht, entfremdend zu wirken.

Fundamentale Kritik an Technik und Ethik findet sich bei U.Beck, der in Zusammenhang mit Technikentwicklung und Nutzung von organisierter kollektiver Unverantwortlichkeit spricht, aber keine wirklich praktikablen Alternativen vorstellt. (Beck, 1986)

Eine weitere Spielart des technischen Determinismus verbirgt sich hinter dem Argument „Technik determiniere den Benutzer", weil sie ihm bestimmte Bedienschritte abverlange. Die Autoren übersehen konsequent, dass es im Blick auf technische Geräte zwei fundamental unterschiedliche Interessenslagen gibt: Einerseits die des Bedieners und andererseits die des Konstrukteurs. Beide Teilnehmer nehmen ganz unterschiedliche Standpunkte in der Praxis ein.

Jemand, der nur Radio hören will interessiert sich in der Regel wenig dafür, wie das Radio funktioniert und wie es aufgebaut ist. Es ist für den Bediener nicht wesentlich, welche technischen Details in einem Gerät realisiert sind, sondern dass die intendierte Handlung, nämlich das Hören des Radioprogramms, gelingt. Der Technikgestalter hingegen interessiert sich sehr wohl für elektronische Bauteile, Verstärkerschaltungen usw. Genauso setzt die Benutzung des Telefons nicht voraus, dass der Bediener die Schaltungen im Telefongerät versteht. Nutzer und Gestalter von Technik betrachten Technik vielmehr aus unterschiedlichen Perspektiven.

Wesentlich für die Bedienung eines technischen Gerätes ist, dass die vom Anwender intendierte Handlung mit Erfolg vollzogen werden kann, wenn das Gerät intakt ist. Dazu braucht der Bediener kein Fachwissen, weil er selbst nicht erwartet, sein Gerät auch warten und reparieren zu können. Das Argument Ropohls, ein technisches Artefakt verkörpere fremdes Wollen und Können mag richtig sein, bedeutet aber noch nicht, dass dies automatisch ethisch problematisch ist, was Ropohl aber impliziert.

Ein wesentlicher Kritikpunkt an den kulturskeptischen Ansätzen ist, dass unklar bleibt, welche praktikablen Alternativen von den Verfassern verfolgt werden sollen. Sie stehen daher im Verdacht, lediglich zu moralisieren. Die Vorstellung, der Mensch müsse auf immer einer bestimmten Lebensform anhängen und notfalls gegen eine Technik revoltieren, die ihn entfremdet, übersieht konsequent die Koevolution von Technik und Gesellschaft (Kapitel 3.4). Es bleibt diffus, wovon der Mensch entfremdet wird und ob die Entfremdung überhaupt problematisch ist. In der hier vorliegenden, kulturalistisch ansetzenden Untersuchung wird die These vertreten, dass der Lebensvollzug nicht auf a-priori feststehenden Grundgesetzlichkeiten beruht, sondern auf Basis des historisch gewachsenen und kultürlich bewährten Vorfindlichen. Die intergenerationelle Verantwortung besteht in der Erschließung sinnvoller Handlungsoptionen und in der Reflexion des möglichen Fehlgehens von Handlungen. Innerhalb dieses Konzepts lässt sich die Zweck-Mittel-Inversion als Folge der Inkulturalisierung rekonstruieren. Als Element der Kulturentwicklung ist sie nicht besonders problematisch, solange der Lebensvollzug der Gesellschaft nicht zu stark eingeengt wird. Insbesondere lassen sich problematisch gewordene Techniken in langfristiger Perspektive stilllegen bzw. Alternativtechniken sukzessive aufbauen.

Die Grundthese dieser Untersuchung einer Technikethik als Ethik des Technikgestalters ist:

Weil Technik gesellschaftliche Folgen nach sich zieht, verändert sie die gesellschaftliche Praxis und ihre Regelung. Letztere sind Hauptgegenstand der Ethik. Ethik der Technikgestaltung ist daher mehr als eine Individualethik, ihr Arbeitsgebiet ist vielmehr die Reflexion des Einflusses der Technik auf die gesellschaftliche Praxis und ihre etwaige Gestaltbarkeit durch die Teilnehmer.

Im folgenden soll der Teilnehmerperspektive der ihr zustehende Raum eingeräumt werden. Es darf allerdings nicht nur bei der Teilnehmerperspektive bleiben, weil die gesellschaftliche Dimension der Technik sonst unterschlagen wird. Vielmehr sollen beide Perspektiven in einen konstruktiven Dialog treten.

4.2 Ingenieursethik

Im Rahmen der hoch arbeitsteiligen Gesellschaft nehmen Ingenieure einen Gesellschaftsauftrag wahr, für den sie der Allgemeinheit gegenüber rechenschaftspflichtig sind. Die enge Verbindung von Technik und Wirtschaft führt dazu, dass technische Probleme und wirtschaftliche Fragestellungen innerhalb des Ingenieurberufs eine untrennbare Einheit bilden, so dass die Ingenieursethik nicht von der Wirtschaftsethik getrennt werden kann. (Lenk/Maring, 1997) In der hier vorgestellten Untersuchung ist dieser Verflechtung das Kapitel 5 gewidmet. Die Gestaltung der wirtschaftlichen Rahmenbedingungen ist ein vorrangiges Thema der Wirtschaftsethik. Technikethik hat mit der gesellschaftlichen Bedeutung von Techniken, nicht mit der Sinnfälligkeit des wirtschaftlichen Systems, zu tun. Weil die Aufgabe der Ingenieure zuerst einmal die Gestaltung technischer Systeme unter bestimmten Randbedingungen ist, werden Ingenieure in erster Linie mit technikethischen Fragen konfrontiert.

Armin Grunwald (Grunwald 2000a) geht in seiner Analyse der Ingenieursethik als Forschungsgebiet davon aus, dass viele Situationen innerhalb der Ingenieurstätigkeit vom ethischen Standpunkt aus als „business-as-usual" bezeichnet werden können. In der Tat lassen sich innerhalb des Tätigkeitsgebiets der Ingenieure die Mehrzahl der Konfliktfälle ohne weiteres durch den Rückgriff auf "konventionelle Ethik", d.h. auf allgemein übliche Handlungsregeln und kulturelle Gebräuche lösen und beherrschen. Die Mehrzahl der wertbeladenen Konflikte innerhalb des Ingenieurberufs unterscheidet sich aus ethischer Sicht nicht von denen, die in anderen Berufsgruppen auch auftreten. Für das klassische Bild des Ingenieurs, wie es im 1. Kapitel skizziert wurde, kann mit gewissem Recht sogar davon ausgegangen werden, dass an Ingenieure geringere ethische Anforderungen als an andere Berufsgruppen, z.B. Ärzte, gestellt werden. Wie sich aus den Vorüberlegungen ergibt, ist dies allerdings ein Fehlschluss, weil die Ko-Evolution von Gesellschaft und Technik nicht erfasst wird. Die Techniksoziologie (Rammert, 1993; Halfmann, 1996; Bijker/Law, 1994) erfasst zwar die Bedeutung der Technik für die Gesellschaft, stellt aber keine ethische Reflexion dieses Verhältnisses zur Verfügung.

In der von Grunwald skizzierten Argumentation stellt sich die Frage, wie „business-as-usual" innerhalb der Ingenieurstätigkeit definiert werden soll und welche Kriterien für die Unterscheidung zwischen „business-as-usual" Konflikten und Ingenieursethik-Konflikten gelten. Dies führt zur Idee, ethisch sensitive Bereiche der Technikgestaltung von jenen zu scheiden, die keiner ethischen Reflexion bedürfen. *Ingenieursethik betrifft all jene Konfliktfälle und deren normativen Hintergrund, in denen zur adäquaten Lösung eines ethischen Dilemmas oder einer technischen Fragestellung Kenntnisse aus den Ingenieurswissenschaften und aus der angewandten Philosophie nötig sind, und zwar dergestalt, dass beide Einzeldisziplinen alleine zur Lösung des Dilemmas nicht ausreichen und deshalb ein interdisziplinärer Prozess stattfinden muss.*

Die Ingenieursethik kann die folgenden Teilgebiete umfassen:

- Normative Ethik
- Grundlagen der Erkenntnistheorie - Technikphilosophie
- Normative Gesellschaftstheorie
- Soziologische Aspekte der Ingenieurstätigkeit
- Erkennbarkeit ethischer Dilemmata in technischen Zusammenhängen
- Diskursfähigkeit innerhalb der Technikentwicklung und -anwendung
- Methodologie der Interdisziplinarität

Auf Grund der immer stärkeren Ausdifferenzierung der Disziplinen innerhalb der Ingenieurwissenschaften in immer spezialisiertere Teildisziplinen wird der Zwang zu interdisziplinärer Reflexion in Zukunft steigen. Dabei kann strenggenommen noch einmal zwischen intradisziplinärer Reflexion zwischen den Teilgebieten einer Wissenschaft und interdisziplinärer Reflexion zwischen unterschiedlichen Wissenschaften unterschieden werden. Darüber hinaus ergibt sich die Notwendigkeit des Dialogs mit Nichtexperten bzw. der Beratung der Gesellschaft im Hinblick auf die in Zukunft einzusetzende Technik. Es lassen sich damit verschiedene Ebenen der Interdisziplinarität herausarbeiten. (Julliard, 2001a) Die Bewältigung der auftretenden Konflikte kann erfolgen, wenn eine Dialogkultur geschaffen wird, die den lokalen Charakter des Fachwissens explizit berücksichtigt (Kapitel 2.5). Die ethische Betrachtung der Folgen technischen Handelns kann nur dann geeignet erfolgen, wenn in den Design-Prozess Überlegungen aus der Teilnehmer und Beobachterperspektive einfließen (Grunwald, 2000c; S.41). Dabei ist im Hinblick auf die spezifische Verantwortung von Ingenieuren sicherlich hilfreich, dass Ingenieure beides sind: Technikteilnehmer und Techniknutzer. Wie eine Berücksichtigung der gesellschaftlichen Perspektive geleistet werden kann, ist nachfolgend zu untersuchen.

Die Verantwortungswahrnehmung durch Ingenieure erstreckt sich auf folgende drei Ebenen:

- Ingenieurverantwortung als Rollenverantwortung (Berufsethik)
- Ingenieurverantwortung innerhalb von Unternehmen
- Ingenieurverantwortung als Bürgerverantwortung

Wo notwendig, lässt sich der Verantwortungsbegriff weiter in technische, instrumentelle, strategische und universalmoralische Verantwortung differenzieren. (VDI-2001); (Hubig, 1993; 1995); (Lenk, 1987; S. 118-142)

Technisches Handeln geht einher mit Handlungsfolgen, die als Widerfahrnisse eintreten (Kapitel 2.3.6). Wo abschätzbar, sollen sie bei der Erstellung von Produkten benannt werden. Für Fehlentwicklungen der Vergangenheit kann durch Rekurs auf neue Technik eine Schadensminderung bzw. Schadensvermeidung durchgeführt werden. Zu Techniken, die den „Fortbestand der Gesellschaft“ gefährden können, sollen alternative Techniken entwickelt oder erstere gegebenenfalls stillgelegt werden. Die Stilllegung geht einher mit dem Aufgeben bestimmter Handlungsmöglichkeiten. (Kapitel 3.3)

4.3 Verantwortung und Rechtfertigung

Der Begriff der Verantwortung spielt eine wichtige Rolle im Rahmen der Diskussion um eine Ingenieursethik. Dies gilt besonders im Hinblick auf die spezifische Sonderverantwortung für die Berufsgruppe der Ingenieure.

Verantwortungskonzepte wurden u.a. von Lenk (1993,96,98), Ropohl (1991) und Hubig (1995, 1997) erarbeitet. Dabei wird postuliert, dass der Mensch des industriellen Zeitalters durch den weitverbreiteten Einsatz der Technik eine immer größere Verantwortung zu tragen hat, wobei Ingenieuren als innovativer Avantgarde eine besonders schwerwiegende Sonderverantwortung zukommt. (Lenk, 1998) Der Begriff der Verantwortung soll im folgenden als *Relationsbegriff* und als *Zuschreibungsbegriff* in den Blick genommen werden. Dabei zeigt sich, dass eine Definition der spezifischen Verantwortung von Ingenieuren nicht ohne eine gleichzeitige Definition der Instanzen auskommen kann, die eine Rechtfertigung technischen Handelns von den Ingenieuren einfordert. (Grunwald/Saupe, 1999; S.243) ; (Jelden, 1994); (Rohbeck,1993)

4.3.1 Der Begriff der Verantwortung

Formal ist der Begriff der Verantwortung dem juristischen Wortschatz entnommen. Eine Person muss sich für ihre Handlungen vor einer Instanz rechtfertigen, wie ein Angeklagter vor einem Richter. Grundvoraussetzung für die Verantwortungszuweisung zu einer Person ist die eindeutige Zurechenbarkeit einer Handlung zu einer Person. Was konkret Verantwortung ist, hängt von der Gewichtung der Handlungsfolgen durch die Rechtfertigungsinstanz ab. Sie ist relativ zu einem bestehenden Wertesystem. Verantwortung wird zur Beantwortung von Fragen zu einer bestimmten

Handlung bzw. Handlungsunterlassung. Sie ist damit Objekt einer Zuschreibungshandlung. Im Falle einer nicht rechtfertigbaren Handlung drohen dem Handelnden Sanktionen, die proportional zur Schwere der Handlungsfolgen sein sollen. Die Verantwortungsübernahme erfolgt durch Übernahme der Sanktionen durch den Handelnden. An dieser Stelle werden mehrere Schwachpunkte der Verantwortungsdefinition offenbar, die im Hinblick auf die spezifische Verantwortung der Ingenieure zu diskutieren sind. Verantwortung kann innerhalb der Technikentwicklung nur definiert werden, wenn folgende Punkte erfüllt sind:

1. es besteht ein kulturell vereinbartes und gesellschaftlich akzeptiertes Wertesystem, das für die Bewertung der Handlung und ihrer Folgen tauglich und wenigstens teilweise invariant gegenüber der technischen Entwicklung ist.

2. es ist eine Rechtfertigungsinstanz vorhanden, die diese Bewertung vornimmt und die darüber hinaus in der Lage ist, eine Rechtfertigung bestimmter Handlungen zu fordern.

3. es sind geeignete Sanktionsmaßnahmen verfügbar.

Allgemein steht die bisher entwickelte Verantwortungsdefinition unter dem Verdacht, nur für den Fall der ex-post Bewertung von Handlungen tauglich zu sein. Sie lässt sich aus diesem Grunde auch stets nur ex negativo definieren. Für die Beschreibung der Verantwortung vor einer Handlung, wie sie im Hinblick auf zu treffende Entscheidungen virulent ist, taugt diese Definition nicht. Sie lässt sich daher schlecht in ein Konzept präventiver Ethik einbauen. Eine weitere Schwierigkeit besteht in der Definition der Rechtfertigungsinstanzen, sowie der Verantwortungsverteilung, die, soll sie auch praktisch wirksam werden, z.B. im Falle der abhängig tätigen Ingenieure, auf Betriebsebene bereits gelöst werden muss. Verantwortungskonzepte, die auf der Ebene der *Relationen* verankert sind, knüpfen an eine Verantwortungsdefinition an, in deren Zentrum nicht die Beantwortung von Fragen vor einer Instanz im Mittelpunkt steht, sondern die Beziehung zwischen Handelndem und von der Handlung Betroffenen.

> *„ Verantwortung, so verstanden, setzt nicht selber Zwecke, sondern ist die ganz formale Auflage auf alles kausale Handeln unter Menschen, dass dafür Rechenschaft verlangt werden kann. " (Jonas, 1979, S. 82)*

Verantwortung wahrnehmen bedeutet, in einem gesellschaftlichen Beziehungsfeld zu stehen, Rechtfertigung für das eigene Handeln ablegen und geeignete Maßnahmen zur Beseitigung der Folgen ergreifen. Die aus Beziehungen ableitbare Verantwortung kann als Fürsorgeverantwortung zwischen den Beziehungspartnern angesehen werden, wie sie bei Kindern und Eltern üblich ist. Das Konzept relationaler Verantwortung muss sich stets auf naturalistische Überlegungen stützen, wie die Pflicht der Menschheit zum Überleben (Hans Jonas) oder zur Humanität (Lenk, 1998). Die Grundfrage relationaler Verantwortung ist die Beziehung von Welt, Mensch und Gesellschaft und die sich daraus ergebenden Verantwortlichkeiten. (Degenhart, 1999) Insofern knüpft sie indirekt an die Überlegungen zu Technik und Kultur an. Letzter Ankerpunkt ist die ontologisch begründete Pflicht des Seins gegenüber dem Nichtsein. (Jonas, 1979; S. 88ff.) Im Zeitalter des nachmetaphysischen Denkens (Habermas, 1988a) ist dieser archimedische Punkt problematisch, weil metaphysische Begründungen nicht mehr als allgemein bindend erachtet werden.

Zwischen Technikgestalter und Techniknutzer entsteht eine Beziehung genauso, wie zwischen Technikgestalter und Gesellschaft. Technikentwicklung in dieser Dimension ernst zu nehmen, bedeutet, sich des Bandes zwischen Entwickler, Anwender und Gesellschaft bewusst zu werden. (Julliard/Moriarty, 2001b) Die Beziehungen begründen eine Fürsorgeverantwortung des Ingenieurs für den Nutzer, wie sie etwa bei sicherheitsrelevanten Entwicklungen allgemein akzeptiert wird, genauso wie eine Vorsorgeverantwortung gegenüber der Gesellschaft. Die Wahrnehmung dieser Verantwortung ist eine Vorbedingung für das gesellschaftliche Vertrauen in den Berufsstand der Ingenieure. Wie weit die Verantwortung von Ingenieuren als Technikgestaltern reicht, hängt davon ab, *wer* durch Technik *wie* betroffen ist. Neben dieser Fürsorgeverantwortung für den Nutzer lässt sich die Verantwortung des Nutzers gegenüber der Gesellschaft stellen. Für den Einsatz und die möglichen Folgen einer Umwidmung der Technik samt den Nebenfolgen trägt der Nutzer die Verantwortung.

4.3.2 Zuschreibungskonzept der Verantwortung

Verantwortung ist in einer weiteren Dimension als Zuschreibungskonzept rekonstruierbar, (Hubig, 1995) in dem Verantwortung einem Verantwortungssubjekt zugeschrieben wird. Dabei reicht das Spektrum von der Selbstzuschreibung bis zur Fremdzuschreibung der Verantwortung für eine bestimmte Handlung oder Entscheidung. Verantwortung ist das Ergebnis einer Zuschreibungshandlung, die mit einer Verpflichtung zum Handeln einhergeht. Die Verpflichtung bezieht sich dabei auf die Abschaffung der negativen Wirkungen einer Handlung.

> *„.. mit der Übernahme oder Zuschreibung der Verantwortung... eine Verpflichtung delegiert wird, nämlich für die Handlungsresultate in irgendeiner Weise gerade zu stehen“ (Grunwald 2000c)*

An dieser Stelle ist unbedingt danach zu fragen wie und „auf welche Weise" die Verantwortung hinsichtlich der Handlungsfolgen und der notwendigen Handlungen für deren Beseitigung wahrgenommen werden soll.

> *„Die Gesellschaft in ihren relevanten Institutionen muss sich verständigen, welche Verpflichtungen sie diesen Gruppen übertragen will. Diese Sicht hat zur Folge, dass die zuschreibende, d.h. die Verpflichtung delegierende Instanz selbst darauf verpflichtet werden kann, dafür Sorge zu tragen, dass derjenige, dem diese Verantwortungsübernahme zugemutet wird, sie faktisch auch wahrnehmen kann." (Grunwald 2000c)*

Man ist an dieser Stelle geneigt „und auch wirklich muss" anzufügen. Zu oft endet die Zuschreibung von Verantwortung an einen Verantwortungsträger nämlich damit, dass sich die Wahrnehmung von Verantwortung in der Übernahme der Sanktionen erschöpft.

Ein Vorzug des Zuschreibungskonzepts ist, dass Verantwortung sich nicht auf persönliche Schuld beschränkt, sondern gesellschaftlich konstruiert und zugeschrieben werden kann. Dies macht eine Verantwortungsübernahme jenseits der Frage nach moralischem Fehlverhalten des Individuums möglich. Eine Verantwortung technischen Handelns und der eintretenden Folgen wird *gesellschaftlich* zuschreibbar. Dies kann z.B. der Fall sein wenn, auf Grund unzureichenden Wissens, der Akteur gar nicht wissen konnte, welche Folgen sich einstellen, und damit die Frage nach der moralischen Schuld für die Folgenbeseitigung einer Handlung kein taugliches Kriterium darstellt. Darüber hinaus leistet das Zuschreibungskonzept einen Beitrag zum sogenannten „many-hands"-Problem leisten, bei dem eine Person für die Handlungen einer Gruppe verantwortlich gemacht wird. Die marginal kleinen Verantwortungsbeiträge der Individuen können so zu „handhabbaren" Einheiten zusammengefasst werden. Wie sich eine solche Zuschreibung realisieren lässt, soll auf Unternehmensebene betrachtet werden.

Dem Sicherheitsbeauftragten eines Unternehmens wird die Verantwortung für die Einhaltung der einschlägigen Sicherheitsstandards zugeschrieben. Bei Fehlverhalten von Mitarbeitern in Sicherheitsfragen ist der Sicherheitsbeauftragte mitverantwortlich, obwohl das Fehlverhalten des Mitarbeiters keine Handlung des Sicherheitsbeauftragten ist, ihn deshalb keine moralische Schuld trifft.

Es handelt sich um eine gesellschaftlich intendierte Zuschreibung. Sie umgeht damit das Problem der persönlichen Schuldfähigkeit und der für eine Folgenbeseitigung notwendigen Identität zwischen Schuld und Haftbarkeit. Sie schreibt eine Haftung allein durch *soziale Zuweisung* vor, die gesellschaftlich legitimiert sein muss. Im allgemeinen Sprachgebrauch hat sich diesbezüglich die Redeweise „man werde *für etwas verantwortlich gemacht*“ eingebürgert. Die Umsetzungsfähigkeit von Verantwortung in Handlungen unterliegt starken Einschränkungen. Zum einen, weil die Reichweite des individuellen Handelns beschränkt ist, zum anderen, weil der Verantwortungshorizont für das Individuum nicht mehr überblick- und handhabbar ist. Dies ist vermutlich der Grund dafür, dass Handlungen, die auf die „Zukunftsfähigkeit der Menschheit“ abzielen, auf Ebene des Individuums kaum stattfinden. Es ist für den Einzelnen nicht abschätzbar, ob sich das Unterlassen oder Ausführen seiner Handlung im Gesamtverbund positiv oder negativ auswirkt. Die Gesamtlast der Zukunftsverantwortung, die dem Einzelnen zugemutet wird, tendiert zur Überforderung des Individuums.

4.3.3 Rechtfertigungsinstanzen

Hier sollen Rechtfertigungsinstanzen für verantwortliches Handeln innerhalb der Technikentwicklung herausgestellt und für die Praxis zu betrachtet werden. Dabei werden nur jene Aspekte in Augenschein genommen, die nicht bereits einer Reglementierung unterliegen. Letztere sind nicht eigentlich Gegenstand der angestellten Betrachtung, weil für sie Instrumentarien und Regularien im Rahmen einer „Business as usual-Ethik“ festgelegt sind. Die wohl wichtigste unmittelbar wirkende Instanz ist die Rechtssprechung. Hinsichtlich der hier interessierenden Fragen braucht sie nicht diskutiert zu werden, weil es im Konfliktfall bereits bestehende Verfahren gibt, womit die Einforderung der Rechtfertigung technischen Handelns in diesem Teilbereich gegeben ist.

4.3.4 Kritische Vernunft

Wie jedes Geschehen auf Basis rationaler Entscheidungen, muss sich die Technikgestaltung vor der kritischen Vernunft verantworten lassen. Technikentwicklung und der konkrete Einsatz einer bestimmten Technik müssen rationaler Reflexion standhalten können und nachvollziehbar zu begründen sein. (Grunwald, 2000c; S.191-204) Entscheidungen sind hinsichtlich ethischer Kriterien relativ zum Stand des Wissens bei der Entscheidungsfindung zu bewerten. Dazu gehört, dass die eingesetzte Technik künftige Handlungsspielräume nicht unzulässig verkürzen darf. (Jelden, 1993; Hubig, 1995) Kommt es darüber zu einer Kontroverse, so muss in einem gesellschaftlichen Diskurs eine Legitimation für den Einsatz einer neuen Technik erarbeitet werden. Das gleiche gilt umgekehrt, wenn der Einsatz bestimmter Techniken gesellschaftlich problematisch wird und Strategien für eine kontrollierte Stilllegung zu finden sind.

Ein Beispiel für ein solches Verfahren ist der Kernenergiekonsens in der Bundesrepublik Deutschland, bei dem eine kontrollierte Stilllegung der Kernkraftwerke über einen langen Zeitraum erfolgen soll.

Eine Grundbedingung für rational verantwortete Technik stellt die Einhaltung der einschlägigen Normen und des Standes der Technik dar, für die sich Firmen und Ingenieure z.B. in der Produkthaftung verantworten müssen. Die Reichweite dieser Normung ist allerdings begrenzt und liefert in den meisten Fällen nur Reaktion auf *bereits erfolgte* Technikentwicklung. Die Einforderung dieser Verantwortung kann unmittelbar durch den Nutzer erfolgen oder durch Gruppen innerhalb der Gesellschaft. Bei der Einforderung der Rechenschaft für eine bestimmte technische Entscheidung ist allerdings zu berücksichtigen, dass Entscheidungen stets auf der zum Zeitpunkt der Entscheidung verfügbaren Information und dem dann aktuellen Stand der Technik erfolgen. Entscheidungen sind richtig oder falsch relativ zum Wissensstand bei der Entscheidung. (Grunwald 2000c) Es ist zwecklos, Menschen für die nicht absehbaren Nebenfolgen von Entscheidungen ex-post verantwortlich zu machen. Hingegen kann die Lernfähigkeit der an der Technikentwicklung Beteiligten eingefordert werden. Unverantwortliche Technikentwicklung ist aus erkenntnistheoretischer Sicht dann gegeben, wenn sie den Lebensvollzug des Menschen innerhalb einer Gesellschaft behindert, beziehungsweise dazu geeignet ist, zukünftige Lebensvollzüge generell unmöglich zu machen. In diesen Kontext fällt die Missachtung gängiger Regeln und rationaler Begründung für eine bestimmte Technik und die Entwicklung von Techniken, deren einziges Ziel die unnötige Vernichtung von Ressourcen oder die Einschränkung von Handlungsspielräumen ist. Für die praktische Umsetzung der Verantwortungsübernahme müssen Handlungsanweisungen für den Technikentwickler bereitstehen, deren Einhaltung ihm gesellschaftlich vorzuschreiben ist. Einen ersten Ansatz dazu bietet die VDI-Richtlinie 3780 zur Technikfolgenabschätzung. [VDI-3780]

4.3.5 Interessengruppen (Stakeholder)

Für Interessengruppen hat sich für diese Fälle in einer Weiterentwicklung des Begriffs Shareholder der Begriff Stakeholder eingebürgert. Der Begriff des Stakeholders will deutlich machen, dass außer den Geldgebern an einem Unternehmen und seinen Produkten auch andere Gruppen berechtigte Interessen haben.

Techniknutzer (Anwender)

Der Techniknutzer ist die am verbreitetste Rechtfertigungsinstanz, die den Ingenieuren regelmäßig verantwortetes Handeln schon während des Technikgestaltungsprozesses abfordert. Der Techniknutzer kann in der Regel verlangen, dass Produkteigenschaften in einer gewissen Art und Weise festgelegt werden und hat großen Einfluss auf die konkrete Ausgestaltung von Technik. Über die Frage nach der Verantwortung der Technikgestaltung hinaus verfügt diese Instanz über monetäre Mittel, verantwortliches Handeln, etwa durch Vertrauensentzug, zu beeinflussen. Da abgesehen von den Massenkonsumgütern Technikentwicklung als Dialog zwischen Nutzer und Technikentwickler –hier dem Ingenieur- abläuft, hat diese Instanz nicht nur Rechtfertigungsansprüche, sondern auch eine Mitverantwortung an der Technikentwicklung. (Kapitel 3.4.1); Der Vorteil dieser Instanz ist ihr direkter Zugriff auf das Entwicklungsgeschehen in einer frühen Phase der Technikentwicklung, die noch einen relativ großen Spielraum für Veränderungen beinhaltet.

Die Techniknutzer sind, wenn sie eine Umwidmung veranlassen, für die Umwidmung der Technik und ihren Missbrauch durch nichtintendierten Einsatz direkt verantwortlich. Der sogenannte naheliegende Missbrauch stellt den Grenzfall dar. Eine Zuweisung der Verantwortung auf Grund der prinzipiellen Umwidmungsfähigkeit von Technik an den Technikentwickler muss abgelehnt werden, weil die Kontextunabhängigkeit ein Wesenszug der Technik ist (Kapitel 2.3). Die Einforderung der Rechtfertigung des Handelns von Ingenieuren durch die Techniknutzer ist einfacher als bei anderen Instanzen, weil beide größtenteils aus der Teilnehmerperspektive agieren.

Technikbetroffene

Betroffene von den Auswirkungen technischer Einrichtungen können einen verantwortbaren Einsatz von Technik einfordern. Ihr Anspruch auf verantwortete Technikentwicklung ist in der Regel wesentlich schwieriger durchsetzen als für Techniknutzer. Ein Haupthindernis stellt sicherlich der Unterschied der Perspektiven dar, weil Betroffene aus der Beobachterperspektive agieren. Konflikte um den Technikeinsatz erfordern meistens eine dritte, vermittelnd tätige Instanz. Bislang ist dies nur in Verfahren vor Gerichten nach dem Auftreten negativer Auswirkungen mit Schädigung der Betroffenen oder, wesentlich schwieriger, bei der Genehmigung technischer Anlagen möglich. Wesentlich seltener ist die Einbindung von Betroffenen in eine diskursive Entscheidungsfindung bei Technikeinsätzen.

Besonders problematisch ist die asymmetrische Verteilung von Nutzen und Risiken, wenn z.B. Produkte an einem Standort produziert werden, welche die Umwelt besonders belasten aber in andere Länder exportiert werden, so dass die Träger der nichtintendierten Folgen keinerlei Nutzen des Produktes haben. Problematisch bleibt die Aufnahme von Technikrisiken die der Allgemeinheit zugunsten eines begrenzten Nutzerkreises zugemutet werden. Die bewusste Einbindung von Betroffenen ist eine bislang wenig gesehene Chance, die gesellschaftliche Akzeptanz von Techniken zu erhöhen.

Gesellschaft

Die Gesellschaft kann eine Rechtfertigung technischen Handelns verlangen. Insbesondere kann die Schaffung von Akzeptanz neuer Techniken durch Hilfen bei der Inkulturation gefordert werden. Ferner lässt sich eine Weiterentwicklung einfordern, wenn eine bestimmte Technik den gesellschaftlichen Ansprüchen nicht mehr genügt bzw. neue Normen für Grenzwerte gelten. Gesellschaftliche Gruppen können die Aufgabe einer bestimmten Technik fordern oder neue Bedürfnisse für die Technikentwicklung geltend machen. An dieser Stelle ist allerdings eine Unterscheidung zwischen Großtechniken und Endprodukten für den Massenkonsum vorzunehmen, weil viele Techniken direkt zwischen Anwender und Konstrukteur verhandelt werden. Das Problem der gesellschaftlichen Verantwortungseinforderung ist zum einen ein Partizipationsproblem, weil nicht alle Betroffenen an einer Entscheidungsfindung beteiligbar sind und Verfahren dazu nicht festliegen. Zum anderen erfolgen gesellschaftliche Eingriffe erst sehr spät im Gestaltungsprozess, so dass die Wahl der technischen Mittel in einem hohen Maße bereits festgeschrieben ist. Als Drittes ist die gesellschaftliche Gestaltbarkeit von Technik durch politische Entscheidungsträger auf die Nationalstaaten begrenzt, was im Umfeld einer globalisierten Wirtschaft dazu führt, dass Industrien im Zweifelsfall in die Länder ausweichen, in denen die geringsten Restriktionen bestehen. Verantwortungswahrnehmung über den Umweg gesellschaftlicher Einflussnahme durch Institutionen ist daher begrenzt.

4.4 Schwierigkeiten des Verantwortungsbegriffs in der Technik

4.4.1 Handlungstheoretische Ebene

Auf der handlungstheoretischen Ebene bestehen die Schwierigkeiten einer Verantwortungszuschreibung im Kontext der Technikentwicklung darin, dass an einem technischen Großsystem stets eine Vielzahl von Personen gleichzeitig arbeitet, so dass eine nachträgliche, konkrete Zuschreibung einer Handlung zu einer einzelnen Person oft nicht möglich ist. Diesem Umstand kann mit der Definition einer Gruppen- und Rollenverantwortung innerhalb einer Zuschreibung begegnet werden. Weil Verantwortung (immer noch) an Subjekte gebunden bleibt, muss die Gruppenverantwortung einem Gruppenleiter oder einem Gruppenverantwortlichen zugerechnet werden. Parallel dazu sind Maßnahmenkataloge zu entwerfen, welche die Übernahme einer Folgenverantwortung regeln. Damit wird die Eigenverantwortlichkeit keineswegs aufgehoben, die Gruppenverantwortung aber einem bestimmten Adressaten der Verantwortung zugerechnet. Für die Verteilung von Verantwortung sind Regelwerke zu schaffen, die einerseits die Zuweisung von Verantwortung leisten, andererseits das Subsidiaritätsprinzip beachten.

4.4.2 Handeln unter Unsicherheit

Eine weitere Einschränkung für die Verantwortbarkeit von Handlungen ist, dass die Folgen technischen Handelns in ihrer Tragweite vor allem hinsichtlich der nichtintendierten Handlungsfolgen für den Ingenieur nicht zu überblicken sind, und sich sehr oft erst beim Technikeinsatz einstellen bzw. synergetisch ergeben, wenn Technik von einer breiten Masse von Benutzern eingesetzt wird. Dies macht die Zuschreibung einer Folgenverantwortung nahezu unmöglich, weil die Zuweisung von Verantwortung bei Nichtwissen nicht greifen kann.

Planerisch tätiges Handeln ist immer eine Handlung unter Risiko. (Banse 1996; S. 105-140) Die Planung einer bestimmten Technik erfordert den Einsatz der zum Zeitpunkt der Planung vorfindlichen Technik in einem rekursiven Verfahren und vertraut damit auf das tradierte Know-How ganzer Generationen. (Kapitel 3.1) Die neu entwickelte Technik eröffnet Handlungsspielräume, kann aber andere Handlungsmöglichkeiten irreversibel verschließen. (Hubig, 1995) Technikentwicklung bedingt immer die Auswahl eines Mittels für einen Zweck, eines Verfahren zu lasten anderer Verfahren und schafft materielle Relikte. Die Mittelauswahl für technische Verfahren ist begrenzt. Technikentwicklung ist an materielle Grundvoraussetzungen der bestehenden technologischen Textur und an eine bestimmte Kulturhöhe geknüpft. (Kapitel 3.4.4) Einmal inkulturierte Techniken lassen sich durch diesen materiellen Aspekt aus der technologischen Textur nicht einfach wieder ausgliedern, sondern Änderungen an der Textur bedürfen aufwändiger Ein- und Ausgliederungsprozesse. Von einem empirischen Standpunkt betrachtet, handelt es sich um ein „Totzeitsystem". Dies macht technische Entwicklung zu einem Handeln, das die Übernahme und Zumutung von Risiken billigend in Kauf nehmen muss.

Verschiedene Autoren haben versucht, der Verantwortungsdiffusion bei der angesprochenen Problematik zu begegnen. Dabei wird der Handlungsbegriff hypostasiert verwendet, und das in Kauf Nehmen eines Risikos als Handlung definiert. Thompson (Thompson, 1985) und in Aufnahme der Überlegungen Lenk (1992; S. 145-151) stellen das in Kauf-Nehmen vorhersehbarer und unvorhersehbarer Risiken als Handlung dar, für die Rechtfertigung verlangt werden kann. Die Verantwortung soll präventiv ausgeweitet werden. Die Bindung kausaler Handlungsfolgen an die Handlung ist zu leisten, damit eine Haftung der Verantwortlichen möglich wird. Die Argumentation ist in dem hier betrachteten Kontext problematisch:

1. Die Zukunftsoffenheit der Technik- und Gesellschaftsentwicklung macht jede Handlung zu einer Inkaufnahme von Risiken. Dies ist eine Folgerung aus dem zukunftsgerichtetem Charakter der Technikentwicklung.

2. Der Einsatz von Technik hängt nicht nur vom Entwickler ab, sondern genauso vom Nutzer, der eine Mitverantwortung trägt.

3. Die Definition des zumutbaren und nichtzumutbaren Risikos muss geleistet werden.

4. Die Inkaufnahme nicht bekannter und nicht vorhersehbarer Risiken ist keine intentional verfolgte Handlung, sonst hätte sie ja verhindert werden können. Vielmehr können unvorhersehbare Risiken für Entscheidungen von Handlungen gar keine Rolle spielen.

5. Das grundsätzliche Umwidmungsproblem und die Nebenfolgen der Umwidmung sind zu betrachten. Eine Alleinverantwortung des Konstrukteurs ist für diese Fälle ausgeschlossen.

Immerhin bemerkt Lenk: „... ideale Forderungen bleiben ohne institutionalisierte Verfahren aber nahezu wirkungslos“ (Lenk, 1992, S.151) Erschwerend kommt in der Praxis die Einschränkung des Handlungsspielraums durch wirtschaftliche Anforderungen hinzu. Der Erfolg einer Technik hängt nicht nur vom technischen Innovationspotential, sondern ganz entscheidend von der Marktfähigkeit eines Produktes ab. Produkte eines Unternehmens sollen in erster Linie zum wirtschaftlichen Erfolg beitragen. Dieser ist mehr und mehr durch kurzfristige Überlegungen definiert, so dass langfristige Überlegungen, wie sie für die gesellschaftliche Gestaltbarkeit der Technik notwendig sind, eher kleineren Einfluss haben.

4.4.3 Rückgriff auf fremdes Wissen und Wollen

Eine Schwierigkeit bei der Zuschreibung von Verantwortung zu einer bestimmten Person, die besonders häufig im technischen Umfeld anzutreffen ist, ist der sogenannte „Rückgriff auf fremdes Wissen“ und damit auf fremde Intentionen und Zwecksetzungen innerhalb des Entwicklungsprozesses. Darunter versteht man die Benutzung technischer Hilfsmittel ohne, dass Zwecksetzungen der Mittelwahl hinterfragt werden, weil fremdem Wissen vertraut wird. (Jelden, 1993; S.143-165)

Technische Entwicklung und Projektplanung läuft verstärkt mit automatisierten Systemen und unter Einsatz von Simulationen ab, bei dem der entwickelnde Ingenieur als Anwender, gewollt oder ungewollt, auf fremdes Wissen und in das System eingearbeitete Entscheidungsprozeduren zurückgreift. Dies hat zur Folge, dass er die Gründe für seine Entscheidung und deren Tragweite unter Umständen nicht mehr überblicken kann. Der Anwender vertraut in diesem Fall nicht mehr einer Person, sondern mindestens ansatzweise dem eingesetzten System. Das klassische, philosophisch begründete Verantwortungskonzept, das die Zuschreibung einer Handlung zu einer bestimmten Person fordert, kann eine Verantwortung nur für Entscheidungen begründen, deren Tragweite vom Entscheidenden selbst überblickt werden kann. Dies erschwert die Einforderung der Rechtfertigung einer Handlung. Wie Eva Jelden ausgeführt hat, sind Entscheidungen, die auf fremden Wissen und Wollen beruhen, hinsichtlich der Verantwortbarkeit einer Entscheidung ethisch problematisch, weil Systeme als Nichtpersonen keine Verantwortung wahrnehmen können.

Diese Reflexion ist zwar für die *allgemeine Begründung* einer Verantwortung richtig, allerdings ist zu beachten, dass sich im Rahmen der Technikentwicklung zusätzliche Rahmenbedingungen ergeben. An dieser Stelle ist die Partikularität technischer Lösungen zu bedenken. Selbst bei Einsatz von Expertensystemen muss bedacht werden, dass eine Lösung technischer Aufgabenstellungen das primäre Ziel verfolgt, erfolgreich anwendbar zu sein und zufriedenstellend zu funktionieren. Dieses Kriterium der Bewährung kann als Regulativ verstanden werden. Erarbeitete Lösungen auf der Basis fremden Wissens, die nicht zum Erfolg führen, scheiden automatisch aus der technischen Realisierung aus. Solange dabei die einschlägigen Normen beachtet werden, sind selbst bei sicherheitsrelevanten Entwicklungsschritten keine exzessiven Nebenfolgen zu befürchten. Dies gilt um so mehr, als die Entwicklung eines technischen Produktes nicht mit der Entwurfsphase abgeschlossen ist. Vielmehr schließt sich an die Vorausentwicklung die Bewährungsphase des Systemtests und der Werksabnahme an. Diese Tests sind in einschlägigen Normen festgelegt und werden in praxi durch Werksvorschriften der Hersteller bzw. der Nutzer des technischen Systems ergänzt. (Werksnorm) Dabei werden Systemfunktionen im störungsfreien Betrieb und Systemfunktionen für Fehlbetrieb gestestet. Fehlentscheidungen bei der Planung können auf diese Art und Weise in einem rekursiven Prozess schrittweise korrigiert werden. Erkenntnistheoretisch gesprochen ist der Systemtest letztendlich eine Rückführung des eingesetzten Wissens auf erfolgreiches Handeln und bildet damit eine Rückkopplung des eigenen Entscheidens auf das Handeln. *Die ethische Beurteilung einer technischen Planung und Systementwicklung muss daher die Gesamtkette der Entwicklung inklusive der Testphase berücksichtigen.* Der Grund für übersteigerte normative Forderungen an eine Technikentwicklung unter Verwendung fremden Wissens bei Eva Jelden (1994) und Hans Lenk (1998) ist vermutlich auf eine ungenügende Kenntnis der technischen Praxis zurück zu führen.

Der Rekurs auf fremdes Wissen ist im Zusammenhang mit konkreter technischer Systementwicklung durchaus nicht nur negativ zu sehen. Im Gegenteil, der rechnergestützte Entwurf und die Verwendung von Expertensystemen entlastet den Planenden von der Aufgabe, jeden Schritt bis hinunter auf die Ebene der Rückführung auf erfolgreiches Handeln selbst nachzuvollziehen. Darüber hinaus garantieren sie die Nutzung des akkumulierten Wissens der vorhergehenden Kulturstufe, indem auf bewährte Prozeduren zurückgegriffen wird. Für den Nutzer stellt dies sicher, dass innerhalb des neu entwickelten Systems nicht nur das aktuelle Wissen der am Prozess unmittelbar Beteiligten einfließt, sondern das in einer Firma tradierte Know-How, das u.U. von ganzen Generationen von Technikentwicklern erarbeitet wurde. Es wäre geradezu *ethisch unverantwortlich,* auf diese Ressourcen zu verzichten. Der Rückgriff auf fremdes Wissen ist *in praxi sogar eine Grundbedingung für verantwortete Technikentwicklung.* Allerdings gilt es, die Sinnfälligkeit früherer Entscheidungen und ihre Anwendbarkeit auf neue Probleme immer wieder zu prüfen. Technikentwicklung ist in dieser Hinsicht ein unendlich rekursives Verfahren.

4.5 Spezifische ethische Ingenieursverantwortung

Dem Einzelnen als Ingenieur kann im allgemeinen keine besondere Verantwortlichkeit für den „Fortbestand der Menschheit" auferlegt werden. Diese Verantwortung obliegt der Menschheit insgesamt. Wie sie verteilt und zugeschrieben werden kann, muss in gesellschaftlicher Perspektive beantwortet werden. Ingenieure sind Mitglieder der Gesellschaft wie andere Berufsgruppen und sollen ihrer Verantwortung im Rahmen der „für jedermann" gültigen Bürgerpflichten nachkommen. *Der Berufsgruppe der Ingenieure kann wegen des Gleichbehandlungsgrundsatzes für die Gesellschaftsmitglieder keine besondere Gemeinwohlverpflichtung zugeschrieben werden.*

Ingenieure unterliegen hinsichtlich der Verantwortbarkeit ihres Handelns im Bezug auf das Gemeinwohl lediglich denselben Kriterien wie andere Berufsgruppen auch. Die Einhaltung gesellschaftlich akzeptierter Werte in der Technikgestaltung wird in umfangreichen Normen festgelegt. Ingenieurshandeln ist in dieser Hinsicht bereits vielfach geregelt, wie durch Sicherheitsnormen, Qualitätsnormen, und die Anwendung bewährter Verfahren. Die Änderungen gesamtgesellschaftlicher Praxis, wie etwa die Durchsetzung einer nachhaltigen Entwicklung ist, wenn sie ethisch erwünscht sein sollte, eine gesellschaftliche Aufgabe, die nicht alleine von einer Berufsgruppe geleistet werden kann. In die Überlegungen zu einer Ingenieursethik *geht die aktuelle Praxis der Gesellschaft als Randbedingung ein.* Hinsichtlich der Änderung gesellschaftlicher Praxis sind Ingenieure, wenn technische Aspekte hier keine vordringliche Rolle spielen, als Bürger gefragt.

Die Rollenverantwortung der Ingenieure besteht primär darin, die erlernten und tradierten Verfahren bei der Technikentwicklung anzuwenden und die dabei relevanten Normen und Vorschriften zu beachten.

Neben dieser Grundanforderung, die schon Elemente der gesellschaftlichen Reflexion enthält, weil in der Niederlegung von Normen und Sicherheitsstandards bereits die Interessen größerer gesellschaftlicher Gruppen berücksichtigt sind, ergeben sich folgende weitergehende Anforderungen.

Ingenieure sollen die folgende Verantwortungen übernehmen können:

- **Identifikation und Explizierung von Wertvorstellungen bei der Technikentwicklung.** Ingenieure sollten die für eine Technikentwicklung relevanten Wertvorstellungen identifizieren und explizieren können. Insbesondere sollen sie konfligierende Vorstellungen erkennen. Sie sollen rational begründete Aushandlungsprozessen zwischen konfligierenden Werten anwenden.

- **Integration der Sozialdimension der Technik in die Entwicklung**. Ingenieure können die gesellschaftliche Dimension der Technik bei der Technikentwicklung mitbedenken, um eine bessere Akzeptanz zu erreichen. Dies muss allerdings auf Unternehmensebene gewollt und gesellschaftlich gefordert sein.

- **Erkennen und Bewältigen von ethischen/ moralischen Konflikten**. Ingenieure sollen diese Konflikte erkennen und formulieren können. Sie sollen auf einer rationalen Basis verantwortliche Entscheidungen fällen.

- **Impulse für die Weiterentwicklung neuer Technik und die Stilllegung veralteter Techniken geben, wenn diese gesellschaftlich problematisch werden.**

- **Unterscheidung von Business-as-Usual und Ingenieursethik.** Ingenieure sollen unterscheiden zwischen innerhalb konventioneller Ethik lösbaren Konflikten und solchen, die das normative Grundgerüst der Gesellschaft tangieren. Sie sollen interdisziplinäre Problemlösungen anstoßen.

- **Erkennen von Beratungsbedarf.** Ingenieure können nicht alle ethischen Fragen alleine lösen, sie sollen allerdings erkennen, wann sie selbst Konflikte nicht mehr alleine lösen können, weil entweder weiteres Fachwissen aus anderen Wissenszweigen (Überschreiten des lokalen Wissens s.o.) notwendig ist oder gesellschaftliche Akzeptanz erst noch erreicht werden muss. In diesem Fall ist es ihre Aufgabe, Beratung zu suchen.

- **Erkennen der Grenzen des Fachwissens.** Ingenieure sollen in ihrer Ausbildung die Grenzen ihrer Fachwissenschaft kennen lernen und die Fähigkeit zu interdisziplinärem Arbeiten erwerben.

- **Beratung der Gesellschaft in technikrelevanten Fragen.** Ingenieure können als Berater für die weitere Technikentwicklung gesellschaftlich tätig sein und als "Frühwarnsystem" für aufkommende Konflikte fungieren. Sie sollen Umwidmungs- und Inkulturierungsprozesse begleiten. Darüber hinaus ist es ihre Aufgabe, die Gesellschaft über mögliche Alternativen und bekannte Risiken zu informieren. Die Frage ist hier, ob sie dies als Privatpersonen oder als Rollenträger in der Industrie tun sollen. Für Stellungnahmen zu gesellschaftsrelevanten Themen der Technikgestaltung, wie sie etwa bei der Frage nach der Einführung neuer Techniken z.B. der Gentechnik anstehen, können Ingenieure fachbezogen Stellung nehmen. Sie sollten dies am besten außerhalb ihrer direkten beruflichen Tätigkeit, etwa in Verbänden wie dem VDI oder dem VDE tun. Sie müssen jedoch klarstellen, wann sie etwas als Experte sagen und wann sie als Bürger ohne Fachwissen argumentieren. Insbesondere entgehen sie damit dem Vorwurf der Vorteilsnahme für das von ihnen vertretene Unternehmen. Die Berufsverbände sind der richtige Ort, an dem über das Verhältnis von Technik und gesellschaftlicher Praxis in einem breiteren Rahmen reflektiert werden kann. Die Berufsverbände sind allerdings aus Gründen der Praxisrelevanz auf den Input ihrer Mitglieder angewiesen: Sie stellen eine Chance dar, die fachlich fundierte Meinung einer Berufsgruppe öffentlichkeitswirksam einem gesellschaftlichen Lernprozess zugänglich zu machen.

- **Berücksichtigung der kulturellen Dimension der Technik.** Ingenieure sollen dafür Sorge tragen, dass Techniken in der Gesellschaft nicht nur als Mittel der Wertschöpfung, sondern in ihrer kulturellen Dimension wahrgenommen werden

Verantwortung wird entlang von Entscheidungsketten übernommen. Dabei spielen die Vorgehensweise bei der Pflichten- und Lastenheftphase, sowie bei den Systemtests eine entscheidende Rolle. Für ethisch sensitive Entscheidungen soll versucht werden, Ergänzungen zur derzeitigen Praxis zu finden, die eine Explizierung von Wertvorstellungen und Konflikten leistet, etwa durch Monitoringfunktionen und die Bildung von Beratungsgruppen. Der primäre Gegenstand der Ingenieurverantwortung ist die Entwicklung und der Einsatz von Techniken mit Hilfe des methodischen Wissens ihrer Spezialwissenschaft. Weder sind Ingenieure Spezialisten für ethische Fragestellungen, noch alleine für die gesellschaftliche Bedeutung von Techniken und die Frage nach dem Einsatz neuer Techniken zuständig. Selbst, wenn sie wollten, könnten sie diese Fragen schon allein deshalb nicht beantworten, weil sie außerhalb der Kompetenz ihrer Fachwissenschaft liegt. *Die Fragestellung ist mit der Methodik des lokalen Wissens der Ingenieurwissenschaften nicht bewältigbar. Sie kann daher nicht integral den Ingenieuren im Rahmen einer Arbeitsteilung zugeschrieben werden.* Es ist noch nicht einmal wünschenswert, die Technikfolgenabschätzung den Ingenieuren alleine zu überlassen, weil die Folgenabschätzung nach rein technischen Parametern gerade die gesellschaftsrelevanten Aspekte, die sie ja eigentlich betrachten soll, latent übersieht.

4.5.1 Verantwortung in Business-as-Usual Konflikten

Konflikte, die durch Anwendung ethischer Verhaltenskodizes oder bestehender gesellschaftlicher Praxis zu bewältigen sind, sollen als Business-as-Usual-Konflikte bezeichnet werden. Die im vorhergehenden Kapitel entwickelte Anforderung, dass für solche Konflikte keine explizite ethische Reflexion notwendig ist, soll nicht heißen, dass verantwortliches ethisches Handeln unter diesen Bedingungen unnötig ist. Die Definition des „Ethik-freien" Bereiches und die Frage nach der Verantwortung für diesen Bereich in der Technikentwicklung muss genauer präzisiert werden. Die Abgrenzung von „Business as usual"-Situationen von anderen, wird im Anschluss an die Überlegungen von Armin Grunwald (Grunwald 1999b) im Hinblick auf die Ingenieurspraxis konkretisiert. Die Bezeichnung „Ethik-freier Raum" (ethics free space) ist insofern unglücklich, als der Fehlschluss *nahe gelegt wird, es käme bei der Technikgestaltung in weiten Teilen auf ethisches Handeln überhaupt nicht an.* Was tatsächlich gemeint ist, lässt sich durch Präzisierung der Redewendung „frei von ethischer Reflexion" betrachten.

Die Abgrenzung von business-as-usual-Situationen und die Rede der Bewältigung solcher Situationen mit herkömmlicher Ethik impliziert, dass sich Ingenieure im Alltagsgeschäft ethisch verhalten sollen. Eine Grundaufgabe an die Ethik von Ingenieuren ist, für business-as-usual-Situationen ethisches Handeln auf der Basis gesellschaftlicher Sitte normativ zu fordern. Dies ist der primäre Anwendungsbereich von Verhaltenskodizes – wobei mir der Begriff Handlungsanweisung geeigneter erscheint. [VDI-01];[IEEE-98] Ingenieure leisten dies, wenn sie im Einklang zur gesellschaftlichen Praxis Wertkonflikte im Rahmen üblicher Priorisierungsstrategien bewältigen. Sie nehmen in diesen Konflikten ethische Verantwortung wahr. Dies muss nicht immer in expliziter Art und Weise erfolgen, bei der Gründe für Entscheidungen offen liegen. Es kann auch implizit erfolgen.

Die Festlegung von Strategien für Business-as-Usual Situationen ist eine Teilaufgabe von Berufs- und Unternehmensethiken. Hier ist die sinnvolle Anwendungsmöglichkeit für die klassischen Ingenieursethikansätze, die auf individuelles Handeln und auf Verantwortungsverteilungsstrategien abzielen, zu finden. *Technikentwicklung ist deshalb nicht wertfrei, aber die Konflikte lassen sich innerhalb der Berufsethik oder der allgemeinen Üblichkeit lösen. Business-as-Usual Situationen sind frei von ethischer Reflexion nur in dem Sinne, dass sie frei von Reflexion* ***über die Ethik selbst*** *sind, weil über die Gültigkeitsansprüche von Werten und Handlungsstrategien nicht reflektiert werden muss, solange es darüber nicht zum Konflikt kommt. Ethik-freier-Raum (Ethics-free-Space) ist so zu verstehen, dass keine Notwendigkeit besteht über die Gültigkeit der Ethik zu reflektieren. Es bedeutet weder, dass der Raum frei von Konflikten und wertbeladenen Entscheidungen ist, noch dass keine ethischen Entscheidungen anstehen.*

Business-as-Usual Situationen treffen für die Mehrzahl der in der Ingenieurspraxis auftretenden Fälle zu. Dies gilt für technikrelevante Entscheidungen genauso wie für Entscheidungen, die den Umgang mit Kunden und Öffentlichkeit angehen. Innerhalb dieses Bereiches lässt sich noch einmal ein Bereich abgrenzen, in dem überhaupt keine ethisch-sensitiven Entscheidungen gefällt werden müssen, weil kein Wertekonflikt vorliegt bzw. weil die Entscheidungen über relevante Werte bereits getroffen sind und in technischen Spezifikationen oder Verfahrensanweisungen in genügender Detaillierung vorliegen. Mit anderen Worten, solche Situationen stellen nur noch eine Frage der Detailgestaltung dar, die *völlig frei von ethischen* Kriterien durchführbar ist. Für diese Situationen ist Business-as-usual das Einhalten relevanten Vorschriften und bewährter Verfahren. Entscheidungen in diesem Bereich, so die These, sind dann in jedem Falle ethisch verantwortet.

Für konventionell beherrschbare Situationen stellen die in der VDI-Richtlinie 3780 aufgezeigten Werte eine gute Entscheidungsbasis dar. Aufgabe künftiger Forschungen kann für business-as-usual-Fälle die Operationalisierung der in dieser Richtlinie festgelegten Werte für die technische Praxis sein. Ein erster Schritt im Hinblick auf die Operationalisierung sind Verfahren, welche die für Technikentwicklung relevanten Werte aus dem Wertekatalog der VDI 3780 identifizieren und ausfiltern, damit eine in der Praxis handhabbare Technikbewertung erfolgen kann. Sie verhindert, dass Ingenieure alle möglichen Konfliktfälle – egal ob relevant oder nicht relevant für die Technikentwicklung – durchspielen müssen. Ethisches Handeln hat in der Ingenieurpraxis nur dann Chancen auf Ausführung, wenn die Konfliktbewältigung wirklich auf die relevanten Werte beschränkt bleibt. Anderenfalls unterbleibt es, weil eben nicht für jeden Entwicklungsschritt prüfbar ist, ob Konflikte mit allen acht Werten des Oktogons der VDI 3780 vorliegen bzw. mit Sicherheit auf einer trivialen Ebene zu sagen ist, dass immer irgendwie Konflikte mit *allen* acht Werten des Oktogons konstruierbar sind. Priorisierungsregeln, wie sie von Lenk et al. vorgeschlagen wurden und Eingang in die Verhaltensregeln nach VDI gefunden haben, stellen einen ersten Schritt für die Konfliktbewältigung dar. Sie setzen allerdings immer schon voraus, dass bekannt ist, welche Werte für die nachfolgende Entwicklung überhaupt relevant sind. Ihrem Aufbau nach sind sie tendenziell planungsoptimistisch und kontrafaktisch. Planungsoptimistisch, weil der Eindruck erweckt wird, durch ihre Anwendung lasse sich Technik sozialverträglich gestalten und kontrafaktisch, weil sie schon in ihren Grundanforderungen an der Praxis vorbeigehen. In einem Unternehmen wird nämlich nicht zuerst nach den Rechten aller Beteiligten gefragt, noch spielen für Unternehmensentscheidungen Fragen eine Rolle, die den Fortbestand der Menschheit im allgemeinen zum Inhalt haben.

4.5.2 Verantwortung in Ingenieursethik-Konflikten

Zur ethischen Verantwortung von Ingenieuren gehört das Erkennen von Konflikten, die nicht mehr mit herkömmlichen Moralvorstellungen bewältigbar ist. Für die Unterscheidung lässt sich der folgende, unvollständige Katalog von Indikatoren angeben. Es ist zu vermuten, dass Ingenieursethik-Konflikte vorliegen, wenn eines der folgenden Kriterien erfüllt ist:

1. *Varianz von Werten gegenüber der Technikentwicklung.* Ein Kriterium für die Abgrenzung der Business-as Usual-Konflikte von normativen Konflikten ist, ob innerhalb des Technikentwicklungsprozesses Wertvorstellungen tangiert werden, die *nicht invariant* gegenüber der technischen Entwicklung sind.

2. *Unklarheit über die Anwendbarkeit moralischer Üblichkeiten in Konfliktsituationen.* Dies ist der Fall, wenn einer oder mehrere Beteiligte Zweifel an der Anwendbarkeit bisheriger Strategien anmelden.

3. *Herkömmliche Wertvorstellungen für die Bewältigung des Konflikts reichen nicht aus*
4. *Auftreten von Zielkonflikte bei der Anwendung von Priorisierungsregeln.*
5. *bisher übliche Techniken werden gesellschaftlich problematisch, ohne dass sich an ihrer materiellen Gestaltung etwas geändert hat.*
6. *die Sinnfälligkeit der in technischen Normen und Vorschriften niedergelegten Verfahren oder Grenzwerten ist oder wird fraglich.*
7. *sich Materialeigenschaften während des Inkulturierungsvorgangs als problematisch heraus stellen.*
8. *neue Techniken zeigen nachhaltigen Einfluss auf die gesellschaftliche Praxis*
9. *Konflikte sind nur durch Einsatz des Fachwissens, also nicht mehr prinzipiell von jedermann lösbar.*
10. *Das Verhältnis von Technik und Gesellschaft muss neu reflektiert werden.*

Zur Ingenieurverantwortung muss gezählt werden, dass der Einzelne abschätzt, ob diese Konflikte besser innerhalb des Unternehmens gelöst werden können, oder ob sie eine gesellschaftliche Aufgabenstellung beinhalten. Das Wesen dieser Konflikte ist, dass sie meistens gesellschaftlich relevant sind. In diesem Fall ist stets eine Vielzahl von Handelnden und Betroffenen involviert. Diese Konflikte sind selten auf die Unternehmensebene beschränkt. Wie sie angegangen werden können, ist in der Regel noch unklar. Im Rahmen der Diskursethik haben sich Verfahren und Vorgehensweisen entwickelt, die Strategien für den Umgang konfligierender und problematisch gewordener Wertvorstellungen bieten können. Ihre Verankerung in der gesellschaftlichen Praxis der Technikanwendung steht noch aus. Diskurse bleiben bisher auf die Ebene des Politischen beschränkt. Ein Beispiel, wie gestuft mit ingenieursethischen Konflikten umgegangen werden kann, wird innerhalb des Ethik-Qualitätsmanagements vorgestellt. (Kapitel 5.6) Abschließend ein Beispiel aus der Elektrotechnik, dass durch das Auftreten aller drei ethischen Konflikttypen geprägt ist.

In einer Ansiedlung soll auf einer Anhöhe ein neuer Sendeturm für zur Erweiterung des Mobilfunknetzes gebaut werden. Innerhalb der Bevölkerung ist der Sendeturm und vor allem sein Standort umstritten. Die Befürworter des Sendeturms finden sich vor allem bei den Nutzern des Mobilfunknetzes. Sie erhoffen sich eine Verbesserung der Empfangssituation. Die Gruppe der Gegner des Sendeturms zählt eher zur Gruppe der

Nichtnutzer und meldet in allererster Linie gesundheitliche Bedenken gegen den Sendemasten an. Die Bedenken werden vor allem davon getragen, dass zum gegenwärtigen Zeitpunkt nicht klar ist, welche Gefahren von hochfrequenten elektromagnetischen Wellen ausgehen. Betrachtet werden sollen Entscheidungen, die der Planungsingenieur zu fällen hat. Innerhalb des Projekts sind die folgenden Aufgaben zu lösen:

- *Wahl des Standorts*
- *Information der Öffentlichkeit*
- *Durchführung der Baumaßnahmen für den Sendeturm*
- *Planung der Stromversorgung*
- *Wahl des Senders*
- *Erstellung eines Ausleuchtungsprotokolls*
- *Inbetriebnahme des Senders*

Weil es Bestandteil des Ingenieurshandelns ist, Normen einzuhalten und diese hinreichend genau sind, können folgende Schritte als gänzlich frei von ethischen Überlegungen gelten: Der Bau des Masten an sich, genau wie die Planung der Stromversorgung und die (reine) Erstellung des Ausleuchtungsprotokolls, sowie die Inbetriebnahme stellen bei Einhaltung der geltenden Normen keine besonderen ethischen Anforderungen dar, vielmehr kann hier alles nach der Kosten/Nutzen-Relation bewertet werden, ohne dass dabei gesellschaftliche Konflikte auftreten.

Unter die Business-as-Usual Situationen fallen:

Die Auswahl des Senders und des Standortes, weil hier die Rechte aller Betroffenen zu berücksichtigen sind. D.h. es muss bewertet werden, welches Recht im Zweifel Vorrang hat, das Recht auf körperliche Gesundheit im weiteren Sinn (ob überhaupt eine Gefährdung besteht ist unklar) oder das legitime Interesse an der Teilnahme einer gesellschaftlichen Praxis, die als anstrebenswert gilt. Dies kann noch mit Priorisierungsregeln entschieden werden. Allerdings ist zu bedenken, dass die Firma ein legitimes Interesse am Bau des Mastens hat. Bei der Wahl des Senders können eventuell weitergehende Kriterien der Nachhaltigkeit wie Ökobilanz und Recyclingfähigkeit in die Überlegungen miteinbezogen werden.

Ingenieursethik- Probleme

Die Information der Öffentlichkeit über das Bauverfahren und die Wahl des Standorts ist ethisch sensitiv, weil nicht bekannt ist, welche Wirkungen von elektromagnetischer Strahlung dieses Frequenzbereiches überhaupt ausgehen. (Kriterien 4 und 5 des o.g. Katalog) D.h. es ist nicht klar, ob die derzeit gültigen Grenzwerte sicher unterhalb der

Schädigungsschwelle liegen. Insofern ist es zumindest problematisch, Menschen dieser Strahlung auszusetzen ohne dass sie einen Nutzen davon haben, wie es im Fall der Nichtnutzer zwangsläufig vorkommt. Auf der anderen Seite ist die Technik des Mobiltelefons bereits inkulturiert und ist gängige gesellschaftliche Praxis. Die Verantwortung des Ingenieurs ist hier folgende:

- *Klarstellung dass seine Aussagen dem aktuellen vorläufigen Stand des Wissens entsprechen und Darstellung des Standes der Wissenschaft.*
- *Betroffene informieren.*
- *Legitimation zum Bau des Senders einholen bzw. Prozesse für eine demokratische Legitimation anstoßen.*
- *Kritik an der Normung und Grenzwerten dem entsprechenden Gremium zugänglich machen.*
- *Wahl des Senders mit der geringsten Belastung*
- *Begleitung des Inkulturalisierungsprozesses (unabhängig vom Projekt)*

4.6 Konfliktbewältigung

Der Bewältigung von Konflikten kommt innerhalb des hier vorgestellten Konzepts eine entscheidende Rolle zu. Konflikte sind nicht von vorne herein als unnötig zu qualifizieren, sondern stellen Orte und Gelegenheiten gesellschaftlichen Lernens dar. An Konflikten kristallisieren sich die Lernfelder in der Technikgestaltung. Wie Konflikte gewaltfrei kultürlich zu bewältigen sind, ist Gegenstand der nachfolgenden Betrachtungen.

Priorisierungsregeln

Für den Umgang mit Werten in Konfliktsituationen sind seitens der angewandten Philosophie durch Lenk und Maring sogenannte Priorisierungsregeln gewonnen worden. Die Anwendung dieser Regeln soll helfen, Konfliktfälle pragmatisch zu lösen. Sie können dies für Business-as-Usual-Fälle ganz gut leisten, versagen aber bei Konflikten um die Gültigkeit von Werten und Prinzipien. Es ist daher bei der Anwendung zu beachten, dass sich ethische Konflikte in den seltensten Fällen durch Anwendung von Regeln im Sinne eines „Kochrezepts" lösen lassen. Darüber hinaus sind Konfliktfälle der Technikentwicklung in den seltensten Fällen durch klar entscheidbare Wertkonflikte bestimmt (van de Poel, 2001a), sondern durch mehrdimensionale Konflikte z.B. zwischen Sicherheit, Funktionalität und Umweltverträglichkeit.

Priorisierungsregeln nach Lenk und Maring sind:

- Wahrung konkreter Humanität geht vor abstrakter Regelanwendung
- Interessen aller Beteiligten am Konflikt angemessen berücksichtigen
- Sicherheit geht vor Wirtschaftlichkeit (*ist eine Grundforderung der DIN 31100* [Y.J.])
- Umweltverträglichkeit hat Vorrang vor wirtschaftlichen Überlegungen
- Bei Konflikten zwischen Grundwerten und abgeleiteten Werten soll Grundwerten der Vorrang eingeräumt werden.
- Menschengerechtigkeit geht vor Eigenrecht der Natur
- Menschenrecht geht vor Nutzenserwägungen
- Gemeinwohl geht vor Privatinteresse

Weitere Priorisierungsregeln verfeinern die oben angegebenen Grundregeln dar, die umso unübersichtlicher werden, je feiner die Detaillierung ist. Ist eine Konfliktlösung mit Hilfe von Priorisierungsregeln nicht mehr möglich, weil z.B. der Geltungsbereich von Werten unklar ist, kann bei Bedarf mit dem Mittel des Diskurses versucht werden, einen Ausgleich zu erzielen.

Dann können folgende Regeln angewendet werden:

1. Es sind die Handlungsoptionen zu erhalten. Niemand ist in einen Konflikt zu bringen, bei dem er nur zwischen zwei Übeln wählen kann. Die Entscheidung darf nicht zur Beschränkung der Handlungsoption führen.
2. Bei Konflikten haben Grundwerte absolut Vorrang vor abgeleiteten Werten
3. Kompromisse sollen die Rechte aller Beteiligten fair berücksichtigen, Risiken und Nutzen sind möglichst gleich zu verteilen.
4. Abwägung des geringstmöglichen Schadens
5. Makroethischen Kontext angemessen berücksichtigen.

Diskurse als Möglichkeit des Wertemanagements

Diskurse sind eine Möglichkeit, den Geltungsbereich von Werten rational auszuhandeln. Dazu müssen diese fair, effizient und bindend für alle Beteiligten sein. Es geht darum, wie bei konkurrierenden Wertesystemen die Gültigkeitsansprüche der Grundwerte rational geprüft und verhandelt werden können, um zu einer für alle Beteiligten angemessenen Lösung zu kommen. Dabei sollen Gewissensprüche fair vor dem Forum der kritischen Vernunft abgewogen werden. Diskurse sind eine kultürlich begrenzte Möglichkeit, zwischen den an der Argumentation beteiligten Gruppen Kohärenz zu konstruieren. (Kapitel 3.4.3) Es gilt die Maxime der Diskursethik:

> „Das was sich in der Diskussion aller als Konsens herausstellt, ist das Beste, das wir haben"

In den Diskursen gibt es mindestens drei Begründungsstrukturen:

ANSATZ:	KONSENSUAL	TELEOLOGISCH	DEONTOLOGISCH
Verhandlungsform:	Zustimmung	Folgebetrachtung	Recht/Sinn/Vernunft
Ziel:	Akzeptanz	Glück	Einsicht

Diskurse haben sich bisher in gesellschaftlichen Verfahren innerhalb der politischen Meinungsbildung etabliert. Ob sie sich in technische Prozesse einfügen lassen, muss in praxi evaluiert werden. Der Erfolg von Diskursen zur Problemlösung hängt entscheidend davon ab, ob die Problemlösung von allen Beteiligten akzeptiert wird. Diskurse sollen idealerweise alle Beteiligten an einem Konflikt in den Prozess einbeziehen. Dies ist in den seltensten Fällen praktikabel, weshalb Diskurse ein Repräsentationsproblem haben können. Eine weitere Eigenschaft von Diskursen ist, dass sie, weil auf sprachlicher Argumentation basierend, anfällig für rhetorische Manipulation sind. (Apel, 1988) Vor Diskursen, bei denen a-priori feststeht, dass es zu einer einvernehmlichen Lösung kommen soll, muss gewarnt werden. Das Ergebnis eines Diskurses kann durchaus ein Konsens über einen Dissens sein. In diesem Fall sind sich alle Konfliktparteien einig, dass ein nicht auflösbarer Dissens besteht.

4.6.1 Konfliktlösungsverfahren

Grundregeln zum Umgang mit technikethischen Konflikten

1. ***Konflikt de-eskalieren.*** Technikethische Konflikte können schnell eskalieren, wenn Fragen zur Gesellschaft der Zukunft; zum richtigen Umgang innerhalb des Unternehmens; zu Folgekonflikten jenseits des ursprünglichen Konflikts führen. Ein Grundanliegen kultürlicher Konfliktbewältigung ist deshalb, einer Eskalation von Konflikten entgegenzuwirken. Eine mögliche Form der Deeskalation ist die rationale Verhandlung innerhalb von Diskursen.

2. ***Keine Konfliktverschleppung betreiben.*** Konflikte um Technikgestaltung sind Konflikte um Sachfragen der Ausgestaltung und Nutzung bestimmter Techniken. Sie sollen nicht auf andere Felder, wie etwa das Personalmanagement, verschleppt werden. Technikethik-Konflikte sollen kein Forum für das Austragen persönlicher Rivalitäten liefern.

3. ***Grundkonflikt ausfiltern.*** Ethische Konflikte der Technikgestaltung sind sehr oft durch Nebenkonflikte überlagert, die den eigentlichen Konflikt verdecken oder dominieren. Das Ausfiltern des Grundkonflikts soll helfen, Konflikte auf die relevanten Konfliktfelder zu beschränken.

4. ***Tangierte Wertvorstellungen des Konflikts identifizieren***

5. ***Konflikt in Busines-as Usual oder normativen Konflikt kategorisieren***

6. ***Business-as-Usual Konflikte durch Priorisierung lösen***

7. ***Normative Konflikte durch Diskurse entscheiden***

8. ***Entscheidungen dokumentieren und kommunizieren.*** Entscheidungen sollen bei Kenntnis der Gründe rational nachvollziehbar sein. Gefallene Entscheidungen sind den beteiligten Parteien mitzuteilen.

4.7 Die Rolle von Berufskodizes

Sehr früh wurden in den Bemühungen um die Förderung ethischen Verhaltens von Ingenieuren, seitens der Berufsverbände Verhaltenskodizes herausgegeben. Die ältesten Kodizes finden sich wohl beim amerikanischen IEEE, dessen Codex auf eine längere Geschichte zurückblicken kann. (Colburn, 2000). Dem IEEE ging es dabei vorrangig um eine Abgrenzung der Mitglieder und gewisse Grundgarantien für deren Auftraggeber. Der ursprünglich Zweck des Kodex war nicht so sehr die Realisierung abstrakter ethischer Vorstellungen in die konkrete Praxis, als vielmehr die Absicherung der Auftraggeber vor Schäden durch unerwünschtes Handeln der Ingenieure. Insbesondere sollen alle Lieferanten des amerikanischen Verteidigungsministeriums Ethik-Kodizes unterschreiben, um sicher zu stellen, dass die Geheimhaltung nicht durch Weiterverwendung sensitiven Wissens gefährdet ist. Ferner sollte der Kodex eine gewisse Schutzfunktion für abhängig Beschäftigte garantieren. In technischer Modellierung kann ein Kodex als Bemühung um eine Qualitätssicherung des Verhaltens der Berufsmitglieder angesehen werden. Häufigster Kritikpunkt an Berufskodizes ist ihre allgemeine Formulierung und die u.U. in den Kodizees selbst festzustellenden Zielkonflikte zwischen den angegebenen Wertvorstellungen. (Vesilind, 2001) Ein weiterer Kritikpunkt an den amerikanischen Kodizes ist ihre Überbetonung der Bedeutung des Individuums, die zu einer Überforderung der Adressaten tendiert.

In Deutschland waren Ingenieure, die in ethische Konflikte gerieten, auf gesetzliche Grundlagen angewiesen, wenn es dabei zu einem Konflikt mit ihrem Arbeitgeber kam. Das heißt, dass für alle ethischen Konflikte, bei denen nicht gegen geltendes Recht verstoßen wurde, die Konfliktbewältigung allein auf Basis der Einsichtsfähigkeit der beteiligten Parteien, in diesen Fällen meist zwischen dem Ingenieur als Arbeitnehmer und seinem Unternehmen als Arbeitgeber zu lösen waren. Ingenieure hatten dabei meist die Wahl zwischen der Gefährdung ihrer eigenen beruflichen Zukunft und der Wahrung des Gemeinwohls. Für die Weigerung der Weiterarbeit an einem Projekt auf Grund ethischer Vorbehalte, die sich nicht rechtlich begründen ließen, bestand keine verbindliche Handhabe. Der VDI-Kodex ist ein erster Schritt, dies zu beheben. (VDI-01) Zwar sind Berufskodizes nicht direkt justitiable Größen, aber sie stellen gesellschaftlich betrachtet die Festschreibung von Üblichkeiten dar. Diese werden in Prozessen vor der Justiz stets mitberücksichtigt. Sie sind ihrem Status nach als gleichrangig mit technischen Normen anzusehen. Diese haben zwar keinen Gesetzescharakter, sind aber dennoch für die Ingenieurspraxis bindend. Es ist zu begrüßen, dass der VDI explizit einen Fortschreibungsbedarf eingearbeitet hat, um diesen Kodex bei Bedarf weiterentwickeln zu können. Das Zustandekommen des Kodex selbst kann als Musterbeispiel interdisziplinärer Konsultation angesehen werden. (VDI, 2000)

Berufskodizes stellen in erster Linie Selbstzuschreibungen von Verantwortung dar, die ein Berufsstand auf Grund der innerhalb des Berufes üblichen, beziehungsweise in Diskursen erarbeiteten, Handlungsleitlinien als verbindlich anerkennt. Er ist für die Mitglieder des Berufsverbandes damit genauso bindend, wie dies Unternehmensethiken für die Angestellten eines Unternehmens sind. Ihre Wirksamkeit hängt davon ab, dass beide Seiten, Arbeitnehmer und Arbeitgeber sie bindend anerkennen. Diese

Anerkennung lässt sich durchaus pragmatisch in Anstellungsverträgen festschreiben. Alleine die Festschreibung erreicht noch nichts, vielmehr muss der jeweils agierende Verband weitere Hilfen, wie etwa Ethics-Helplines oder Vermittlerfunktion anbieten, festschreiben und als Schlichter zwischen den Konfliktparteien akzeptiert sein. In Konflikt geratende Ingenieure sollen zunächst innerhalb ihres Unternehmens eine Lösung anstreben und erst dann die Vermittlung des Berufsverbandes suchen. Der Verband selbst verpflichtet sich zur Einrichtung von Institutionen.

Berufskodizes wirken dogmatisch. Sie legen lediglich die absoluten Mindestbedingungen für ethisches Verhalten fest. D.h. ihre Wirkung besteht darin, einen Mindestrahmen zu liefern, innerhalb dessen berufsethisches Verhalten überhaupt möglich ist. Sie lassen sich unter Umständen nicht direkt umsetzen bzw. müssen in konkrete Situationen hinein interpretiert werden. Diese Aufgaben fällt den Unternehmensethiken zu, die damit die Verbindung zwischen allgemeinverbindlichen Grundsätzen und ihrer Gültigkeit für konkrete Entscheidungsprozessen herstellen soll. Eine grundsätzliche Diskussion ergibt sich immer wieder bezüglich der konkreten Umsetzbarkeit von Berufskodizes: Wie allgemein sollen sie gehalten sein und genügt es nicht, die für einen Beruf spezifische ethische Verantwortung festzuschreiben und alle anderen Konfliktfälle der Bürgerverantwortung zu überlassen? Es schadet grundsätzlich nicht, wenn allgemein dazu aufgerufen wird, sich ethisch zu verhalten und die universalmoralischen Normen zu achten. Dies ist zwar recht unverbindlich, macht aber klar, dass es sich im Berufsleben nicht um einen Bereich handelt, der von ethischem Handeln ausgenommen ist. Genauso allgemein sind Forderungen nach Weiterbildung und Kompetenzerweiterungen, sowie die Anerkennung des geltenden Rechts und der geltenden technischen Normen.

Der VDI-Kodex in seiner aktuellen Form behandelt die ethischen Berufsgrundsätze unter dem beruflichen und gesellschaftlichen Aspekt. Diese Gliederung ist sinnvoll und macht deutlich, dass Ingenieurshandeln immer im gesellschaftlichen Kontext erfolgt. Wobei nicht ganz klar ist, an welchen Orten Ingenieure strategische Verantwortung in gesellschaftlicher Perspektive übernehmen sollen. Der Schritt ist grundsätzlich zu begrüßen, weil er die gesellschaftliche Verantwortung der Ingenieure nach dem Selbstverständnis des Verbandes festschreibt und umreißt, wobei der Reflexion des Verhältnisses Gesellschaft –Technik großen Stellenraum eingeräumt wird.

Kritisch anzumerken ist die Realitätsferne des Abschnitts 2.4 in dem ein Vorrang des öffentlichen Wohls vor dem privaten Interesse gefordert ist. Dies ist für abhängig Beschäftigte nicht realisierbar.

4.8 Die Rolle der Verbände

Die Rolle der Verbände innerhalb beruflichen Verantwortung der Ingenieurspraxis ist das ethische Handeln ihrer Mitglieder zu unterstützen und die Leitsätze fortzuschreiben. Neben dieser Hauptaufgabe sind sie in Deutschland aktiv in die Entwicklung von Normen einbezogen und tragen durch ihre Öffentlichkeitsarbeit zur Meinungsbildung und strategischen Beratung der Gesellschaft in Technikfragen bei. Dies gilt insbesondere für die Wahl zwischen Alternativen bei Techniken, die nur in langfristiger Perspektive zu gestalten und zu inkulturieren sind, wie bei Infrastrukturtechniken oder Techniken die zu einer nachhaltigen Veränderung des Menschen führen, etwa der Gentechnik. Solche Techniken bedürfen des ausführlichen gesellschaftlichen Diskurses, dessen Ergebnis wiederum die Technikgestaltung beeinflusst. Ein hier noch in Zukunft zu lösendes Problem stellt die Synchronisierung des gesellschaftlichen Diskurses mit der Entwicklung dar, weil sich die meisten Schwierigkeiten mit gesellschaftsrelevanten Problemen erst nach einer gewissen Vorentwicklung einstellen, also wenn Nebenfolgen klarer absehbar sind. Ingenieure können hier als Privatpersonen und als Verbandsmitglieder aktiv in diesen Diskurs eintreten.

Ein weiteres Aufgabengebiet der Verbände ist es, an der Reflexion des Verhältnisses Technik-Kultur mitzuwirken und die Bedeutung der Technik den Gesellschaftsmitgliedern transparent zu machen. Sie stellen damit ein Element gesellschaftlicher Verantwortungswahrnehmung durch Ingenieure dar. Dies haben diese Verbände in der Vergangenheit bereits großenteils getan. Über ihre Mitglieder können sie diese Reflexion wieder der Praxis zugänglich machen. Für diesen Zweck hat z.B. der VDI eine Hauptgruppe „Der Ingenieur in der Gesellschaft" ins Leben gerufen.

Zu guter Letzt erweisen sich Verbände als hilfreich, wenn es darum geht, ethische Konflikte zwischen Verbandsmitgliedern und ihren Vorgesetzten zu schlichten. Dies ist dann sinnvoll, wenn ein Dissens bezüglich der Bewältigbarkeit und Relevanz des Konflikte für das Unternehmen besteht. Verbände fungieren hier als Zwischenebene zwischen Unternehmen und Gesamtgesellschaft. Sie können einerseits das Einzelmitglied entlasten und eine breitere Basis in die Diskussion bringen, wenn sie in berufsethischer Perspektive argumentieren. Andererseits können sie bei massiven Konflikten eine Vorwarnfunktion für die Öffentlichkeit übernehmen und somit den Konflikt explizieren, ohne dass nur ein Einzelner diesen Konflikt artikuliert.

4.9 Fallbeispiel: Elektrische Energieversorgung (4)

Innerhalb der elektrischen Energieversorgung treten mehrheitlich business-as-usual Konflikte auf. Dies hängt damit zusammen, dass die Stromversorgung eine bereits gut inkulturierte Technik ist.

Business-as-Usual-Konflikte

Die Mehrzahl der Konflikte der Energietechnik sind vom Typ business-as-usual. Ethisch neutral und unstrittig sind Projekte, die auf eine Minimierung der Nebenfolgen elektrischer Energieerzeugung abzielen. Dazu gehören die für Ingenieure gestaltbaren Aufgaben einer rationelleren Energieerzeugung und Energienutzung, sowie der Maßnahmen zur Luftreinhaltung. Hauptaufgabengebiete sind die Erhöhung des Gesamtwirkungsgrades von Kraftwerken und eine Minimierung der Verluste bei der Anwendung und Übertragung. Parallel dazu wird an alternativen Erzeugungsstrukturen, wie Brennstoffzellen, Wind- und Solarkraftwerken und in langfristiger Perspektive an Fusionskraftwerken, gearbeitet, die einen Beitrag zur Lösung des Problems steigender Energienutzung liefern. Allerdings sind alle alternativen Strategien mit Zielkonflikten behaftet. Bei der Brennstoffzelle ist dies die Frage nach der Herstellung des Wasserstoffs, der bislang noch aus Erdölprodukten gewonnen wird, Windkraftwerke geraten mit dem Landschaftsschutz in Konflikt und bei Solarenergietechniken bedürfen die Materialien einer energieintensiven Produktion und sind aus Recyclinggründen problematisch. Die technische Realisierung von Fusionskraftwerken ist erst langfristig möglich.

Ein technikethisches Problem, das nicht mehr alleine mit Priorisierungsregeln entscheidbar ist, ist die empirisch feststellbare Tatsache, dass Bemühungen um eine effizientere Energiebereitstellung durch breitere bzw. neue Nutzung der Energie überkompensiert werden. Hier können Ingenieure in der Gesellschaft zur Schaffung eines Bewusstseins für die Nutzung elektrischer Energie als Nutzung von Primärenergie beitragen und auf eine Veränderung des Lebensvollzugs zu einem weniger energieintensiven Lebensstandard hin arbeiten.

Ein Beispiel für einen business-as-usual-Konflikt ist die Ausrüstung von Kraftwerksanlagen mit elektrostatischen Luftfiltern. Elektrofilter mit hohem Abgasreinigungsgrad, die eine Abgasreinigung bis auf die Ebene der Feinstäube leisten, sind teuerer als Luftfilter, deren Abscheidegrad bei 99,9% liegt, die aber nicht in der Lage sind, Feinststäube auszufiltern, deren gesundheitliches Gefährdungspotential und negative Wirkung auf die Erdatmosphäre jedoch hoch ist. (Miller, 1997) Es ist bei begrenzten finanziellen Mitteln ethisch verantwortet, eine Option zu favorisieren, bei der eine Vielzahl von Kraftwerken mit Elektrofiltern ausgerüstet wird, die „nur" einen Abscheidegrad von 99,9% aufweisen, gegenüber einer Option, mit dem gleichen Aufwand nur wenige

Kraftwerke mit hocheffektiven Elektrofiltern auszustatten. Für die installierten Filter kann auf eine weitere Verfeinerung der Technik in Zukunft vertraut werden, mit der die Filter in einem zweiten Schritt nachrüstbar sind. Der Druck für eine Nachrüstung der Filter hängt dabei von Gesetzgebungsverfahren zur Luftreinhaltung ab, die nicht alleine Gegenstand der Technikgestaltung sind.

Strategische Verantwortung

In gesellschaftlicher Perspektive können Ingenieure strategische Verantwortung übernehmen, wenn sie klarstellen, dass auf Grund des hohen Verwebungsgrades der Energieversorgungstechnik mit der technologischen Textur schlagartige Änderungen der Versorgungsstruktur nicht möglich sind. Sie können klarstellen, dass regenerative Energieträger beim derzeitigen Stand der Technik nur einen begrenzten Beitrag zur Bedarfsdeckung leisten können. Die normative Forderung, 100% der Energiebereitstellung aus regenerativen Quellen innerhalb von kürzester Zeit zu realisieren, ist unrealistisch und unethisch, weil sie falschen Erwartungen Tür und Tor öffnet. Eine realistische Argumentation muss berücksichtigen, dass in diesem Bereich nur schrittweise Änderungen möglich sind und wegen der Echtzeitproblematik ein hochverfügbares Energiebereitstellungssystem vorhanden sein muss. Ein ethisches Dilemma ist die Frage nach dem weiteren Ausbau von Versorgungsnetzen in Ländern, die bislang noch über keine zentrale Versorgung verfügen. Einerseits ist der weitere Ausbau aus sozialen Gründen geboten, andererseits wächst damit der Bedarf an elektrischer Energie weiter. Dieses Dilemma führt auf einen normativen Konflikt zwischen Gesellschaftsqualität und Umweltqualität, der nicht ohne weiteres mit Priorisierungsregeln entscheidbar ist. Eine mögliche technische Lösung ist der Aufbau einer Versorgung, die sich im Rahmen nachhaltiger Entwicklung bewegt, wobei unter dem Paradigma der Verteilungsgerechtigkeit zu klären ist, wieso Industrieländer einen höheren Anteil an der Energienutzung zugeteilt bekommen als Schwellenländer. Ein weiterer Ausbau der Erzeugung elektrischer Energie aus Biomasse, etwa durch Verbrennung von Rapsmethylestern in Blockheizkraftwerken konkurriert, wenn die Biomasse nicht selbst dem Bereich der Abfallstoffe angehört, mit der anderweitigen Nutzung von Agrarflächen, etwa zur Produktion von Lebensmitteln.

Technikgestaltung und gesellschaftliche Fragen

Wie verquickt technikethische Probleme sind, und wie unvermutet sie auftreten können, zeigt das folgende Beispiel: Das indische Energieversorgungsunternehmen NTPC (National Thermal Power Corporation) hatte 1997 zur Errichtung eines GuD (Gas und Dampf)-Kraftwerkblocks mit einer Leistung von 430 MW ein Grundstück in Faridabad erworben. (Nat. Therm. Power Co, 2002) Das Grundstück lag aus technischer Sicht optimal, weil sich das Gelände nahe eines Lastschwerpunktes befand, die Gasversorgung über eine vorhandene Pipeline erfolgen konnte, und zur Kühlung Wasser aus einem Kanal vorhanden war. Im Verlauf der Erschließungsarbeiten stellte sich heraus, dass sich auf diesem Grundstück seit Jahrhunderten eine Feuerbestattungsstätte befand, die bis zur Erstellung des Kraftwerks benutzt wurde. In der Nähe des Grundstücks befand sich das Dorf Mudjahri. Durch nichtgenehmigte Erweiterung des Dorfes war an der, für den Kühlturm geplanten Stelle, ein neuer Dorfteil mit etwa 50 Bewohnern entstanden. Die Kraftwerksbauer gerieten in Konflikt mit den angestammten Rechten, Sitten und religiösen Vorstellungen der Anwohner. Zum einen sollte der Teil des Dorfes, der auf dem Werksgelände entstanden war verlegt werden, zum anderen durfte den vorherrschenden religiösen Vorstellungen zufolge, aus Respekt vor den Toten, auf einer Feuerbestattungsstätte kein Kraftwerk gebaut werden. Es wäre legal gewesen, das Kraftwerk ohne Rücksicht auf die Anwohner zu bauen, weil in Indien ein Gesetz existiert, das die Verstaatlichung von Privatbesitz dann erlaubt, wenn nationale Interessen es erfordern. Mit einer gewissen Berechtigung hätte man diesen Schritt damit begründen können, dass in einer strukturschwachen Gegend eine ganze Reihe von Arbeitsplätzen durch den Kraftwerksbau geschaffen werden und dass die Anwohner selbst Nutznießer elektrischer Energie sind. NTPC entschloss sich, einen anderen Weg zu gehen. Die Verlegung des Dorfes war Gegenstand einer Kontroverse, die bis an den Rand einer Klage führte. NTPC kam den Bewohnern schließlich soweit entgegen, dass sie der Verlegung des Dorfes zustimmten und die schon eingereichte Klage zurückzogen. Das Dorf wurde verlegt, wobei NTPC Hilfen und einen finanziellen Ausgleich zur Verfügung stellte. Bezüglich der Feuerbestattungsstätte suchte man zur Beilegung des Konflikts gemeinsam mit den religiösen Führern und den Anwohnern einen diskursiven Weg. Nach Konsultation der Ältesten durch die verantwortlichen Ingenieure ergab sich der folgende Kompromiss: NTPC stellte einen Teil des gekauften Geländes für den Neubau einer Feuerbestattungsstätte zur Verfügung, an dessen Kosten sich das Unternehmen beteiligte. NTPC finanzierte diese Stätte, errichtete einen Andachtsraum samt eines gesonderten Zugangs zu diesem Teil des Geländes. Aus Respekt vor den religiösen Gefühlen der Anwohner plante man die Anlage derart um, dass der Bereich der ehemaligen Feuerbestattungsstätte, obwohl auf dem Werksgelände, nicht mit Gebäuden überbaut wurde. Im Gegenzug gaben die Anwohner ihr Einverständnis zum Bau des Kraftwerks und behinderten weder den Bau noch den Betrieb. Das Beispiel zeigt, wie Technikgestaltung in der Praxis nicht alleine auf technische Details beschränkt ist, sondern gegebenenfalls gesellschaftliche und kulturelle Werte mit ins Kalkül ziehen muss. Das Kraftwerk ist seit Juli 2000 im Betrieb. Eine Konfliktlösung, wie im hier vorgetragenen Beispiel, ist nur möglich, wenn neben den technischen Gründen für die Auswahl eines Standorts weitere Anforderungen berücksichtigt und als legitim anerkannt werden. Sie erfordert von allen Beteiligten die Zustimmung zur gewaltfreien Konfliktlösung durch Aushandeln.

5 Das Unternehmen als pragmatischer Ort der Technikethik

Technikgestaltung erfolgt mehrheitlich in Unternehmen und Großforschungseinrichtungen. In diesen Unternehmen müssen ethische Konfliktsituationen bewältigt werden. Aufgabe von Unternehmensethiken ist, für ethisch sensitive Entscheidungen in der Technikgestaltung und –nutzung (Kapitel 4.2), geeignete Rahmenvorgaben für die Konfliktbewältigung bereitzustellen. Es geht um die Frage, wie Technik innerhalb dieser Strukturen verantwortet und unter welchen Randbedingungen sie gestaltet werden kann. Teilweise bestehen bereits Überlegungen zur Wirtschafts- und Technikethik die zu beachten sind. (Hengsbach, 1991); (Hohmann/Blome-Drees, 1992); (Lenk/Maring, 1997)

5.1 Randbedingungen einer Ingenieursethik im Unternehmen

Für jedes Handeln innerhalb eines Unternehmens gilt, dass es sich im Bereich beschränkter Möglichkeiten ereignet (Kapitel 3.5.2). Nicht alles, was aus ingenieursethischer Sicht wünschenswert wäre, lässt sich auch direkt in die Praxis umsetzen. Zunächst einmal muss die Berücksichtigung ethischer Wertvorstellungen nicht nur vom Ingenieur selbst, sondern auch vom Unternehmen explizit gewollt sein. An dieser Stelle tritt allerdings das alte ingenieursethische Dilemma zu Tage: Diejenigen, die eine Unternehmensethik am meisten fordern, bräuchten sie gar nicht, weil sie selbst schon versuchen, ethisch zu handeln, sonst kämen sie gar nicht zu dieser Forderung. Hingegen haben jene, welche die Berücksichtigung ethischer Gesichtspunkte am vehementesten ablehnen diese aus gesellschaftlicher Sicht am dringendsten nötig.

In praxi hat das Wirtschaftssystem für den Ingenieur als Technikgestalter axiomatischen Charakter. Der Ingenieur mag zwar beklagen, dass das derzeitige Wirtschaftssystem erhebliche Schwächen hat, er vermag jedoch an der Tatsache, dass ökonomische Effizienz stärker gewichtet wird als technische Perfektion nicht viel ändern. Das grundlegende Problem der *fortschreitenden Dogmatisierung des Marktmodells* durch die Wirtschaftswissenschaften bzw. das *„Regime der Ökonomie“* (H. Spinner) kann er zwar bemängeln, *er kann es jedoch* in seiner Rolle als Technikgestalter *nicht beheben.* Eine Mehrzahl der Konflikte innerhalb des Ingenieurshandelns sind Konflikte um wirtschaftliche -also nichttechnische- Gesichtspunkte. Ingenieure würden oftmals gerne eine bessere Technik entwickeln, wenn ihnen nicht fortwährend Restriktionen durch ökonomische Argumenten nach dem Kosten/Nutzenprinzip auferlegt würden. Die Auswahl einer Technik gegenüber einer anderen läuft in aller erster Linie nach Wirtschaftlichkeitsaspekten. Zu kritisieren ist, dass Technik in der wirtschaftlichen Praxis lediglich als Mittel der Wertschöpfung betrachtet wird, wohingegen die kulturelle und soziale Dimension nahezu keine Rolle spielt. (vgl. Kapitel 3.3 und 4.5; zur Kritik siehe W. Rammert (Rammert, 1993) und J. Halfmann (Halfmann, 1996))

Weil die Wirtschaftlichkeit als Kriterium einen derartigen Stellenwert einnimmt, muss in Überlegungen zur Technikethik kurz darauf eingegangen werden. Die hier vertretene These lautet: Technikethik ist eng mit der Wirtschaftsethik verwoben, geht aber nicht darin auf. Aufgabe der Technikethik ist die Gestaltung einer gesellschaftlich akzeptablen Technik. Die Frage nach der Adäquatheit des Wirtschaftsystems ist hingegen Aufgabe der Wirtschaftsethik. Weil Wirtschaftlichkeitsanforderungen viele Konflikte um die Technikgestaltung dominieren und nicht selten zu massivem unethischem Verhalten führen, ist das Modell des freien Marktes kurz einer Kritik zu unterziehen. (siehe die Fallbeispiele in (Unger, 1982)) Die derzeitige Verwendung des Modells des freien Marktes in der Ökonomie unterliegt einem naturalistischen Fehlschluss, weil dem „Gesetz des freien Marktes“ der Status eines Naturgesetzes im naiven Sinn eingeräumt wird. Das lässt sich daran festmachen, dass für die Güte des Modells immer wieder gefordert wird, es müsse der „Realität“ entsprechen bzw. diese korrekt abbilden. Über den naturalistischen Fehlschluss hinaus tendiert das Modell zur Autoimmunisierung gegen Kritik.

> *Wenn die unsichtbare Hand des Marktes nicht alles zum Wohle aller regelt, dann liegt das nicht etwa an der Unzulänglichkeit des Marktmodells, sondern vielmehr daran, dass der freie Markt zu stark behindert wird. Wenn die Lockerung der Einschränkung kein Mehr an Allgemeinwohl bringt werden andere Gründe der Behinderung ausgemacht.*

Ob im nachmetaphysischen Denken dieses Modell der unsichtbaren Hand überhaupt adäquat ist, wird nicht thematisiert. Das freie Marktmodell wird, genauso wie das Modell des individuellen Verbraucherverhaltens bei sicheren Entscheidungsgründen, (CCT) tautologisch verwendet.(Hodgson, 2001; S.79-90) Es wird seinem Grunde nach nicht kritisiert, noch wird sein Modellcharakter explizit erwähnt. Die Reduktion des Menschen auf den homo oeconomicus, dessen einziges Ziel die Befriedigung seiner Bedürfnisse ist, führt zur Tendenz, alle Lebensbereiche dem Prinzip der Kosten/Nutzenrelation zu unterwerfen. Dies ist aus ethischen Gründen zu kritisieren, weil Menschen sich jederzeit anders als ökonomisch verhalten können und dies in verschiedenen Lebensbereichen auch tun. Die Schieflage rührt daher, dass die Modellbildung der Ökonomie ihren eigenen Modellcharakter konsequent übersieht. Aus kulturalistischer Sicht lassen sich Märkte als Teil einer Handlungsstrategie rekonstruieren, die auf den effizienten Austausch von Waren und Gütern abzielt. Das System des Geldmarktes ist selbst in weitestem Sinn eine „Technik", die ein intendiertes Ziel verfolgt. (Kapitel 3) Über Zweck und Zielerreichung des wirtschaftlichen Systems kann rational verhandelt werden. Als Technik soll sie der Lebensbewältigung dienen. Eine Kritik des Wirtschaftssystems muss sich an der Frage orientieren, ob es dies leistet oder nicht. Das wirtschaftliche System ist selbst eine Konstruktion, die Teil einer bestimmten Kultur ist und auf einer bestimmten Kulturhöhe beruht. Sie ist nicht eine „Naturgegebenheit", sondern unterliegt menschlichen Zwecksetzungen in einer Handlungsgemeinschaft.

Wirtschaftlichen Restriktionen wird nachfolgend der Status einer Randbedingung eingeräumt. Darüber soll nicht vergessen werden, dass die Akzeptanz dieser Randbedingung selbst bereits eine voluntative Setzung ist, deren Sinnfälligkeit zu hinterfragen bleibt. Fragen des Wirtschaftsystems können nicht allein vom Berufsstand der Ingenieure getragen werden. Ingenieure sollen lediglich im Blick behalten, dass ökonomische „Randbedingungen" ihrer Tätigkeit keinesfalls als absolut fix zu betrachten sind. Ihre Aufgabe ist klarzustellen, wann ökonomische Gründe warum eine bessere Technik verhindern.

5.2 Schnittstelle Unternehmen-Gesellschaft

5.2.1 Notwendigkeit der Systemperspektive

Ethisches Handeln in Unternehmen bedingt eine Systemperspektive, die der Verwebung des Unternehmenshandelns mit der technologischen Textur der Gesellschaft (Kapitel 3.4.4) Rechnung trägt. Die meisten Technikfolgen lassen sich erst in einer langfristigen und über die Grundanforderungen an ein Produkt hinausgehenden Systemperspektive erschließen. Die in Kapitel 3.5.5 erarbeiteten Leitlinien einer Technikentwicklung setzen diese Perspektive voraus. Die derzeitige Struktur wirtschaftlichen Handelns erschwert das Einnehmen der Systemperspektive, weil ein Planungszeitraum von 2-3 Jahren für mittelständische Unternehmen als ausreichend gilt. Vor diesem Hintergrund wird verständlich, warum die Forderung nach Nachhaltigkeit weitgehend ungehört verhallt, wenn diese nicht Bestandteil technischer Normen oder Anforderungen der Auftraggeber sind. Die *langfristigen Auswirkungen* gewisser Entscheidungen können, wenn Planungszeiträume auf 3 Jahre beschränkt sind, keine Rolle spielen, weil sie in der Regel im Planungszeitraum nicht relevant sind. An dieser Stelle wird ein Zeitskalen-Dilemma offenbar: die Folgen technischen Handelns stellen sich oft erst mit einer Verzögerungszeit ein, die größer als der Planungszeitraum ist. Aus gesellschaftlicher Perspektive ist gerade *den langfristigen Auswirkungen eine besondere Beachtung* zu schenken. Hier wäre eine Systemperspektive entscheidend, damit Entscheidungen, die einen breiteren Kontext treffen, im richtigen Zusammenhang bewertet werden. Bei Großtechniken kann dies eher von der Nutzerseite als von der Herstellerseite erfolgen, weil Betreiber technische Anlagen über Jahrzehnte nutzen. Die Nutzungsdauer geht dabei in der Regel über die Zeit weit hinaus, in der das erworbene Produkt Teil des Lieferprogramms des Herstellers ist. Zu untersuchen ist, ob das Einholen der Systemperspektive vorgeschrieben werden kann, um eine Verbesserung der Technik im Blick auf ihre Sozialverträglichkeit zu erreichen, oder ob der normale Marktmechanismus der Technikakzeptanz dazu ausreicht. Der Ausgangspunkt solcher Überlegungen ist die für Unternehmen und ihren Erfolg wesentliche Einsicht „... *dass die Durchsetzbarkeit technischer Produkte am Markt weit mehr an der gesellschaftlichen Akzeptanz als an der technischen Realisierbarkeit zu orientieren ist*“ (Minx/Meyer,2001; S. 40) (siehe auch Kapitel 3.3)

5.2.2 Einholung der Beobachterperspektive

Die Einholung der Beobachterperspektive wird in verschiedenen Ebenen von Unternehmen realisiert. Dies gilt für die drei großen Bereiche Umweltschutz, Sicherheit und Marktforschung. In relativ geringem Umfang haben Ingenieure damit zu tun, wenn sie z.B. Betriebsanleitungen mit Warnhinweisen versehen, die auf Missbrauch oder Unfallgefahren hinweisen sollen, oder aufgefordert sind, „nutzerfreundliche“ Produkte zu gestalten. In weit größerem Maße kommt diese Ebene zum Tragen, wenn Anforderungen und Produktspezifikationen im Rahmen von Lastenheften und Projektierungen zu treffen sind. Die Einholung der Beobachterperspektive liegt im Eigeninteresse des Unternehmens, weil sie für folgende drei Aspekte der Produktentwicklung und des Produktvertriebs notwendig ist:

1. Für neue Produkte muss gesellschaftliche Akzeptanz bereitgestellt werden. Weil neue Techniken immer Herausforderungen an die gesellschaftliche Entwicklung stellen, kann die Akzeptanz verbessert werden, wenn die gesellschaftliche Ebene bereits bei der Produktentwicklung ausreichend mitbedacht wird.

2. Die Auslotung des Marktpotentials bedarf der Abschätzung der gesellschaftlichen Entwicklung.

3. Die Überprüfung der Kompatibilität des Produktes mit der bestehenden gesellschaftlichen Kohärenz ist eine Voraussetzung der Inkulturalisierung des Produkts.

Die Einholung der Beobachterperspektive braucht nicht beständig erfolgen, sie kann sich vielmehr auf einzelne Stationen innerhalb der Produktentwicklung beschränken, die gesellschaftlich relevant sind. Dies ist insbesondere für die Erstellung der Produktspezifikation, die Lastenheftphase und Vertrieb bzw. Inbetriebnahme/Inkulturierung der Fall. Hingegen sind das konkrete Produktdesign, die Voraus- und Musterentwicklung sowie die Werkstests nicht in erster Linie mit gesellschaftlichen Anforderungen verknüpft.

5.3 Möglichkeiten und Grenzen von Unternehmensethiken

Die weitaus meisten Unternehmen gehen zwischenzeitlich dazu über, Leitsätze für das Unternehmen zu formulieren und die Einhaltung der Leitsätze von ihren Mitarbeitern zu fordern. (Stora-Enso, 2001a; Siemens, 2001a) Dabei ist noch einmal zwischen Leitsätzen und Verhaltenskodizes für Mitarbeiter zu unterscheiden. Leitsätze enthalten nicht per se ethische Elemente, sind sehr allgemein gehalten und bedürfen einer Konkretisierung bis auf die Ebene der Entscheidungsfindung. Die Gefahr des bloßen moralischen Appells, der zwar jeden Morgen an der Werkspforte gelesen wird, dem aber im Tagesgeschäft keinerlei Bedeutung zukommt, ist hier sehr groß.

Die Formulierung von Unternehmensleitsätzen und Verhaltenskodizes bleibt weitgehend wirkungslos, wenn ihre Einhaltung nicht in geeigneter Art und Weise überprüft und unterstützt wird. Die Überantwortung der Umsetzung der relativ grob umrissenen Leitsätze allein an die Angestellten überfordert den Einzelnen. Insbesondere bleibt sie hinter den faktisch sowieso geltenden ethischen Forderungen, etwa der Einhaltung und Annerkennung des geltenden Rechts zurück, und wäre überflüssig. Eine wirksame Unternehmensethik bedarf geeigneter Institutionen, die eine Rechtfertigung des Handelns fordern und zur Übernahme von Verantwortung ermutigen. Die Institutionen sind selbst darauf zu verpflichten, erweiterte Regeln für die Anwendung der Unternehmensgrundsätze an den konkreten Orten zur Verfügung stellen. Als Leitgedanke für die Strukturierung einer Unternehmensethik gilt:

Weil Technikentwicklung und –gestaltung in Unternehmen dezentral und prozesshaft strukturiert ist, muss eine Ethik der Technikgestaltung ebenfalls diese Struktur aufweisen, wenn sie wirksam sein soll. Es genügt nicht, allgemeingültige Paradigmen und ethische Grundsätze auf die Ebene der Unternehmen „herunterzubrechen“ oder diese „gnadenlos durchzudeklinieren“ (Catenhus zitiert in (Grunwald, 1999; S. 12).

Die prozesshafte Strukturierung der Institutionen berücksichtigt, dass Technik mit strukturierten Handlungsketten verbunden ist (Kapitel 3), also gerade nicht durch Einzelhandlungen verstanden werden kann.

Eine Ethik die lediglich versucht „immer schon geltende Werte" in die Praxis herunterzubrechen, muss notwendigerweise bei moralischen Appellen stehen bleiben. Sie beschränkt sich auf das Moralisieren. Allgemeine Grundsätze können wegen ihres Allgemeinheitscharakters gar nicht auf spezifische Anforderungen, wie sie für technische Mittel notwendig sind, reagieren. Es ist unmöglich, von vorneherein und ein-für-alle-Mal Richtlinien und Wertvorstellungen für die Technikentwicklung festzulegen. Solche Vorstellungen können nicht auf Vorrat produziert werden. Eine derartig zugeschnittene Ingenieursethik bleibt dem Blickwinkel des Beobachters verhaftet, sie lässt den Ingenieur, der gewillt ist, sich von ihren Handlungsanweisungen leiten zu lassen gerade dann im Stich, wenn er nach Leitlinien zu fragen beginnt. Letzten Endes muss er nämlich selbst entscheiden, welche Grundsätze in der konkreten Situation anzuwenden sind. Das Fehlschlagen bisheriger Bemühungen um eine Ethik der Technikgestaltung kann unter anderem darauf zurückgeführt werden, dass die Ansätze immer von der Meta-Ebene aus konstruiert wurden und die Feinarbeit als Aufgabe den Agierenden überlassen blieb. Diese waren dann im Zweifelsfall genauso weit, wie sie ohne die philosophische Reflexion ohnehin schon waren: Sie mussten selbst ansetzen, um den Konflikt zu bewältigen.

Eine wichtige Grundvoraussetzung für die Umsetzung von Unternehmensethiken in die Unternehmenspraxis ist, dass Verantwortungswahrnehmung in ethisch redlicher Weise explizit gewollt sein muss. Die faktische Wirksamkeit oder Wirklosigkeit einer Unternehmensethik ist nicht objektiv messbar, sie hängt unter anderem von der Wahrnehmung der Akteure ab, die eben nicht bloß Beobachter, sondern vielmehr Teilnehmer des Geschehens sind. Eine Unternehmensethik die von der Unternehmensleitung als lästiger Ballast angesehen wird, kann keine faktische Wirksamkeit haben.

5.3.1 Praxisbeispiele:

Für die nachfolgende Untersuchung wurden qualitativ 5 Unternehmen untersucht. Die Untersuchung erhebt keinen Anspruch auf Repräsentanz der Gesamtsituation, sondern soll qualitativ den aktuellen Diskussionsstand bezüglich der Unternehmensethiken an Hand zweier mittelständischer und dreier Großunternehmen spiegeln. Grundlage der Untersuchung sind allgemein zugängliche Unterlagen. Bewertungen spiegeln die Meinung des Verfassers wider. Am intensivsten wurde das Konzept der Stora-Enso AG untersucht. Sie ist gleichzeitig ein herausragendes Beispiel für die

Durchsetzung einer Unternehmenskultur die zentrale und dezentrale Elemente in ausgewogenem Verhältnis beinhaltet.

5.3.1.1 ABB

ABB hat sich globale und nationale Visionen, Missionen und Wertvorstellungen gesetzt. Leitender Wert des Unternehmenshandelns von ABB ist die Wertschöpfung, die noch einmal in die Unterpunkte Anleger, Kunden, Gesellschaft und Mitarbeiter unterteilt ist. Einzelne Gesellschaften haben diese für ihren Bereich weiter präzisiert. Zu den Grundwerten zählt das Engagement für Nachhaltigkeit, dem durch breit angelegte Forschung besonderes Gewicht gegeben wird. Als konkretere Maßnahme hat ABB einen Business-Ethics-Code ABB (2002) herausgegeben, der inhaltlich mit den Anforderungen anderer Großunternehmen übereinstimmt. Der Code bezieht sich auf das OECD-Abkommen von 1997. Über die gesetzlichen Regelungen hinaus wird von den Angestellten Aufrichtigkeit und Fairness verlangt. Der ABB Business Ethics Code wiederholt über weite Passagen, was in Deutschland ohnehin gesetzlich und arbeitsrechtlich festgeschrieben bzw. in Arbeitsverträgen explizit geregelt ist. Ergänzend fordert er die Einhaltung gewisser Leitlinien, zu denen die Nulltoleranz gegen unethisches Verhalten und die Schulung der Mitarbeiter gehört. Zusätzlich haben einzelne nationale Gesellschaften eigene Wertekodizes erlassen und festgeschrieben. Die Umsetzung in die Praxis ist bei ABB eine Aufgabe der Einzelgesellschaften. Für Mitarbeiter werden Schulungen zu korrektem ethischen Verhalten durchgeführt. Die Stärke des Business-Ethics-Code ist seine Festschreibung einheitlicher Verhaltensregeln im internationalen Geschäft.

Der Business Ethics Codex nimmt Bezug auf die Formulierung „ ABB erwartet von allen Mitarbeitern den höchsten Standard ethischen Verhaltens“ und eine „konzernweite Einhaltung der Regeln“ ohne dass auf die Regeln und Standards, sowie das zugrundeliegende Wertsystem eingegangen wird. Wie höchstes ethisches Verhalten konkret aussieht und wer dafür zuständig ist, bleibt offen:

> *„diese Broschüre ist ein Nachschlagedokument ... es begründet weder direkt noch implizit, Rechte und Pflichten der ABB Ltd. oder der mit ihr verbundenen Unternehmen, für oder gegenüber natürlichen oder juristischen Personen oder sonstigen Körperschaften, noch ist es so auszulegen“ ABB (2002)*

Wenn man Business-Ethics Codes als eine Möglichkeit gesellschaftlicher Verantwortungswahrnehmung durch Festschreibung gesellschaftlicher Regeln für das Unternehmenshandeln ansieht, dann steht die oben zitierte Anmerkung in krassem Widerspruch zu diesem Konzept. Das Unternehmen schreibt zwar Verantwortung fest, lehnt die gesellschaftliche Einforderung von Rechenschaft aber kategorisch ab. Dies ist, wie in Kapitel 4.3 dargelegt, gar nicht möglich, weil Verantwortung und Rechenschaft untrennbar miteinander verwoben sind.

5.3.1.2 Mittelstandsunternehmen

Die beiden untersuchten Unternehmen des Mittelstands sind ähnlicher Prägung. Beide haben weniger als 500 Mitarbeiter, sind aus einer Familientradition gewachsen und auf dem Gebiet der Elektrotechnik tätig. Keines der beiden Unternehmen hat eine explizit festgeschriebene Unternehmenskultur oder einen Ethik-Kodex. Aus diesem Grund haben sich implizite Verhaltensregeln etabliert, die den Stil der Unternehmen prägen. Diese sind stark vom Menschenbild des Firmengründers und der Interpretation seines Verhaltens durch die Mitarbeiter abhängig.

> *„Wir halten uns an das, was der Chef uns vorgibt. Wie er meint, dass Geschäftsbeziehungen gestaltet werden sollen, äußert sich doch in seinem Verhalten"*

Diese implizite Prägung der Unternehmenskultur kann durchaus zu erfolgreichen ethischen Ansätzen führen. Dabei sind die Führungskräfte Vorbilder für die Mitarbeiter. Es kann sogar vorkommen, dass die Mitarbeiter auf die Einhaltung der impliziten Werte und Normvorstellungen normativ verpflichtet werden. In der Regel erfolgt dies in Konfliktfällen, mit Äußerungen wie „dies entspricht nicht dem Stil unseres Hauses", ebenso kann vorkommen, dass von Seiten des Kunden „der familiäre Stil des Hauses" lobend erwähnt wird. Nur ist diese (implizite) Zielerreichung viel stärker von den Einzelhaltungen der Mitarbeiter und deren Meinungen abhängig. Vor allem ist sie schlecht einforderbar. Fehlt eine klare Verantwortungszuschreibung an die Mitarbeiter und Verfahrensanweisungen für die Projektabwicklung, dann verbleibt das Verhalten der Mitarbeiter innerhalb des individuellen Gutdünkens, wobei die Praxis der Abteilung prägend wirkt. Dies ist so lange *unproblematisch*, wie keine Konflikte auftreten. Im Konfliktfall ergeben sich gleich mehrere Schwierigkeiten. Zum einen kann von Mitarbeitern nicht verlangt werden, dass sie bestimmte (unbekannte) Wertvorstellungen einhalten, zum anderen können sich Mitarbeiter in Konfliktfällen nicht auf eine gemeinsame Basis einzuhaltender Wertvorstellungen berufen. Nach außen hin ist für Kunden nicht transparent, wie Konflikte gelöst werden und nach welchen Wertvorstellungen das Unternehmen seine Geschäftsbeziehungen in den Teilen, die über die AGB und gesetzlichen Vorschriften hinausgehen, gestaltet. Ob der Kunde mit dem Verhalten des Unternehmens hinsichtlich ethischer Grundsätze zufrieden ist, hängt dann letztlich nur davon ab, welcher Sachbearbeiter für das Projekt zuständig ist. Hierfür ist die folgende Kundenmeinung durchaus typisch:

„ ...Bei diesem Unternehmen kommt es halt darauf an, dass man mit seinem Sachbearbeiter Glück hat und dieser fair ist und hält, was er verspricht. Hier haben wir schon sehr unterschiedliche Erfahrungen gemacht ...“

Auffällig ist, dass sich in den einzelnen Abteilungen Gruppenethiken herausbilden, die sich teilweise widersprechen und die gegeneinander eingesetzt werden. Hier äußert sich der fehlende Kohärenzbereich der Gruppenethiken, der durch die Festschreibung einer Unternehmensethik einen Grobrahmen erhalten würde. Die Beziehungen zum Kunden und die dafür geltenden Spielregeln sind größtenteils in Arbeitsverträgen niedergeschrieben und haben damit arbeitsrechtliche Relevanz. Dagegen verbleiben Grauzonen für die Projektabwicklung bestehen, für die die Ausformulierung von Handlungsanweisungen hilfreich wäre. In Konfliktfällen sind die Mitarbeiter auf den guten Willen der Vorgesetzten angewiesen. Für beide Mittelstandsunternehmen gilt, dass der Planungshorizont sich auf ein Maximum von drei Jahren erstreckt, was sich für eine langfristige gesellschaftliche Verantwortungsübernahme als hinderlich erweist.

5.3.1.3 Siemens

Siemens hat sich als Unternehmen zu einem Corporate Citizenship verpflichtet und für das Unternehmen festgeschrieben, dass seine Produkte zur Verbesserung der Lebensqualität beitragen sollen. In die Unternehmenskultur ist daher eingebunden, dass Ökonomie, Umweltschutz und soziale Verantwortung gleiches Gewicht im Unternehmenshandeln erhalten sollen. Dies ist ein ethisch recht weit gehender Ansatz. Der Ökonomie wird damit nicht automatisch der höchste Stellenwert eingeräumt, sondern sie steht gleichberechtigt neben anderen Werten. Hinsichtlich ethischem Handeln hat die Siemens AG einen relativ grob umrissenen Standard für ethisches Verhalten mit den wichtigsten Verhaltensregeln aufgestellt. Diese entsprechen und wiederholen in weiten Teilen die gesellschaftlichen Üblichkeiten und gesetzlichen Regelungen. Für die USA hat sie für ihre Mitarbeiter einen Legal Compliance Standard (Siemens, 2001) entwickelt, in dem die wesentlichen wirtschafts- und verhaltensethische Grundsätze festgehalten sind, und den jeder Mitarbeiter unterschreiben muss. Die wichtigste Funktion innerhalb dieses Standards ist die Festschreibung und Wiederholung der Regeln allgemeiner Ethik und der Antikorruptionsvorschriften, die damit auch auf Länder angewandt werden, in denen die Korruption zur geschäftlichen Üblichkeit gehört. Die Siemens USA verfügt über ein Ethik-Commitee, dem ein Mitglied des Personalwesens angehört. Darüber hinaus gibt es Ethics-Officer für die Einzelunternehmen. Für die Mitarbeiter wurde eine kostenlose Ethics-Helpline eingerichtet, an die der Mitarbeiter Beobachtungen über unethisches Verhalten berichten kann. Die Mitarbeiter haben die Zusicherung, dass keine negativen Sanktionen aus der Benutzung der Ethics-Helpline folgen, sie können bei Benutzung der Helpline wählen, ob sie Vorfälle anonym oder nichtanonym berichten. Die Helpline besteht aus einem Tonband. Auf Wunsch kann der Mitarbeiter sich jedoch mit einem Mitglied des Ethics-Commitee verbinden lassen. Sanktionen drohen dem Mitarbeiter allerdings dann, wenn die Helpline missbräuchlich oder für die Durchsetzung von Eigeninteressen zu Mobbingzwecken verwendet wird.

5.3.1.4 Stora-Enso

Die Stora-Enso AG ist 1998 aus dem Zusammenschluss der schwedischen Stora mit der finnischen Enso entstanden. Anlässlich dieses Zusammenschlusses sah sich die neu entstehende Geschäftsleitung damit konfrontiert, einen internationalen Konzern führen zu müssen. Frühzeitig fiel die Entscheidung, dem neu entstandenen Konzern eine soweit wie möglich einheitliche Unternehmenskultur geben zu wollen. Für diese Unternehmenskultur soll das Bewusstsein prägend sein, dass innerhalb der Stora-Enso Menschen unterschiedlicher Kulturkreise miteinander arbeiten. Die Entwicklung der Unternehmenskultur folgte dem Leitgedanken, die kulturellen Unterschiede zwischen den einzelnen nationalen Gesellschaften zu respektieren ohne auf einheitliche Grundsätze für den gesamten Konzern zu verzichten. Die Überlegungen mündeten in einen Prozess, in dem eine typische Arbeitsteilung zwischen der Konzernzentrale und den einzelnen Werken stattfand. Während die Unternehmensleitung auf der Macro-Ebene möglichst globale Grundsätze formulierte, sollten die einzelnen Werke diese Grundsätze in die Micro-Ebene ihrer Praxis hinein explizieren. Von der Unternehmensleitung wurden unter Einbeziehung weiterer Experten zunächst Grundsätze innerhalb eines „Mission, Vision, Values" genannten Prozesses die folgenden globalen Wert- und Zielvorstellungen für den Gesamtkonzern festgeschrieben:

Mission:

Wir fördern Kommunikation und Lebensqualität durch die Verarbeitung nachwachsender Faserstoffe zu Papier, Verpackungsmaterial und Holzerzeugnissen

Vision:

Wir werden das weltweit führende Unternehmen der Forstindustrie

- Wir setzen uns an die Spitze der Entwicklung in der Forstindustrie
- Die Kunden wählen uns, weil wir ihnen mehr bieten können
- Die Anleger wählen uns, weil wir Werte schaffen

- Unsere Mitarbeiter sind stolz darauf, unserem Haus anzugehören
- Wir sind ein begehrter Partner unserer Lieferanten

Values:

- Kundenorientierung
- Leistungsfähigkeit
- Verantwortungsbewusstsein
- Der Mensch im Mittelpunkt
- Zukunftsorientierung

In einem dezentral strukturierten, von der Konzernleitung unterstützten Konsultationsprozess waren die einzelnen nationalen Gesellschaften (Units) aufgerufen, diese Grundsätze in den jeweiligen Werken in die Praxis hinein zu explizieren. Ein Paradigma sollte sein, die unterschiedlichen gesellschaftlichen und kulturellen Praxen angemessen zu berücksichtigen, wobei die Grenze dort lag, wo kulturelle Differenzen mit konzernweit festgeschriebenen Werten konfligierten. Zur Zielerreichung wurden Workshops mit Führungskräften und Teams aus der Angestellten- und Arbeiterebene gebildet, die explizit die Bedeutung der globalen Grundsätze auf Ebene des Werkes formulieren sollten und festschrieben. Die Teams hatten die Unterstützung der Konzernleitung. Für das Werk Maxau-Wolfsheck-Mills ergaben sich im Explizierungsprozess Schwerpunktsetzungen, die in einer Broschüre zusammengefasst sind. (Stora-Enso, 1999) In einem einleitenden Abschnitt wird der grundsätzliche Prozess noch einmal erläutert und die für das Werk bedeutenden Zielsetzungen formuliert. Die Zweistufigkeit des Prozesses auf der Makro- und der Mikroebene wird dabei deutlich herausgehoben:

> *„Nach dem Zusammenschluss von Stora-Enso wurde durch eine Vielzahl von Mitarbeitern für den gesamten Konzern eine Leitlinie für eine einheitliche Unternehmenskultur erarbeitet. Diese soll uns helfen ... die unterschiedlichen Länder- und Unternehmenskulturen zu überbrücken. ... Als Stora-Enso Maxau Wolfsheck Mills haben wir zu den Grundsätzen Leitsätze entwickelt, die* ***unsere*** *tägliche Arbeit, Haltung und Einstellung formen."*

Die Intention von Mission, Vision, Values ist auf den unterschiedlichen Ebenen sehr gut transportiert wurde. Dies kommt in Äußerungen zum Vorschein, in denen der globale Charakter des MVV Prozesses auf Konzernebene als „Minimalvorgabe" und

„Grobraster“ verstanden wird, während der Bezug „zu unserer Arbeit“ erst durch weitere Konkretisierung zu gewinnen ist. Sprachlich besonders griffig ist die Formulierung „man muss diese Vorgabe der Konzernleitung erst auf die Werksebene übersetzen“, verbunden mit der Einsicht „ es ist gar nicht möglich für alle Units, eine Unternehmenskultur zu finden, die präzise genug für die unmittelbare Umsetzung ist. Das müssen wir schon werksintern leisten“. Betrachtet man die Formulierungen im Kontext der Ausführungen des Kapitels 3 handelt es sich im MVV-Prozess um einen kulturalistischen Ansatz, der das Unternehmen als Teil der Gesellschaft ansieht, in der es angesiedelt ist. Der MVV Prozess berücksichtigt gebührend die kulturellen Eigenheiten und die dezentrale Struktur, die eine Unternehmenskultur aufweisen muss, will sie wirksam sein. Dem entspricht der Ansatz, für den Konzern Rahmenvorgaben als Minimalbedingungen zu definieren, während die Konkretisierung den nationalen Units und den Werken überlassen wird. Erwähnenswert ist, dass ein Bewusstsein für Zielkonflikte innerhalb der Unternehmenspraxis festgeschrieben ist:

> *„Bei der täglichen Umsetzung dieser Grundwerte wird es vordergründig Zielkonflikte geben. Wir werden uns im Spannungsfeld zwischen wirtschaftlichen Erfordernissen und Zielsetzungen einerseits und Kundenzufriedenheit, Qualitätserfordernissen, Umweltanforderungen, Mitarbeiterzufriedenheit u.a. andererseits auseinanderzusetzen haben.“*

Diese *realistische Grundhaltung* macht die Formulierung der Ziele und die Ausformulierung der Wertvorstellungen in die konkrete Praxis erst glaubwürdig, weil sie allzu optimistischen Erwartungen entgegenwirkt und das Bewältigen der Zielkonflikte in den Mittelpunkt des praxisrelevanten Teils der Überlegungen stellt. Der Ökonomie wird dabei der Vorrang vor anderen Werten eingeräumt, wobei letztere durchaus hohes Gewicht haben. Dass die Bewältigung dieser Konflikte und die Durchsetzung der (neuen) Unternehmenskultur nicht am Mitarbeiter vorbei, sondern nur gelingen kann, wenn der Mitarbeiter mithandelt, wird deutlich in der Formulierung:

> *„Wir alle sind aufgefordert, diese Grundwerte im täglichen Umgang miteinander zu leben und konstruktiv und kritisch gegenseitig von uns allen einzufordern“*

Für die weitere Untersuchung sind die folgenden Gesichtspunkte der Konkretisierung von besonderer Bedeutung.

Festschreibung der technologischen Weiterentwicklung

Dies äußert sich in der Suche nach alternativen Techniken ebenso wie in der Suche nach geeigneten Alternativen bei den Hilfs- und Füllstoffen. Diese Festlegung beinhaltet die Offenheit der Zukunft für die neue technologische Entwicklung, die in die Produktion mit einfließen soll. Interessant ist die Begründung. Die Einbindung neuer Techniken folgt einerseits finanziellen, andererseits umweltrelevanten Aspekten, die beide dann im Gleichklang stehen, wenn für die Produktion einer Tonne Papier weniger Energie- und Rohstoffe als bisher benötigt werden. In diesem Fall ist das Umweltschutzprinzip durch die Gewinnmaximierung sogar gefördert.

Zielformulierung und Zielerreichung

Das Unternehmen verpflichtet sich freiwillig, bestimmte Ziele zu setzen und deren Erreichung zu prüfen. Für die Umsetzung auf Werksebene stehen prozessorientierte Strukturen mit klaren Aufgabenverteilungen zur Verfügung, wobei klar geregelt ist, welche Teilziele erreicht werden sollen. Die Information über die Ziele ist ein wesentlicher Grundsatz. Diese Explizierung soll Akzeptanz gegenüber Kunden und Mitarbeitern schaffen. Durch klare Strukturierung der Abläufe und Prioritäten erhalten die Mitarbeiter Unterstützung in ihrer Arbeit.

Anthropozentrische Perspektive

Für das Werk wird intern die Einnahme einer anthropozentrischen Perspektive formuliert. Diese Perspektive ist allerdings auf die Mitarbeiter zentriert. Erwähnenswert ist, dass die Zuschreibung von Verantwortung als Möglichkeit zur Mitarbeitermotivation gesehen wird, die das Selbstwertgefühl steigert. Hinter diesem Konzept steht vermutlich die Auffassung, der Mensch sei „das Wesen der Verantwortung". (vgl. (Lenk, 1998))

Gesellschaftliche Perspektive

Innerhalb des Wertes Verantwortungsbewusstsein schreibt das Werk Maxau-Wolfsheck Mills bewusst eine gesellschaftliche Perspektive fest. Das Unternehmen wird als Mitglied des sozialen Umfelds seiner Standorte aufgefasst. Mit den gesellschaftlich relevanten Gruppen der Nachbarschaft, wie Behörden, Vereinen, Privatpersonen und anderen Firmen wird offen kommuniziert wird. Die Verantwortung hierfür obliegt der Firma als Korporation, genau so wie die Übernahme gesellschaftlicher Verantwortung durch zur Verfügung stellen von Ausbildungsplätzen. Der einzelne Mitarbeiter soll zu einem vom Unternehmen *explizit unterstützten* Engagement in Kommunen, Vereinen, Verbänden usw. ermutigt werden. Dies ist relativ unüblich, weil in vielen kleinen und mittleren Betrieben eben dieses Engagement unter dem Verdacht steht, die Leistungsfähigkeit des Mitarbeiters für das Unternehmen zu schmälern. Für die gesellschaftliche Perspektive ist die Formulierung des Grundwerts „Zukunftsorientierung" entscheidend, der eine langfristige (nachhaltige) Entwicklung des Unternehmens festschreibt und damit ein Stück gesellschaftlicher Sicherheit schafft.

Verantwortung und Verantwortungsverteilung

Die Verantwortung des Mitarbeiters wird als Aufgabenverantwortung klar abgegrenzt. Neben dieser Aufgabenverantwortung tragen die Mitarbeiter eine Mitverantwortung an der Verbesserung von Prozessen und eine Fürsorgeverantwortung gegenüber Kollegen und Firma. Die Betonung der Eigenverantwortung der Mitarbeiter und der kollektiven Verantwortung soll dafür sorgen, dass kooperativ zusammengearbeitet und die Verantwortungsverdünnung vermieden wird. Da sich die Explizierung bis hinein in die Arbeitsteams einer Papiermaschine hinein fortsetzt, wird die Einzelverantwortung noch einmal zu einer Gruppenverantwortung gebündelt, wobei die Verantwortungswahrnehmung kollektiv erfolgt, d.h. situationsbezogen durch die involvierten Mitarbeiter. Die zugeschriebene Verantwortung der Vorgesetzten und Führungskräfte wird explizit erwähnt, wobei diese sich auf die Unterstützung des Prozesses und die Vorbildfunktion bezieht, also in erster Linie von der direkten Prozessverantwortung losgelöst ist. Auf die Durchsetzung der von den Werken gewählten Werte sind primär die Führungskräfte verpflichtet worden, die jedoch ihre Mitarbeiter in den Prozess einzugliedern haben. Der einzelne Mitarbeiter war dabei zu schulen und fortzubilden. Die Eigenverantwortung des Mitarbeiters und die Fürsorgeverantwortung gegenüber den Kollegen wurde herausgehoben. Einen besonderen Akzent erhielt der Umgang der Mitarbeiter untereinander. Bemerkenswert ist, dass der Prozess von Monitoringmaßnahmen begleitet wurde, indem Mitarbeiterbefragungen zum Prozess selbst und zu seiner Verbesserung in mehreren Zyklen durchgeführt wurden, um die Verankerung der Grundsätze auf Mitarbeiterebene zu überwachen. Für das Werk Maxau-Wolfsheck stellten die Verantwortlichen des Programms nach dessen Abschluss fest, das „irgendetwas getan werden müsse, damit der Prozess nicht in Vergessenheit gerät.“ Aus diesem Grund werden immer wieder Schulungen und Weiterbildungsmaßnahmen anberaumt.

Auf Werksebene in den Standorten Maxau und Wolfsheck führt der Prozess zu einer Vereinheitlichung der Gruppenethiken der Abteilungen, die damit zu einer verbesserten Kommunikation innerhalb des Unternehmens führt. Ferner dienen die Unternehmensgrundsätze dazu, in Konfliktfällen die Bewältigung nach geregelten Verfahren vorzunehmen und die Stellung der Mitarbeiter zu regeln. Die Durchsetzung der neuen Unternehmenskultur war durchaus von Zielkonflikten über Anspruch und Gültigkeit der einzelnen Werte begleitet. Als typisch für die Situation kann das folgende Bonmot gelten, mit dem eine Führungskraft auf die Reziprozität der Forderungen in den Unternehmensgrundsätzen aufmerksam macht:

> *„...der Grundsatz „der Mensch im Mittelpunkt" unseres Mision-Vision-Grundwerte-Programmes wurde dermaßen oft von Seiten meiner Mitarbeiter an mich herangetragen, dass ich mich des öfteren genötigt fühlte in Erinnerung zu rufen, dass dieser Grundsatz auch für meine Person gilt. Dass sie* [die Mitarbeiter Y.J.] *also diesem Grundsatz auch mir gegenüber verpflichtet sind"*

Mitarbeiter und Führungskräfte lernten aneinander. Die Mitarbeit an der Formulierung von Abteilungszielen und abteilungsinternen Verhaltenskodizes ließ die Mitarbeiter erfahren, dass sie selbst die Rahmenbedingungen ihrer Arbeit mitgestalten konnten und sollten. Dies führte dazu, dass sie den Prozess allmählich als ihren eigenen kennen lernten. Das vielleicht auffälligste Merkmal der breiten Akzeptanz des Programms Mision-Vision-Grundwerte ist, dass es in den Gesprächen über dieses Programm keinen einzigen Mitarbeiter gab, der mir gegenüber äußerte, der Prozess sei für seine Arbeit bedeutungslos. Das klassische Argument „es handele sich um abstrakte, praxisunrelevante Sonntagsreden" war nicht zu hören.

5.3.1.5 Würth

Für die Würth AG hat deren langjähriger Eigner und jetzige Vorsitzende des Aufsichtsrates Reinhold Würth eine Unternehmenskultur in Leitsätzen verfasst, die im Wesentlichen auf der expliziten Festschreibung von in seiner Unternehmenspraxis lange gültigen Wert- und Umgangsvorstellungen gründet. Die Unternehmenskultur bei Würth fußt auf traditionellen Grundwerten :

- Solidität
- Vertrauenswürdigkeit
- Geradlinigkeit
- Respekt
- Zuverlässigkeit
- Berechenbarkeit
- Bescheidenheit

(Würth, 2000). Es ist Aufgabe der Mitarbeiter und insbesondere der Führungskräfte, diese Grundwerte im täglichen Unternehmensgeschäft mit Leben zu füllen und als Vorbild zu leben. Die Grundidee der Unternehmenskultur bei Würth ist, dass sie sich global durchsetzen lässt und als integrales Konzept aller Unternehmensaktivitäten aufzufassen ist. Die Unternehmenskultur wird bewusst als Feld gesehen, auf dem

Unternehmen erfolgreich arbeiten müssen, wenn sie langfristig Erfolg haben wollen. Dem entspricht eine Ressourcenauffassung der Unternehmenskultur, die einen beträchtlichen Aufwand erfordert:

> *„So ist Unternehmenskultur und das, was sie kostet, kein hinausgeworfenes Geld, kein teueres Spielzeug, kein im Grunde nutzloser Fetisch nur für die guten Tage. Sie ist eine echte, weil hoch rentierliche Zukunftsinvestition" (Würth, 1999; S.306)"*

Die Unternehmenskultur in der Auffassung von Würth ist in erster Linie eine Führungskultur, die eines anthropozentrischen Konzeptes bedarf. Für ein solches Konzept ist prägend, dass das Menschenbild eine entscheidende Rolle für die Geschäftspraxis eines Unternehmens spielt. Sie hält daran fest, dass Unternehmen nur dann langfristig Erfolg haben können, wenn sie sich ethisch verhalten. Die Basis dieser Unternehmenskultur ist das eigene entwickelte Gewissen. Die Unternehmenskultur und –ethik ist daher bei Würth sehr stark individualistisch geprägt und beruht auf gegenseitigem Vertrauen. Mit dem Konzept von Stora-Enso verbindet das von Würth die klare Formulierung von Zielen bis in die Mitarbeiterebene hinein und die Überprüfung der Zielerreichung. Die Zuschreibung von Verantwortung und Rechtfertigung folgt der Maxime, dass je größer der Erfolg ist, desto höher die Freiheitsgrade sind. Es gelten strenge Sanktionen für unethisches Verhalten und zwar sowohl gegenüber Mitarbeitern als auch Kunden. Im Gegensatz zu Stora-Enso ist die Unternehmenskultur bei Würth organisch aus der Festschreibung der Üblichkeiten und der Ideen des Gründers gewachsen. Sie unterliegt einem regelmäßigen Reflexionsprozess und ist Gegenstand von Vorträgen und Fortbildungsveranstaltungen innerhalb und außerhalb des Unternehmens. Der gesellschaftliche Bezug in der Unternehmenskultur von Würth ist zum einen das Anerkennen der Notwendigkeit gesellschaftlicher Ressourcen für das Führen von Unternehmen, zum anderen das persönliche Ernstnehmen des Grundsatzes, dass Eigentum gemeinwohlpflichtig ist. (Würth, 1999) In dieser Hinsicht gleicht Reinhold Würth den Gründervätern anderer Großunternehmen.

Die Untersuchung der Unternehmensethiken ergibt, dass sich die Firmen zwar inzwischen zum großen Teil eigene Wert- und Zielvorstellungen geben und diese auch formulieren, dass aber die Verbindung zwischen Wertvorstellungen, Geschäftspraxis, Gesellschaft und Ethik bislang eher wenig Beachtung findet. Die Formulierung von Handlungsanweisungen und Business-Ethics-Kodizes ist ein erster Schritt, ethisches Handeln im wirtschaftlichen Geschehen zu verankern. Allerdings erlangen diese Formulierungen schnell den Status eines moralischen Appells, wenn sie zu allgemein und damit unverbindlich formuliert sind. Es ist ein Verdienst von Reinhold Würth die gegenseitige Verwiesenheit von Unternehmen und Gesellschaft anerkannt und in seinem Unternehmen als Grundleitlinie verankert zu haben. Das Beispiel der Stora-Enso zeigt einen Weg, mit kulturellen Unterschieden umzugehen und die Unternehmenskultur in ausgewogenen zentralen und dezentralen Leitsätzen zu formulieren, wobei die Mitarbeiterbeteiligung besonders hervorzuheben ist.

5.4 Projektabwicklung – Idealtypisch

Wenn es um die Erstellung und den Betrieb größerer technischer Geräte und Einrichtungen geht, kommen Hersteller und Nutzer nicht umhin, eine gemeinsame Projektabwicklung zu entwickeln. Die vorgetragenen Überlegungen verstehen sich als idealtypische Abstraktionen, die Wesentliches herausstellen wollen. Auf Grund des bisherigen Gedankengangs ergibt sich, dass ethische Reflexion und ethisches Handeln in Unternehmen nur dann eine Chance auf Realisierung hat, wenn es dort eingefordert wird, wo es wirklich notwendig ist. Dazu müssen Unternehmensleitlinien und -ethiken so weit in konkrete Situationen ausformuliert werden, dass sie den Betroffenen eine Hilfe darstellen. Weiter lässt sich untersuchen, welche Unternehmens- und Projektabwicklungsbereiche im Besonderen an ethisch sensitiven Stellen arbeiten. Die Bewältigung der dort auftretenden Konflikte zu explizieren kann eine Möglichkeit sein, ethisches Handeln zu fördern. Dabei zeigt sich, dass ein frühzeitiges Eingreifen in den Prozess große Vorteile bietet. Während in der reinen Planungsarbeit in der Entwicklung relativ leicht prinzipielle Korrekturen möglich sind, nimmt mit fortschreitendem Projektstand der Spielraum für grundlegende Entscheidungen kontinuierlich ab. Für die technologische Entwicklung gilt genauso wie für die Projektabwicklung, dass die Handlungsspielräume in Folge der fortschreitenden Konkretisierung und der damit einhergehenden Wahl der technischen Mittel im Verlauf von Projekten enger werden. (Wittkowski in Grunwald/Saupe, 1999; S.17) Die fortschreitende Konkretisierung einer Technik, und der damit einhergehende Inkulturierungsprozess, die zur Ausprägung einer Kulturstufe führen, macht Kompensationsmaßnahmen immer aufwändiger. Am aufwändigsten ist die Stilllegung und Aufgabe inkulturierter Großtechniken, die bereits Umwidmungsprozesse initiiert haben und damit Grundlage weiterführender Entwicklungen sind.

Auf Grund dieser Struktur ist festzustellen, dass die Bedeutung der Ethik am Anfang des Prozesses am größten ist und dann abnimmt. Idealtypischerweise soll sie, gute Akzeptanz der Technik vorausgesetzt, während des Inkulturierungsprozesses gar keine Rolle mehr spielen. Weil aber Widerfahrnisse und Unverfügbares an jedem Einzelschritt auftreten können', bleibt dies eine unrealistische Idealvorstellung. Hier ist nicht der Ort, allgemeine Projektabwicklungsstrategien zu besprechen, vielmehr soll nur kurz auf für ethische Aspekte Wesentliches eingegangen werden. Aufzuzeigen ist an welchen Stellen der Produktentwicklung ethische Fragestellungen in den Prozess einfließen sollen. Um die Zuordnung der Praxis zu den in den vorhergehenden Kapiteln erarbeiteten philosophischen und gesellschaftlichen Grundlagen zur Projektabwicklung zu erleichtern, zeigt die folgende Abbildung qualitativ die Schnittstellen der in der philosophischen Reflexion verwendeten Begriffe mit dem Projektabwicklungsmodell.

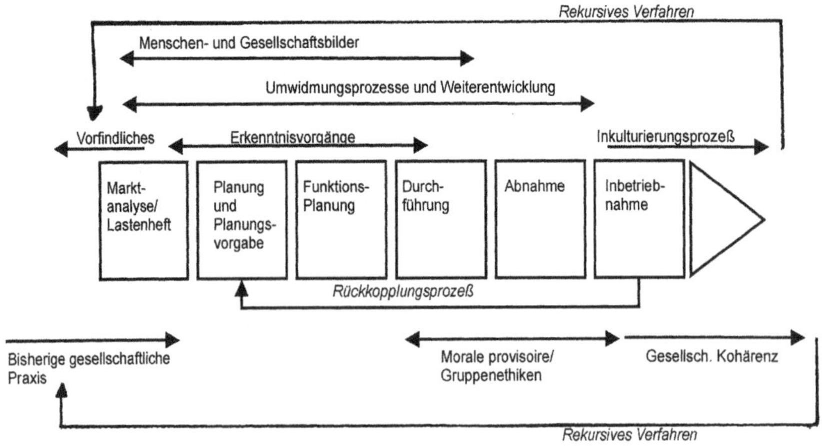

Abbildung 5-1.: *Verknüpfungen zwischen Projektabwicklungsmodell und verwendeten Begriffen nach (Hering/Draeger, 1995) vom Verfasser ergänzt.*

5.5 Verantwortungsverteilung

5.5.1 Subsidiaritätsprinzip und Zuschreibung

Das Subsidiaritätsprinzip der Gesellschaftspolitik lässt sich auf die Ethik in Unternehmen übertragen. Höhergeordnete Ebenen sollen nur solche Kompetenzen und Verantwortlichkeiten an sich ziehen, welche die nächstunteren Einheiten nicht alleine leisten können. Subsidiarität leistet eine Verteilungsstrategie zwischen dezentral und zentral zu lösenden Aufgaben. Sie ist aus pragmatischen Gründen zu begrüßen, weil damit die anstehenden Konflikte, wenn möglich, nahe am Ort ihres Entstehens und damit mit dem geringst möglichen Aufwand zu lösen sind. Dadurch werden Entscheidungswege und –zeiten knapp gehalten. Dies entspricht der dezentralen Struktur moderner Unternehmen und fördert ethisches Verhalten durch Wahrnehmung von Eigenverantwortung. *Prinzipiell kann in vielen Fällen davon ausgegangen werden, dass der gestaltende Ingenieur am besten weiß, wie er die technische Umsetzung einer durch ethische Reflexion begründeten Entscheidung leisten kann und welche Auswirkung die Gestaltung hat.*

Die Verteilung von Verantwortung in industriellen Prozessen beruht auf dem *Zuschreibungskonzept von Verantwortung* und ist jenseits der persönlichen Schuldfrage vorzunehmen. Haftungs- und Schuldfragen sollen vielmehr erst dann in Betracht gezogen werden, wenn Konflikte nicht mehr mit anderer Methodik beherrschbar sind. Verantwortungsverteilung geschieht auf der Basis der Aufgabenverteilung innerhalb der arbeitsteiligen Gesellschaft. Dabei wird den Unternehmen Eigenverantwortung für ihre Produkte und deren Folgen zugeschrieben. Dies kann derart geschehen, dass selbst für Folgen gehaftet wird, die vorher nicht abzusehen waren, wie dies in der Produkthaftung der Fall ist.

Die Eigenverantwortung, die Gruppenverantwortung von Abteilungen und die Unternehmensverantwortung müssen voneinander klar abgegrenzt werden. Ferner lässt sich die Unternehmensverantwortung von der gesellschaftlichen Verantwortung trennen. Wie die gesellschaftliche Verantwortung von Unternehmen in Bereichen einzufordern ist, die nicht gesetzlich vorgeschrieben sind, bleibt offen. Es existiert die Idee, dass sich Unternehmen entwickeln, die an einer gesellschaftlichen Verantwortbarkeit ihrer Produkte Interesse haben.(BASF-2000)

Die Differenzierung von Unternehmensbereichen und Verfahren, die keiner ethischen Reflexion bedürfen von solchen, die ethisch relevant sind, gestattet es, sich auf die relevanten Fälle zu beschränken und diese expliziten Lösungsstrategien zuzuführen.

Grundsätzlich soll nach der Maxime vorgegangen werden, dass Handlungen fehlgehen können und deshalb dieses Fehlgehen vorher zu bedenken ist. Für die Explizierung von Konfliktsituationen ist von fundamentaler Bedeutung, dass der den Konflikt vortragende Mitarbeiter oder die gegebenenfalls betroffene Gruppe keine negativen Konsequenzen aus der Thematisierung des Konflikts zu tragen hat. Durch Einbeziehung übergeordneter Ebenen und Ablösung des Konflikts von der Person des Mitarbeiters, können Unternehmen vermitteln, dass massive Konflikt nicht mehr alleine Sache des Einzelnen sind. Das Unternehmen macht in diesem Fall den Konflikt des einzelnen Mitarbeiters zu seinem eigene. Der Mitarbeiter entgeht dadurch den o.g. Sündenbockstrategien, die versuchen, den Konfliktbeteiligten als Konfliktverursacher zu erachten. Bei massiven Konflikten besteht die Verantwortung des Mitarbeiters vor allem in einer Frühwarnfunktion. Die Konfliktlösung kann auf der individueller Ebene nicht mehr gelöst werden. Sie bedarf geeigneter Institutionen. (siehe dazu die Idee einer Task-Force im EQM-Kapitel). Die „Aufdeckung" ethischer Konflikte unterliegt, weil sie notwendigerweise auf der Wahrnehmung des Individuums basiert, individueller Fehlbarkeit. Es ist von Vorteil, wenn über die Relevanz von Konflikten, die nicht mehr unmittelbar auf der untersten Ebene lösbar sind, ein Gremium entscheidet. Mit diesem Mechanismus lässt sich notorischem „Whistle-Blowing" in unkritischen Situationen vorbauen. Geeignete Einspruchmaßnahmen und die Vermittlung durch Berufsverbände wie dem VDI sorgen dafür, dass Konflikten dennoch Gehör verschafft wird. Das Angebot, vermittelnd tätig zu sein, ist nicht umsonst Bestandteil der ethischen Grundsätze des VDI.

5.5.2 Management – Integralverantwortung

Dem Management obliegt in Analogie zu den Überlegungen der Wirtschaftswissenschaften die integrale Verantwortung für das Unternehmen. Die Managementverantwortung bewegt sich eher auf der Ebene der strategischen als auf der Ebene der direkten Prozessverantwortung. Sie hat am ehesten mit der gesellschaftlichen Ebene Berührungspunkte, weil in strategische Überlegungen die langfristige gesellschaftliche Entwicklung mitbedacht werden muss, damit ein Erfolg des Unternehmens möglich ist. Relativ holzschnittartig lässt sich sagen, dass nach dem Modell flexibler Planung die groben Vorgaben innerhalb der Technikpolitik eines Staates vorgenommen werden, während differenzierte Vorstellungen zur Technik erst in den Unternehmen ihre Konkretisierung erfahren (Grunwald 2000c) Unternehmensleitungen haben eine Pflicht, sich an der gesellschaftlichen Entscheidungsfindung zu beteiligen und die Rahmenbedingungen der Technik verantwortlich mitzugestalten. Sie tun dies im ureigensten Interesse, z.B. innerhalb von Industrieverbänden. Die ethischen Aufgaben der Unternehmensführung und des Managements im erweiterten Sinn fallen nicht unbedingt direkt mit den Aufgabenstellungen, wie sie in klassischen Werken zur Thematik behandelt wird, zusammen. Nicht alle Schritte in der Unternehmensführung sind technikethisch problematisch, vielmehr zeichnet sich die Mehrheit der Entscheidungen durch einen business-as-usual Charakter aus. Dazu gehört z.B. die Aufgliederung des Unternehmens in strategische Geschäftseinheiten, die Suche nach neuen Absatzmärkten etc. Es sollen, wie in dieser Untersuchung gefordert, nur jene Felder angesprochen werden, die vorrangig als ethisch sensitiv zu bezeichnen sind.

Zwecke und Ziele von Unternehmen

Die mit technikethischen Fragen am engsten verbundene Festlegung geschieht, wenn für Unternehmen Ziele und Strategien seitens des Managements gesetzt werden. An dieser Stelle soll in Unternehmen, die technische Produkte herstellen und vertreiben darüber nachgedacht werden, ob die zu erstellende Technik den in dieser Untersuchung festgelegten Kriterien entspricht. Das bedeutet, ob Technik in die Praxis einer Gesellschaft integrierbar, also akzeptabel ist und den Lebensvollzug bereichert. Die Offenheit der Zukunft als feststehende Größe einzuplanen ist eine normative Forderung.

In Überlegungen zu Unternehmenszielen und –strategien fließen, bewusst oder unbewusst, immer Überlegungen zur Firmenkultur ein (Würth, 1999); (Stora-Enso, 1999). Die Formulierung von Unternehmenszwecken und Geschäftszielen ist kein ethisch neutraler Vorgang, hier spielen voluntativ gewählte Menschen- und Gesellschaftsbilder eine tragende Rolle. Die Explizierung dieser Leitbilder ist daher geboten. Aus diesen Leitbildern lassen sich Wertungen über moralisch toleriertes und nichttoleriertes Verhalten ableiten. Diese haben Einfluss auf die Gestaltung der Arbeitswelt der Beschäftigten und wirken in die Gestaltung der Technik ein. (Kapitel 3.4.1) So ist von fundamentaler Bedeutung für die Produktentwicklung, welches Menschenbild ein Unternehmen vertritt. Dieses zu explizieren schafft Transparenz bei Mitarbeitern und Kunden und kann in Konfliktfällen zur Klärung beitragen.

Explizierung von Wertvorstellungen des Gesamtunternehmens

Die Explizierung der Werte, der sich ein Unternehmen freiwillig verpflichtet, ist eine Aufgabe der Unternehmensleitung. Dazu gehört die regelmäßige Überprüfung der Ziel- und Zwecksetzungen und ihre Zuordnung zu den zu vertretenden Werten. Eine Hilfe bei der Explizierung der Wertvorstellungen kann die VDI 3780 sein, wenn die dort angegebenen Werte konkret auf das Unternehmen bezogen werden. Ein erwünschter Nebeneffekt dieser Vorgehensweise ist, dass sie nicht völlig beliebig agiert, sondern sich an bereits bestehenden VDI-Richtlinien orientiert. Erfolgreiche Lösungen (Würth, 2000, STO-01) zeigen, dass auf diese Art und Weise eine Transparenz geschaffen wird, die Prozesse beschleunigt und klärt. Kunden können dann besser abschätzen, inwieweit sich die Vorstellungen mit eigenen Erwartungen decken und welchen Anspruch das Unternehmen vertritt. Es ist ein Element der Achtung der Kundenautonomie, weil der Kunde dann entscheiden kann, für welches Unternehmen er sich auch aus moralischen Gründen entscheidet. Die auf dieser Ebene formulierbaren Werte müssen, bedingt durch die Metastruktur der Überlegungen, relativ allgemein gehalten sein. Wird ihnen eine gewisse praktische Verbindlichkeit eingeräumt, prägen sie das Betriebs- und Arbeitsklima. *Die allgemeinverbindlichen Unternehmenswerte müssen für die einzelnen Geschäftssparten, Abteilungen und Gruppen präzisiert und fortgeschrieben werden, damit sie praktische Relevanz erreichen.* Es genügt nicht, diese Werte einmal festzuschreiben und die Konkretisierung dem Gutdünken des einzelnen Mitarbeiters zu überlassen. Vielmehr sollen die Mitarbeiter an der Gestaltung der Grundsätze aktiv teilnehmen. *Es ist wichtig, diesen Prozess fortschreitender Konkretisierung nicht als reinen „Durchdeklinierungsprozess" also letztlich als „triviale Aufgabe" anzusehen. Er lässt sich unternehmensweiter Lernprozess auffassen.* Der Hauptvorteil dieses kollektiven Lernprozesses liegt darin, dass nicht versucht wird „von oben her" dem Mitarbeiter paternalistisch einen „Ethik-Hut" aufzusetzen, den er zusätzlich tragen soll. Das Handeln als Technikgestalter ist ernst zu nehmen und an die ethische Reflexion im Unternehmen anzubinden. Der Mitarbeiter soll als Rollenträger und als Mensch in seinem Lebensumfeld wahrgenommen werden. Die Verwurzelung im Handeln des Einzelnen ist bedeutsam, damit der Unternehmensethik nicht die Basis fehlt und sie sich aus diesem Grund in moralischen Appellen und Sonntagsreden verliert. Ein Beispiel für die erfolgreiche Beteiligung und Aktivierung der Mitarbeiter bietet der Prozess „Mission, Vision, Grundwerte" der Stora-Enso AG.(Stora-Enso, 1999) Es ist Aufgabe der Unternehmensleitung, solche Prozesse zu fördern und zu unterstützen.

Einholung der Systemperspektive

Unternehmen lassen sich in gesellschaftlicher Perspektive als soziales Gebilde auffassen, das sich innerhalb der gesellschaftlichen Rahmenbedingungen Ziele setzt und deren Erreichung anstrebt. Sie sind deshalb mehr als Mittel für die Erreichung bestimmter Zwecke. Unternehmen sind Teilnehmer an der Marktpraxis und der Gestaltung langfristiger Rahmenbedingungen. Unternehmen bedürfen stabiler Rahmenbedingungen und Absatzmärkte. Die Aufgabenstellung umfasst zwei Teilbereiche: Entwicklung von Produkten, die an die gesellschaftliche Praxis anschließbar sind und die Weiterentwicklung des normativen Grundgerüsts der Gesellschaft im Hinblick auf neue Techniken im Rahmen von Inkulturierungsvorgängen. Unternehmensleitungen sollten darauf achten, dass die gesellschaftliche Perspektive eingeholt wird, wenn es für die Produktentwicklung oder –inkulturierung notwendig ist. Unumgänglich ist diese Ebene bei der Abschätzung und Bewältigung nichtintendierter Folgen. Techniken „sozialverträglich" zu gestalten kann eine lohnenswerte Aufgabe sein, wenn sie den wirtschaftlichen Zielen des Unternehmens nicht diametral entgegenläuft. Hier werden Allgemeinwohlforderung und Gewinnmaximierung wohl ewig konkurrieren.

Die Verantwortung für die Integration der Systemperspektive schließt ein, dass bei gesellschaftlich fragwürdigen Praxen in einem Unternehmen ein Anhörungsprozess der Öffentlichkeit zu initiieren ist. Dies gilt z.B. für neue Techniken, deren Akzeptanz nicht ex ante vorhersehbar ist. In diesen Fällen bietet es sich an, auf Unternehmensbasis Kontakt zu Stellen zu knüpfen, die Technikfolgenabschätzung betreiben. Dies kann auch im Hinblick auf die Begleitung von Inkulturierungsvorgängen vorteilhaft sein. (Zum Gedanken eines „Ethik-Marktplatzes", der den Kontakt von Unternehmen zu Einrichtungen der Technikfolgenabschätzung herstellen kann, siehe den Beitrag von Stephan Saupe in (Grunwald/Saupe, 1999; S. 95-116))

Rahmenbedingungen für die Durchsetzung der Unternehmensethik schaffen

Der Unternehmensleitung und dem Management obliegen die Aufgabe, Überlegungen zu einer Unternehmensethik anzustoßen und mit den Mitarbeitern zu entwickeln. Sie nehmen an der Gestaltung und Ausarbeitung entscheidend teil. Ähnlich staatlicher Verantwortung für die Rahmenbedingungen sind Unternehmensleitungen in erster Linie für die Rahmenbedingungen ethischen Handelns verantwortlich. Sie können ethisches Handeln des Mitarbeiters nicht erzwingen aber die Rahmenbedingungen fördern die Möglichkeit ethische Eigenverantwortung wahrzunehmen. Sie sind dafür zuständig, dass Unternehmensethiken bindend und praktizierbar sind. Umgangssprachlich lässt sich präzisieren: Lieber eine Unternehmensethik, die nicht auf ewige Werte und humanistische Ideale, Rekurs nimmt, aber praktikabel ist, als eine Ethik die zwar hohen humanistischen Idealen verpflichtet ist, aber als moralischer Appell ungehört verhallt. Im Bereich der Technikethik können Unternehmensleitungen dazu beitragen jene Bereiche des Unternehmens zu identifizieren, für die enge Vorschriften aus Normen und Regelwerken bestehen und die damit faktisch keiner besonderen ethischen Reflexion bedürfen. Dagegen lassen sich solche herausheben, die mit Wertemanagement im Besonderen zu tun haben. Die Berücksichtigung der gesellschaftlichen Dimension soll angemessen festgeschrieben werden. Dazu gehört insbesondere die explizite Befassung mit den Langzeitauswirkungen der Technik. Akzeptanz und ethische Vertretbarkeit der technischen Lösungen sollen von den Geschäftsleitungen in regelmäßigen Abständen geprüft werden. Die Bewältigung von Konflikten und Krisen soll in einen unternehmensweiten Lernprozess eingebettet sein. Mitarbeiter sollen ermutigt werden, sich über den beruflichen Rahmen hinaus gesellschaftlich zu engagieren. Zu der Gestaltung der Rahmenbedingungen gehört, dass Mitarbeiter verpflichtet werden, gemäß der Unternehmensethik zu handeln und die einschlägigen Vorschriften zu beachten.

5.5.3 Vertrieb – Verantwortung der Techniknutzung

Die Rolle des Vertriebs wird im folgenden integral betrachtet. Mit Vertrieb sind alle jene Aktivitäten eines Unternehmens gemeint, die direkt mit der Technikanwendung bei Kunden und der Betreuung der Kundenbeziehung befasst sind. Die Aufgabe eines guten Vertriebs endet aus diesen Gründen nicht mit dem Verkauf des Produkts an den Kunden, sondern erstreckt sich über die gesamte Lebensdauer des Produkts.

Ermittlung des Kundenbedarfs

Die ethisch relevante Hauptaufgabe des Vertriebes ist es, unter Berücksichtigung der Unternehmensstrategie und der Unternehmensethik, den Bedarf des Kunden an Produkten zu ermitteln und die für die Anwendung des Kunden adäquate technische Lösung zu erarbeiten. An dieser Stelle ergibt sich ein typisch ethisches Dilemma. Der Vertrieb ist eigentlich im Interesse der Gewinnmaximierung des Unternehmens dazu da, einem Kunden möglichst viele Produkte zu verkaufen. Andererseits soll er den Kunden nicht übervorteilen. Kunden sollen keine unnötigen Produkte aufgedrängt werden.

> *Im allgemeinen stellt sich bei Unternehmen, die an einem langfristigen Erfolg interessiert sind, ein Interessenausgleich zwischen beiden Positionen ein. Dies bedeutet z.B. dass es als legitim erachtet wird, Komfortfunktionen mit geringem Nutzen als wesentliche Funktionen heraus und damit einen künstlichen Bedarf herzustellen. In der Regel werden Kunden, die für sie nahezu nutzlose Produkte auf Zuraten des Vertriebs gekauft haben, reagieren. Sie werden sich einen anderen Lieferanten suchen und gehen damit dem Unternehmen verloren.*

Zwischen dem Vertriebsangestellten des Unternehmens und den Kunden besteht eine *asymmetrische Beziehung mit Blick auf die technischen Kompetenzen*. Während der Kunde eigentlich nur seine Grundanforderungen kennt und im Extremfall bei einer für ihn vollkommen neuartigen Technik keinen weiteren Einblick hat, ist der Vertrieb mit allen Details der Leistungsfähigkeit seiner zu verkaufenden Systeme vertraut. Es ist ethisch geboten eine solche Situation nicht bis an den Rand des Tragfähigen auszunutzen. Während bei Kunden, die mit der Technik vertraut sind, in etwa der Grundsatz der Gleichheit der Kompetenzen gilt, bedürfen Kunden, die mit der Technik nicht betraut sind, hier eines gewissen Schutzes, um nicht übervorteilt zu werden. Zwar kann der Vertrieb hier nur hoffen, das sich Ehrlichkeit und Beständigkeit bei künftigen Geschäften langfristig auszahlen (Würth, 1996, 1998, 2000), gewiss ist dies jedoch nicht.

Ein exemplarisches Beispiel für eine Übervorteilung von Kunden stellt die Vielzahl der Gemeinden im Osten Deutschlands dar, die nach 1990 auf Zuraten westlicher Unternehmensberater und Unternehmen völlig überdimensionierte Abwassersysteme erworben haben, deren Bezahlung den Gemeindeverwaltungen große Bürden auflastet, die an anderer Stelle fehlen.

Der Volksmund sagt für solches Verhalten, man wolle „einem Eskimo einen Kühlschrank verkaufen". Dies illustriert anschaulich, wo die Grenze zwischen ethischem und unethischem Handeln verläuft. Sie ist dort zu finden, wo der Kunde aus dem Erwerb von Produkten geringen bis gar keinen Nutzen hat und die Anschaffung der Produkte eine ökonomische Hypothek darstellt, die andere Lebensvollzüge behindert. Ethisch verantwortetes Handeln im Vertrieb kann bedeuten, in einem dialogischen Verfahren gemeinsam mit dem Kunden bei der Erarbeitung von Lasten- und Pflichtenheften betroffene Werte und Wertkonflikte nach der VDI 3780 und den für das Unternehmen detaillierten Wertekatalog zu explizieren. Dies wird in der Regel sowieso getan, allerdings ist dieses Verfahren nicht so sehr auf die Einhaltung ethischer Normen fokussiert, sondern heißt allgemein „Erstellung des Anforderungsprofils". Die Erstellung des Anforderungsprofils erfordert in jedem Fall die Gewichtung von Wertvorstellungen und die dahinter stehenden Nutzer- und Gesellschaftsbilder. Ein guter Vertrieb muss in diesem Zusammenhang als zentrale Fragestellung auffassen: „für welchen Zweck und welchen Nutzer wird dieses System entwickelt, umgewidmet oder angepasst?" Die in den Anforderungskatalog eingehenden Vorstellungen müssen sorgfältig gewählt werden, weil sie für die weitere Produktentwicklung und Projektabwicklung normativen Charakter haben. Allerdings ist nicht alles im vorhinein determinierbar. Es soll aus diesem Grund eine gewisse Offenheit für Erweiterungen vorgesehen sein, die sich erst im Rahmen der Realisierung ergeben. Insofern muss dies mit einer gewissen Flexibilität erfolgen. Sorgfalt in der Auswahl der Anforderungen hat noch einen anderen Vorteil: der Handlungsspielraum ist am Anfang der Abwicklung am größten, weil die materielle Realisierung am wenigsten ausgebildet ist. Er lässt sich hier ökonomisch am besten nutzen. In Zukunft ist daran zu denken, in den Anforderungskatalog eines Systems Betrachtungen zur Reversibilität der Technik aufzunehmen.

Auswahl von Systemen und Produkten

Nach der Erarbeitung des Kundenbedarfs und des Anforderungsprofils erfolgt die Grobauswahl der Systeme und Produkte und der Anstoß von Weiterentwicklungen. Grob bedeutet, dass die Festschreibung offen sein muss für Verbesserungen, die sich auf Grund neuen Wissens oder neuer Entwicklungen während der Realisierungsphase ergeben. Technische Spezifikationen sind hier sehr oft zu eng gefasst, so dass bessere Lösungen auf Grund des Anforderungsprofils aus formalen Gründen ausscheiden. Mit dem Betreiber wird der Einsatzzweck und der Einsatzort genauer spezifiziert. Dabei ergeben sich automatisch die Problemstellungen. Die Auswahl bewährter Standardprodukte stellt normalerweise einen strikt Ethik-freien Raum in der Projektabwicklung dar, solange die einschlägigen Normen beachtet werden und nicht absehbar ist, dass die Technik missbräuchlich angewendet wird. Ethisches Handeln realisiert sich durch die Anwendung und Kombination bewährter Produkte zu einem System. (Kapitel 4.5) Es bietet sich an, abschließend mit dem Betreiber eine grobe Technikbewertung durchzuführen, um zu sehen ob weiterer Bedarf besteht. Bei der Auswahl von Systemen und Produkten ist zu besprechen, welche geeigneten Eingriffsmöglichkeiten in den Systemen bestehen, um ex-post nichtintendierte Nebenfolgen eindämmen zu können. Dem Nutzer ist in jedem Fall anzugeben, wo die Systemgrenzen liegen und was das System *nicht* leisten kann.

Identifikation von Weiterentwicklungsbedarf

Für neue Techniken kann es notwendig sein, dass sich Unternehmen an gesellschaftlichen Prozessen beteiligen z.B. durch Verteidigung und Durchsetzung technischer Lösungen in Diskursen, Genehmigungsverfahren und vor Gericht. Der Vertrieb kann an dieser Stelle aufklärend wirken und als Informationspool für Außenstehende dienen. Er muss dabei klarstellen, dass seine Aussagen auf dem vorläufigen Wissensstand beruhen. Ferner kann er geeignete Maßnahmen für die Akzeptanz der Systeme und Produkte ergreifen. Für bereits inkulturierte Techniken und Produkte, die über einen langen Zeitraum im Einsatz sind, kann sich auf Grund neuen Wissens der Bedarf von Weiterentwicklungen, etwa durch gestiegene Umweltanforderungen oder aufkommende Technikkrisen ergeben. Der Vertrieb hat hier eine ethische Rückkopplungsfunktion und kann für das Unternehmen dann vorbauend wirken, wenn er solche Veränderungen kommuniziert. Der Vertrieb muss daher ein offenes Ohr haben, um aufkommende Probleme in dieser Hinsicht früh zu erkennen und rechtzeitig Abhilfen entwickeln zu lassen. Aufkommende Probleme lassen sich am ehesten dann lösen, wenn sie gemeinsam mit dem Kunden angegangen werden. Letztendlich profitiert davon auch die Entwicklung, die ein besser an den Markt angepasstes Produkt ihr eigen nennen kann.

5.5.4 Lastenhefterstellung – Verantwortung der relevanten Parameter

Die Produktspezifikation des Pflichtenheftes ist eine Möglichkeit, die durch die Technik zu lösende Aufgabenstellung einzugrenzen und zu verstehen. (van de Poel, 2000a). Diese ersten Realisierungsphasen sind ethisch sensitiv. Sind die Produktspezifikationen hinreichend genau und ergeben sich während der Entwicklung keine weiteren Anforderungen oder Zusatzaufgaben, dann ist idealtypischerweise mit der Lastenhefterstellung die ethisch relevante Phase für den künftigen Techniknutzer abgeschlossen. Für den Technikhersteller stellt hingegen die nachfolgende Pflichtenhefterstellung einen wichtigen Punkt dar. An dieser Stelle wird bezüglich Menschenbild und Wertvorstellungen eine Weichenstellung vorgenommen, die für die nachfolgende materielle technische Gestaltung der Produkte und Systeme bereits eine Grundrichtung einschlägt. (Kapitel 3.4.1) Je später Konflikte um diese Vorstellungen auftreten, desto schwerer ist ihre Behebung. Gegenüber der reinen Vertriebsphase unterscheidet sich die Lasten- und nachfolgende Pflichtenheftphase durch eine fortschreitende Präzisierung der Aufgabenstellung wobei noch einmal in bewährte Produkte und neue Entwicklungen bzw. neue Kombinationen bewährter Komponenten unterschieden werden kann. Für alle bewährten Produktkombinationen, die in praxi problemlos funktionieren, ergibt sich keine Notwendigkeit einer ethischen Reflexion, wenn abzuschätzen ist, dass sich der Einsatzbereich gegenüber Vorgängersystemen nicht geändert hat. (Kapitel 3.1).

Die Lastenhefterstellung durch den Kunden stellt die ersten Weichen für eine Konkretisierung der Technik. Folgt man der in dieser Untersuchung zugrundeliegenden (kulturalistischen) Modellbildung, dann kann man davon sprechen, dass das Lastenheft die Beschreibung der Technik ist, während das Pflichtenheft die Art und Weise definiert, wie ein Hersteller die im Pflichtenheft festgeschriebenen technischen Anforderungen in technische Mittel umsetzen wird. Das Pflichtenheft ist demnach die Festschreibung der materiellen Konkretisierung der Technik in ein technisches Produkt bzw. System. Das Lastenheft trifft die Wahl des Nutzerbildes und der gesellschaftlichen Kompatibilität, indem es allgemein festschreibt, welche Eigenschaft das System aufweisen soll. Mit dieser Festlegung ist bereits eine Vorauswahl der relevanten Parameter getroffen und es wird eine bestimmte Hierarchie in die für die Entwicklung dieser Technik als relevant angesehenen Wertvorstellungen gebracht.

Für ein Sicherheitssystem des Kesselschutzes von Kraftwerken soll z.B. an höchster Stelle den Wert der Betriebssicherheit und der Zuverlässigkeit stellen, während der Ästhetik oder Bedienbarkeit gegenüber der Sicherheit ein weniger hoher Rang eingeräumt wird. Visualisierungssysteme für die Kraftwerksbedienführung sollen dagegen höchste Ansprüche an die Bedienbarkeit erfüllen, während die Kesselsicherheit für dieses Sys-

tem eine untergeordnete Rolle spielt, weil sie bereits vom Kesselschutz geleistet wird. Für beide Systeme gilt, dass sie von Experten bedient werden, dass also nicht erwartet wird, sie seien von jedermann bedienbar. Insofern ist das hier anzusetzende Menschenbild nicht der naive, mit der Technik nicht vertraute Nutzer, sondern der mit dem Prozess vertraute Praktiker, den es zu unterstützen gilt.

Die ethische Anforderung an die Lastenhefterstellung ist, dass sie alle relevanten Parameter und Wertvorstellungen erfasst, insbesondere diejenigen, die nicht „auf den ersten Blick" sichtbar sind. Gegebenenfalls können an dieser Stelle die Methoden der Wertanalyse (VDI-2800) und der Technikbewertung nach (VDI-3780) greifen. Es soll allerdings vermieden werden, dies zu detailliert durchzuführen und den Entwicklungsspielraum unzulässig zu verengen. Vielmehr besteht die Kunst der verantworteten Lastenhefterstellung darin, so eng wie nötig und so weit wie möglich zu spezifizieren, damit eine flexible Planung gewährleistet ist. (Grunwald, 2000c; S.89-97) Von besonderer Bedeutung ist die Wahl des Nutzer- und Gesellschaftsbildes. Mit dieser Wahl wird klargestellt für wen dieses System unter welchen Randbedingungen entwickelt wird. Dies transparent zu dokumentieren ist eine Ausdrucksform verantworteten Umgangs mit diesem Schritt der Technikentwicklung. Gleichzeitig kann die so entstehende Erfahrungsbasis als Grundlage eines Lernprozesses dienen, die für spätere Entscheidungsfindungen z.B. bei weiteren Projekten konsultierbar ist.

5.5.5 Design und Fertigung – Verantwortung der materiellen Technik

Nach der Festlegung der Produktanforderungen im Lastenheft und der Konkretisierung der Problemlösungsstrukturierung im Pflichtenheft geht es in der Designphase um die konkrete Gestaltung des Systems und damit um Entscheidungen, welchen Werten Vorrang vor anderen gegeben wird. Dabei sind die meisten Gestaltungsmerkmale auf Ebene normaler und ethisch nicht sensitiver Entscheidungen möglich. In Bezug auf ethische Fragestellungen kann in business-as-usual Situationen durch Anwendung der Priorisierungsregeln entschieden werden.

Wird systematisch vorgegangen, wie dies hier vorgeschlagen wird, sind ex-ante schon Entscheidungen gefallen, die das Nutzerbild und, sofern im vorhinein bekannt, die durch die Entwicklung tangierten Werte betreffen. Aufgabe des Designers ist die in den Produktspezifikationen festgelegten Anforderungen durch Anwendung bewährter Verfahren in ein materielles Produkt oder System umzusetzen. Dies ist dennoch wertbeladen, wenn es darum geht zwischen zur Disposition stehenden Alternativen, zu entscheiden. Dabei finden Aushandlungsprozesse zwischen Anforderungen und Wertvorstellungen statt, die sich als mehrdimensionale Optimierungsprozesse verstehen lassen. Mehrdimensional soll dabei andeuten, dass sich diese Prozesse nicht mehr auf einer einzigen Wertskala mit gut und schlecht bewerten lassen, sondern dass sich dabei Konflikte mit mehreren Werten gleichzeitig und zwischen Priorisierungsregeln ergeben können. Die Suche nach Alternativen kann nur dann erfolgen, wenn die Produktanforderungen nicht zu eng sind. Innovationsverhindernd sind dabei Spezifikationen, die nur eine einzige Lösung zulassen. Ethisch bedeutsam innerhalb des Fertigungs- und Designprozesses ist die ergonomische Gestaltung der Produkte in der Art und Weise, dass naheliegender Fehlgebrauch durch die Anordnung von Bedienelementen und die Verknüpfung von Bedienschritten nicht latent unterstützt wird. Für die meisten Fälle existieren dazu Richtlinien, deren Einhaltung durch Handlungsanweisung der Abteilungen festzuschreiben ist.

Wurden bis hierher die o.g. Voraussetzungen erfüllt, dann ist die *Fertigung* bei Einhaltung der Normen, Qualitätsstandards und Verfahrensanweisungen ein typisch ethik-freier Bereich, wenn dort keine Konflikte auftreten. Macht allerdings einer der Akteure einen Konflikt geltend, soll dieser dort bewältigt werden. Es kann durchaus sein, dass ein Mitglied der Fertigungsmannschaft für Details bessere Lösungen erfindet, die dann umgesetzt werden können. Für solche Fälle hat sich das betriebliche Vorschlagswesen zu Recht etabliert.

Eine zukünftige Aufgabe des Designs ist, innerhalb zu entwickelnder Systeme geeignete Schnittstellen zu schaffen, die eine Weiterentwicklung des Systems bei auftretenden nichtintendierten Nebenfolgen erlaubt. Speziell für den Bereich der Softwaretechnik ist dies relativ problemlos möglich, in dem der Entwickler bestimmte Prozedureneinstiegspunkte bewusst gemäß dieser Maxime gestaltet. Sinngemäß gilt das Gleiche für ein notwendig werdende Stilllegung der Technik. In diesem Falle sollen, soweit absehbar die Schnittstellen der Technik an den Verwebungspunkten der technologischen Textur so gestaltet sein, dass eine Herauslösung nicht zusätzlich erschwert wird. Im Bezug auf derartige Schnittstellen besteht gewaltiger Forschungsbedarf, der unter anderem deshalb bisher nicht angegangen wurde, weil dazu erhebliches technisches und ethisches Detailwissen erforderlich ist. Dabei ist zu bedenken, dass die Ausgestaltung und Fortentwicklung sowie die Umwidmung der Technik und der entstehenden Sekundärtechnik hier enge Grenzen setzen, weil nicht immer absehbar ist, welche Akzeptanz die Technik haben wird und wie sich die Inkulturation samt der Sekundär- und Tertiärtechniken gestaltet. Erste erfolgversprechende Ansätze sind aber schon sichtbar z.B. im Umweltmanagementsystem der STORA-ENSO und bei der Ökoeffizienzstrategie der BASF AG.

5.5.6 Prüffelder - Prozessverantwortung

Die Prüffelder haben die Aufgabe das Funktionieren technischer Systeme innerhalb der Produktspezifikation zu prüfen. Dabei wird das Produkt oder System vielfältigen Tests unterzogen. Einerseits prüft man, ob das Produkt den in den einschlägigen Normen festgelegten Anforderungen entspricht, andererseits wird getestet, ob es die Anforderungen der Produktspezifikation erfüllt, die über die Normen hinausgehen bzw. die nicht Subjekt einer Normung sind. Prüffelder stellen eine erste Stufe der Rückkopplung der Entwicklung an die Anforderungen des Pflichtenheftes und an die gängige inkulturierte Technik dar. Sie stellen sicher, dass die Technik nach den bisher bewährten Verfahren zufriedenstellend funktioniert und sichern damit die Technikentwicklung nach „hinten" ab. Sie sind, philosophisch gesprochen, Elemente der Bewährung von Technik. (Kapitel 3.1) Durch Prüffelder wird garantiert, dass die neue Technik nicht schlechter ist als die zu ersetzende bzw. derzeit gängige. In Analogie zur Softwaretechnik könnte man in diesem Zusammenhang von einer „Abwärtskompatibilität" sprechen. Für reife Techniken, die schon lange Bestandteil der Praxis sind und deren Einsatz nach derzeitigem Kenntnisstand keine nichtakzeptablen Folgen hat, sowie für Produktdetailverbesserungen genügt diese Art der Prüfung, wie sie dem klassischen Prüffeld entspricht, vollkommen. An dieser Stelle wird regelmäßig eine *Fürsorgeverantwortung* in gesellschaftlicher Perspektive wahrgenommen. Die Verantwortungswahrnehmung erfolgt allgemein dezentral durch Korrektur von Produkteigenschaften bzw. Ergänzung interner Anforderungen. Prüffelder haben hinsichtlich der Inkulturierung eine Brückenfunktion. Sie sorgen für die Kompatibilität von Techniken und helfen die gröbsten Fehler auszumerzen. Ihr Erfolg beruht wesentlich auf einer erfolgreichen Arbeitsteilung zwischen Technikentwurf und Technikprüfung, sowie der Unabhängigkeit zwischen Technikgestaltung und -überprüfung. Prüffelder sind deshalb erfolgreich, weil nicht der Technikentwickler selbst das von ihm entwickelte Objekt prüft, sondern von ihm unabhängige Personen und Testsysteme, die über andere Vorgehensweisen verfügen. Sie sind Orte, an denen fremdes Wissen und Wollen auf seine Zweckmäßigkeit getestet wird. (Kapitel 4.4.3) In einem beschränkten Maße stellen sie die Einholung einer gesellschaftlichen Perspektive innerhalb einer Miniaturgesellschaft dar. Eine Technikentwicklung kann letztlich nur so gut sein wie das Prüffeld, und Prüffelder erhalten ihre Aufgabenstellung eben erst dadurch, dass nicht alle Handlungen und Entwicklungen a priori erfolgreich sind. Das ideale Prüffeld macht sich selbst überflüssig, wenn es ihm gelingt, den Technikentwickler so weit zu bringen, dass er die Anforderungen in der Entwicklung so berücksichtigt, dass sein Produkt oder System diese Anforderungen automatisch erfüllt. Wegen des Erscheinens des Unverfügbaren ist dies unmöglich.

Die ethische Anforderung an ein Prüffeld ist, für alle relevanten Betriebsfälle und auf das System einwirkende Störungen geeignete Prüfprozeduren zu erstellen. Ein erster Schritt ist die Strukturierung in *Dauertests*, welche die Leistungsfähigkeit des Produkts im Dauerbetrieb unter Beweis stellen sollen und *Tests für den Störungsfall und außergewöhnliche Betriebszustände,* wie Systemüberlastungen und Teilausfälle. Damit wird versucht einen definierten Betrieb in allen möglichen Situationen nachzuweisen. Nichtintendierte Folgen von Weiterentwicklungen, wie z.B. Fehlfunktionen durch Ergänzungen des Produkts lassen sich somit identifizieren und geeignete Gegenmaßnahmen ergreifen. Das Produkt bzw. System wird dann mit einem Weiterentwicklungsauftrag an die Designabteilung zurückgegeben. Das heißt, der Prozess läuft iterativ ab, solange bis festgestellt wird, dass das Produkt den Anforderungen genügt. Designentscheidungen sind deshalb in ethischer Perspektive nicht einmalige nichtreversible, sondern wiederkehrende Entscheidungen, die über Prüffelder abgesichert sind. Den Designprozess an Einzelentscheidungen des gestaltenden Ingenieurs allein festzumachen ist eine unzulängliche Übersimplifizierung. In einem zweiten Schritt werden nach den internen Prüffeldern Werkfunktionsprüfungen der Produkte und Systeme durchgeführt, deren erfolgreiche Absolvierung in einer Werksabnahme des Systems endet. Dabei ist der spätere Nutzer oder eine Abordnung des Käufers zugegen. Nach dem erfolgreichen Ablaufen der internen Tests wird in Anwesenheit der Kunden noch einmal geprüft, und die „Miniaturgesellschaft“ damit nochmals erweitert. Auch in diesem Schritt können Nachbesserungen und Weiterentwicklungen stattfinden. Sind keine weiteren Personenkreise von den Auswirkungen des Systems betroffen, kann die gesellschaftliche Perspektive damit als abgeschlossen betrachtet werden. Zumal nach der Montage beim Endkunden eine Abnahmeprüfung durchzuführen ist, die weiter zeigen soll, ob das Produkt bzw. System in der neuen Umgebung zufriedenstellend funktioniert.

Neben der Durchführung der Prüfungen ist ethisch sensitiv, dass die Normen regelmäßig auf ihre Sinnfälligkeit hinsichtlich der Prüfprozedur und der Grenzwerte geprüft werden und Ergänzungsbedarf bei den Verbänden bzw. Norminstituten angemeldet wird. Für neu zu entwickelnde Technik ist die ethische Anforderung an die Prüffelder, wirklich geeignete Testverfahren zu entwickeln, d.h. so weit als abschätzbar die Nebenfolgen geeignet zu identifizieren. Die grundsätzliche Problematik ist dabei, welche Leitwerte für den Systemtest selbst anzusetzen sind. Aufgabe des Prüffeldes ist sowohl die Einhaltung der gewählten Wertvorstellungen zu prüfen, als auch nicht berücksichtigte, aber für den Technikeinsatz relevante Konflikte um Wertvorstellungen zu identifizieren und gegebenenfalls Gegenmaßnahmen zu eruieren und an die Entwicklung mit einem Weiterentwicklungsauftrag zurückzugeben. Dazu müssen Prüffelder teilweise auf fremdes Wissen zurückgreifen. Ihre Aufgabe innerhalb des

Prozesses ist einer ersten Rückkopplungsschleife vergleichbar, welche die Einhaltung gewisser Wertvorstellungen und Randbedingungen prüfen. Nichts spricht aus technischer Sicht dagegen, den Prüffeldern die Menschen- und Gesellschaftsbilder der Technikentwicklung anzugeben und diese vor die Aufgabe zu stellen, zu eruieren, ob hier massive Inkonsistenzen bei der Realisierung der Technik auftraten. Allzu optimistisch ist die Vorstellung, Prüffelder könnten für die Realisierung und Berücksichtigung des Wertes „Gemeinwohl" auf Unternehmensebene sorgen. Dies können sie nicht, weil sie vom Erfolg der Produkte abhängig sind. An dieser Stelle haben sich unabhängige Prüffelder und Vereine, wie der TÜV etabliert, die diese Aufgabe in gesellschaftlicher Perspektive wahrnehmen. Die Gesellschaft muss sich für Neuentwicklungen von Techniken darauf verständigen, welche Auflagen sie den auf diesem Feld tätigen Unternehmen bezüglich der Prüfung bestimmter Techniken durch unabhängige Prüffelder macht.

5.5.7 Montage und Inbetriebnahme – Verantwortung des Gefahrenübergangs

Ist inklusive der Werksabnahme bis hierher alles nach den vorgehend beschriebenen Verfahren gelaufen, ist davon auszugehen, dass die Montage und Inbetriebnahme keine ethische Betrachtung erfordert. Einziger Punkt ist hier die Verantwortung des Gefahrenübergangs, die als business-as-usual Konflikt zu bewältigen ist. Auftraggeber und Auftragnehmer müssen sich über die Aufgabenverteilung einigen. Der Nutzer muss über die Möglichkeiten und Gefahren des Produkt- bzw. Systemgebrauchs aufgeklärt werden und naheliegender Missbrauch soll explizit unterbunden sein. Üblicherweise sind die Verfahren in den zum Projekt zugehörigen Verträgen geregelt. Ethisch bedeutsam ist die Anwendung der Montageanleitungen und die Rückmeldung, falls eine Gefährdung während der Montage besteht, die nicht toleriert werden kann bzw. die sich erst bei der Erstmontage herausgestellt hat. Die Einhaltung von Sicherheits- und Arbeitsschutznormen ist eine Selbstverständlichkeit, die überdies gesetzlich geregelt ist. Der Inbetriebnehmer muss allerdings dafür sorgen, dass der Kunde mit dem Produkt ausreichend vertraut ist. Ausreichend bedeutet, dass er über unmittelbare Gefahren der Bedienung und des Einsatzes, sowie über naheliegenden Fehlgebrauch informiert ist. In der Regel wird aus diesen Gründen stets ein Abnahmeprotokoll angefertigt und die Anlagendokumentation überreicht.

5.5.8 Nutzerverantwortung

Der Nutzer ist dafür verantwortlich, dass die Technik innerhalb der Zwecksetzung betrieben wird, für die sie entwickelt wurde, wenn er Ansprüche gegenüber dem Hersteller geltend machen will. Für Umwidmungen und Fehlgebrauch, der sich aus der Umwidmung der Technik ergibt, trägt der Nutzer Eigenverantwortung und zwar gestaffelt nach der Eingreiftiefe der Technik in gesellschaftliche Prozesse. An dieser Stelle gilt es auf offensichtlich möglichen Missbrauch hinzuweisen. Dabei wirkt gesellschaftliche Praxis normativ. Für Umwidmungsprozesse der Technik ist der Nutzer alleine verantwortlich. Er hat zu prüfen, ob durch die Umwidmung neue ethische Fragestellungen aufbrechen. Aus der prinzipiellen Umwidmungsfähigkeit kann keine Allgemeinhaftung für Umwidmungsfälle abgeleitet werden, grobe Fahrlässigkeit ausgenommen.

In der alltäglichen gesellschaftlichen Praxis ist klar, dass ein Backofen zum Backen von Lebensmitteln konzipiert ist. Dies gilt auch für die neue Technik des Mikrowellenofens. Da niemand Haustiere im Normalbackofen trocknet, kann davon ausgegangen werden, dass auch ein Mikrowellenofen nicht zum Trocknen von Haustieren geeignet ist (entgegen einem anderslautenden Urteil in den USA).

Der Nutzer trägt ferner die Verantwortung, ihm aufgefallene Risiken und Gefahren dem Hersteller mitzuteilen und die Stilllegung am Ende der Nutzungsdauer bzw. bei gesellschaftlicher Nichtakzeptanz zu veranlassen. Der Nutzer muss über geeignet qualifiziertes Bedienpersonal verfügen und die einschlägigen Vorschriften (Wartung etc.) beachten. Die Weiterentwicklung der Technik bei aufkommender Nichtakzeptanz oder veränderter gesellschaftlicher Gesamtsituation kann der Nutzer gegenüber dem Hersteller anregen und eine gemeinsame Entwicklungsstrategie entwerfen. Für problematisch werdende Techniken hat der Nutzer eine Betreiberverantwortung, d.h. er muss darauf achten, dass seine Anlagen dem aktuellen Stand der Normen hinsichtlich Sicherheits- und Umweltauflagen entsprechen. Er kann einen Teil dieser Verantwortung weitergeben z.B. an den Hersteller von Nachrüstungen, bleibt aber dafür verantwortlich, dass der Betrieb der Anlage selbst innerhalb der gesellschaftlichen Auflagen verbleibt. An dieser Stelle sind die meisten Regelungen ohnehin durch Gesetze und Normen festgelegt.

5.6 Ethik-Qualitätsmanagement (EQM)

Die Wahrnehmung von Verantwortung in der Technikgestaltung bedarf der Institutionalisierung. (Ropohl, 2002) Über die Art und Weise der Institutionen innerhalb von Unternehmen ist bisher noch nichts gesagt worden. Der nachfolgende Vorschlag versucht die ethische Verantwortung am Qualitätsmanagement zu verankern. Im Bereich des Qualitätsmanagements hat sich im letzten Jahrzehnt in praktisch allen Bereichen der Industrie und des Dienstleistungsgewerbes die Zertifizierung nach den gängigen Normen ISO 9001 durchgesetzt, obwohl die Zertifizierung aufwändig und nicht mit direkten finanziellen Erträgen verbunden ist. Neben der Definition des Qualitätsmanagements verlangt die Norm die Schaffung von Strukturen und Institutionen innerhalb des Unternehmens, die die Qualität der erzeugten Produkte überwachen sollen. Darüber hinaus sind Qualitätsmanagementprozeduren und Vorgehensweisen zur Dokumentation des Qualitätsmanagements von den Unternehmen zu schaffen und bei der Zertifizierung vorzulegen. Die Zertifizierung wird jährlich in QM-Audits überprüft. Sie ist für die Unternehmen freiwillig. Trotz des großen betriebswirtschaftlichen und personellen Aufwandes für die Unternehmen, hat sich die Zertifizierung derart durchgesetzt, dass Produkte und Dienstleistung von Firmen, welche nicht nach der „QM-Norm" zertifiziert sind, praktisch als nicht mehr am Markt absetzbar gelten.

Alle QM-Normen fordern die Schaffung von Strukturen zur praktischen Umsetzung der Qualitätsstandards, sie sind daher geeignet, eine Umsetzung der Ethik in die Praxis zu ermöglichen, wenn sie um einen Anhang „Ethik-Management" erweitert werden. Die bestehenden Qualitätsmanagementstrukturen lassen sich dabei für das Ethik-Management nutzen und stellen für die Unternehmen keine signifikante zusätzliche Belastung dar. Durch die Ausnutzung bestehender Strukturen wird gleichzeitig einer unkontrollierten Vervielfachung von Institutionen vorgebeugt. Das Ethik-Management in der Qualitätssicherung zu verorten bietet mehrere Vorteile:

1. Die bestehenden Strukturen können genutzt und weiterentwickelt werden, weil auch das Qualitätsmanagement letztendlich die Einhaltung und Umsetzung bestimmter selbstgesetzter Werte einfordert. Dies ist auf dem Gebiet der Ethik nicht anders.

2. Das Qualitätsmanagement ist nach dem für die Ethik sinnvollen Subsidiaritätsprinzip strukturiert.

3. Die Zertifizierung nach den einschlägigen Normen hat breite Akzeptanz in allen Unternehmen. Es wird an dieser Stelle nicht versucht eine zusätzliche, separate Zertifizierung nach einer Ethik-Norm oder einem Sozialstandard auf breiter Front durchzusetzen, sondern die bereits bestehende Norm kann nach einer angemessenen Übergangsfrist um ein Kapitel Ethik-Management erweitert werden. Alle bereits zertifizierten Unternehmen müssen diese Kriterien ebenfalls erfüllen, weil sie sonst nicht wieder zertifiziert werden. Der Druck des Marktes wird dafür sorgen, dass einmal zertifizierte Unternehmen diesen Status nicht verlieren wollen.

4. Es wird schon am strukturellen Aufbau des Unternehmens klar, das Ethik nicht eine bloße *Akzeptanzbeschaffungsfunktion* hat, sondern innerhalb des

Unternehmens auf allen Ebenen gleich ernst genommen und als Basis des Unternehmenserfolgs (Ressourcenfunktion) angesehen wird.

5. Für kleine und mittlere Unternehmen kann der Aufwand minimiert werden, wenn die Funktion des Ethik-Managements von der Qualitätssicherung u.U. in Personalunion mitgeleistet wird. Das bedeutet, dass in mittleren Unternehmen nicht zusätzlich eine Arbeitskraft allein für Ethik-Aufgaben abzustellen ist. Indem dem Ethik-Management ein eigener Status eingeräumt wird, der personell getrennt von der Personalabteilung und vertraulich funktioniert, wird gleichzeitig vermieden, dass Meldungen von Konflikten sofort zu Nachteilen für die Betroffenen führen.

6. Das Qualitätsmanagement wird unter dem Leitbild der ständigen Fortschreibung in einem kontinuierlichen Verbesserungsprozess betrieben. Dieser Ansatz findet seine Entsprechung im Weiterentwicklungsbedarf, der durch die Koevolution von Technik und Gesellschaft entsteht.

7. Die Normenreihe DIN ISO 900X ist formal nach den oben dargestellten Unternehmensbereichen strukturiert und bietet daher ideale Anknüpfungspunkte zur Verantwortung der Abteilungen und Mitarbeiter. Die Qualitätssicherung definiert nicht nur Methoden, sondern enthält bereits Ansätze einer Verantwortungsverteilungsstrategie zwischen den verschiedenen Unternehmensbereichen. Sie betont gleichzeitig die Verwebung der Unternehmensbereiche untereinander.

8. Wesentliches Element der Qualitätssicherung sind Handlungsanweisungen. Die Verbindung zur Ethik ist an dieser Stelle, dass sich Strategien zur Bewältigung von Konflikten ebenfalls auf Handlungsanweisungen beziehen.

5.6.1 Ziele des Ethics-Quality-Management

Das Ethik-Qualitätsmanagement (EQM) ist eine Form gesellschaftlicher Verantwortungswahrnehmung durch Unternehmen. (Julliard/Schwab, 2002a) Es soll dazu dienen, Werte zu wählen und die Entscheidungen, die auf den einzelnen Ebenen des Unternehmens fallen, relativ zum vom Unternehmen gewählten Wertekatalog zu gestalten. Die Einhaltung ethischer Normen auf Grund der selbständigen Wahl der Unternehmenswerte scheint ein geeignetes Kriterium für die Unternehmensprozessgestaltung zu sein, weil sie Transparenz gegenüber dem Kunden und Gesellschaft schafft und es diesen überlässt, wie sie Präferenzen setzen. Die Explizierung von Wertvorstellungen durch eigene Wahl und Überwachung des Handelns im Einklang mit dem gewählten Wertesystem und den zugrundeliegenden Paradigmen ist die

Grundaufgabe des EQM. Zur Erreichung dieses Zieles sind verschiedene methodische Schritte notwendig. Zunächst müssen in unternehmensinterner Festlegung Handlungsstrategien erarbeitet werden, die zur Bewältigung ethischer Konflikte dienen. Als nächstes müssen Maßstäbe zur Orientierung in Konflikten eruiert werden. EQM soll eine Rückkopplung liefern, inwieweit die Beachtung ethischer Handlungsanweisung und die Durchsetzung der explizierten Werte in der Praxis leistbar ist und faktisch geleistet wird. Dazu ist eine geeignete Dokumentationsfunktion, am besten mit Hilfe einer Analogiedatenbank zu schaffen und es sind geeignete Sanktionsmaßnahmen für die Nichtbeachtung der Regeln durchzusetzen.

5.6.2 Notwendige Institutionen

Zur Durchsetzung der in der bisher dargestellten Situation entwickelten Ethik müssen auf Unternehmensebene geeignete Institutionen und Mitarbeiter vorhanden sein. Die nächste Abbildung zeigt die vorgeschlagenen Institutionen. Eine Grundbedingung für die Erkennbarkeit ethischer Konflikte in der Unternehmenspraxis sind ausgebildete Mitarbeiter. Zweckmäßigerweise muss dies durch Weiterbildungsmaßnahmen auf Unternehmensebene begleitet sein, weil ansonsten ein Graben zwischen den theoretischen ethischen Kenntnissen und der Praxis innerhalb des Unternehmens auftreten wird. Die Mitarbeiter sollen dabei nicht zu Ethikexperten werden. Dies ist eher als Bewusstseinsschärfung für vorhandene Konflikte auszulegen. Unabdingbar ist die Vermittlung der Interdependenzbeziehung zwischen Technik und Gesellschaft und ihrer Auswirkung auf technische Praxis. Besonderes Gewicht liegt auf dem Einfluss von Menschen- und Gesellschaftsbildern auf die Technikentwicklung. Die Erkennbarkeit von Konflikten und die Beherrschung diskursiver Lösungsverfahren sollen dabei im Mittelpunkt stehen.

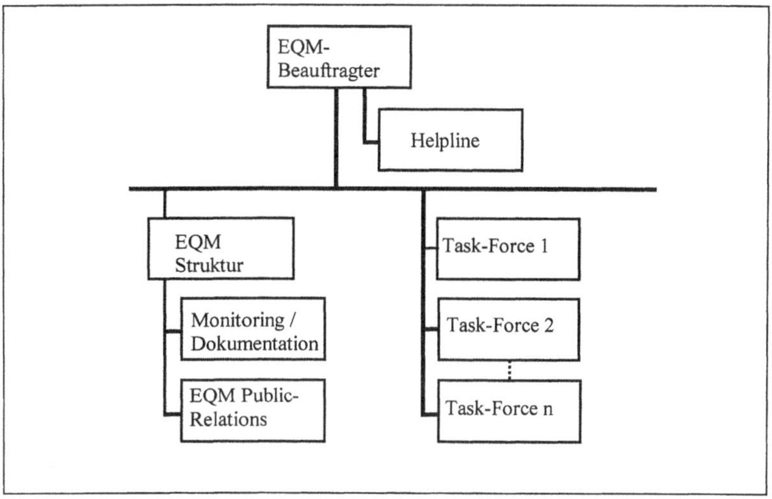

Abbildung 5-1: *Institutionen des Ethik Qualitätsmanagements*

Die Grundausbildung soll von einer fortwährenden Weiterbildung begleitet sein. Dies ist notwendig, um den gesellschaftlichen Veränderungen durch die Technikentwicklung Rechnung zu tragen. Die Weiterbildung bezieht sich dabei nicht nur auf die gesellschaftliche Ebene, sondern genauso auf den unternehmensinternen Lernprozess, der aus den Entscheidungsprozessen und Konflikten der Vergangenheit ethisch tragbares Handeln ableitet und gegebenenfalls Gegenmaßnahmen erarbeitet. Für die Konfliktlösung in ethischen Konfliktfällen müssen Mitarbeiter sensibilisiert sein und mit anderen Menschen umgehen können. Weil ethische Entscheidungen von der Persönlichkeit und ihrer ethischen Entwicklung innerhalb der Lebensalter abhängen, ist ein Grundverständnis der ethischen Entwicklungsmodelle hilfreich, um in Konfliktfällen mit Betroffenen und Partnern kommunizieren zu können (Oser/Althoff, 1993) Konflikte in Unternehmen spielen sich zwischen Altersstufen und verschiedenen Sichtweisen auf die gesellschaftliche Praxis ab. Das gängigste Modell für die moralische Entwicklung ist das Kohlberg/Errikson-Modell der Persönlichkeitsentwicklung in sieben Stadien. Die für das Berufsleben wichtigen Stadien lassen sich typischen Tätigkeiten einer Laufbahn zuordnen. (Julliard, 2000a) Dabei ist von besonderem Interesse, dass mit zunehmendem Dienstalter die Interessen von der technischen Seite hin zu sozialen Aspekten der Tätigkeit wechseln. Die Sensibilität für ethische Fragen steigt deshalb mit steigendem Dienstalter ebenso, wie die Konfliktlösungsfähigkeit in sozialen Kontexten, weil die Sozialdimension der Technik eher erfasst wird.

Um dieses Wissen entsprechend im eigenen Unternehmen anwenden zu können sind zwei weitere Schritte notwendig. Zum einen muss an Hand der in der Unternehmensethik festgeschriebenen Werte präzisiert werden, wo das latente Konfliktpotential eines bestimmten Arbeitsbereiches liegt und welche Werte tangiert sein können. Für die Formulierung dieser Aufgabenstellung kann es hilfreich sein, Außenseiter, wie Umweltverbände und Betroffenenorganisationen explizit einzubeziehen, weil deren alternative Sicht auf die Zusammenhänge manche Konflikte zu erkennen und latent politische Konflikte zu vermeiden hilft. (van de Poel, 2001c); (Halfmann, 1996) Zum zweiten muss mit den Mitarbeitern eine Handlungsanweisung erarbeitet werden, die für ethische Konflikte eine bestimmten Bewältigungsstrategie festlegt. Gemäß dem Subsidiaritätsprinzip ergibt sich für derartige Konflikte auf Grund der Struktur der in dieser Untersuchung vorgelegten Ethik eine dreistufige Konfliktbewältigungsstrategie. Die Handlungsanweisung kann die folgenden drei Konfliktebenen präzisieren:

1. Konflikte, die mit herkömmlicher Ethik durch Anwendung der für die Abteilung geltenden Priorisierungsregeln durch den Mitarbeiter alleine lösbar sind. (business-as-usual)
2. Konflikte, die mit bisherigen Regeln nicht mehr durch den Mitarbeiter alleine lösbar sind und deshalb die Beteiligung weiterer Personen erfordert.
3. Ingenieursethik-Fälle. Diese sollen nie von einem Mitarbeiter alleine gelöst werden, weil sie eine gesonderte ethische Reflexion erfordern, die für den Einzelnen in der Regel nicht mehr überschaubar ist. Weil in diesen Fällen unter Umständen weitere Institutionen gehört werden sollen, kann dies der Mitarbeiter sowieso nicht alleine entscheiden.

In jedem Fall sollen ethische Entscheidungen einem Dokumentationsprozess zugeführt werden.

Ethik Task-Forces

Die nächsthöhere Ebene nach den Mitarbeitern sind Ethik-Task-Forces auf Abteilungsebene. Sie sind im Rahmen der hier vorgestellten Technikethik ein Element der Verantwortungsverteilung im Sinne der Verantwortungsethik nach Lenk et al. (Lenk/Maring, 1998). Ihr Aufgabengebiet umfasst die Festlegung der für die Abteilung geltenden Gruppenmoral und über die allgemeinen Priorisierungsregeln hinausweisende Entscheidungsstrategien als einer morale provisoire (Kapitel 3.4.3), die in Einklang mit der Unternehmensethik steht und ihre Präzisierung der Unternehmensethik in der Abteilung darstellt. Die Task-Forces haben die Aufgabe, diese Gruppenmoralen auf ihren Einklang mit der Unternehmensethik zu überwachen und Abweichungen gegenüber dem Gesamtunternehmen dann zu artikulieren, wenn sie sich aus einer neuartigen technologischen Praxis nähren. Task-Forces können in konfliktfreien Phasen ruhen und treten nur bei Bedarf in Erscheinung. Ihre Mitglieder sollen eine ethische Grundausbildung erhalten haben und mit diskursiven Entscheidungsverfahren vertraut sein. Sie sind wählbar. Alle Mitglieder einer Abteilung können in Konfliktfällen die Einberufung der Ethics-Task-Force fordern und berichten diesem Gremium den Konflikt

Jede Abteilung erhält eine Ethics-Task-Force, die dem Abteilungsleiter und der Geschäftsleitung Bericht erstattet. Sie ist formal dem Qualitätsmanagement unterstellt. Die Task-Force nimmt die von Kunden eingehenden Anregungen für die Abteilung auf. Task-Forces treffen sich einmal jährlich in EQM-Audits und besprechen gemeinsam Handlungsstrategien und Konfliktfälle. Für abteilungsübergreifende Konflikte können die Task-Forces eine gesonderte Konferenz einberufen, bei dem sie und mindestens ein neutrales Mitglied über die Bewältigung des Konflikts entscheiden. Prinzipiell ist der den Konflikt anmeldende Mitarbeiter automatisch Mitglied der Task-Force, solange, bis der Konflikt bewältigt ist. In Einzelfall kann die Task-force den Mitarbeiter entbinden oder ausschließen. Aufgabe der Task-Force ist es, die Mitarbeiter zu ethischem Handeln zu ermutigen. Umgekehrt sind Mitarbeiter der Task-Force Rechenschaft für ethische Entscheidungen pflichtig.

Für ethisch kritische Designentscheidungen, die gesellschaftlich relevante Konsequenzen haben, kann die Task-Force eine grobe integrative Technikfolgenabschätzung (ITA) innerhalb ihrer Sitzungen beschließen und durchführen lassen. Diese ITA soll lediglich dazu dienen, die Notwendigkeit weiterer TA innerhalb des Designprozesses abzuschätzen und Entscheidungen in diese Richtung anzustoßen.

Ethics-Helplines

Ethics-Helplines haben sich über die letzten zwei Jahrzehnte in amerikanischen Unternehmen etabliert. Sie bestehen in der Regel aus einem Tonband, auf dem die Mitarbeiter Konflikte melden können. Einige Unternehmen bieten an, dass sich der in Konflikt geratene Mitarbeiter an die Ethics-Officer weiterverbinden lassen. (Siemens, 2001) Eigentlich wären sie in dem hier präsentierten Modell bei reibungslosem Ablauf überflüssig, weil die Konflikte gestuft bearbeitet würden. Ethics-Helplines haben allerdings eine Eigenschaft, die bei der bisherigen Reflexion unzureichend zur Sprache kam: sie sind anonym und bergen daher für einen in Konflikt geratenen Mitarbeiter kein Risiko einer negativen Sanktion. Darüber hinaus können sie zur Bewältigung von Konflikten auf persönlicher Ebene beitragen bzw. bei Nichtübereinstimmung mit den Task-Forces eine Hilfe darstellen. Die Anonymität der Helplines ist dann eine Stärke, wenn es um latente Konflikte und soziale Fallen geht, die allen gemeinsam „irgendwie" bekannt sind, die aber auf Grund offensichtlicher Präferenzen des Unternehmens oder Einzelner mit einem Tabu belegt sind. Die Anonymität und die vorhergehend geschilderten Grundkonflikte machen eine Angliederung der Help-Lines direkt an den Ethik-Beauftragten des Unternehmens sinnvoll.

Eine Schwäche der ethics-helplines ist die Bestärkung eines gewissen „Sendungsbewusstseins" für notorisches „Whistle-Blowing" und die damit einhergehende mögliche Ausweitung banaler Konflikte mit anderen Mitteln. Da ein Gremium über die Relevanz des Konflikts entscheidet, hat dies jedoch keine negativen Konsequenzen. Ethics-Helplines können ferner für die Regelung allgemein ethischer Konfliktfälle, etwa Angelegenheiten unter Mitarbeitern, dienen.

EQM Strukturarbeitsgruppe

Die EQM Strukturarbeitsgruppe sind die *Fortschreibungsinstanzen* für die Unternehmens- und Abteilungsethiken und damit ein Element der Habermas´schen Diskursebene. Sie sind Reflexionsinstanzen ethischer Entscheidungsprozesse in den Unternehmen. Ihre primäre Aufgabe ist, in regelmäßigen Abständen zu prüfen, ob die gewählten Wertvorstellungen in den Abteilungen und im Gesamtunternehmen faktisch eine Rolle spielen und Konflikte tatsächlich mit dem zur Verfügung stehenden Instrumentarium gelöst werden. Die Strukturarbeitsgruppe agiert dabei auf zwei Ebenen. Sie hat zu prüfen, inwieweit die gewählten Wertvorstellungen relevant sind und wie sie in die Technikgestaltung eingehen. Zum anderen soll sie die Rahmenbedingungen gestalten und dafür Sorge tragen, dass geeignete Instrumentarien vorhanden sind, um Konflikte in ethisch redlicher Art und Weise lösen zu können.

Bei Konflikten zwischen den Werten Wirtschaftlichkeit und Lebens- und Umweltqualität muss explizit festgeschrieben werden, welche Priorität einzuhalten ist und wann Abweichungen von hiervon gestattet sind. Die Mitglieder der Strukturkommission benötigen daher eine über die Grundausbildung hinausgehende Qualifikation in Diskursverfahren und Strukturarbeit. Als Schnittstelle zwischen ethischen und technischen Aufgabenstellungen ist ihre Arbeit für die Erkennbarkeit und Bewältigbarkeit von Konflikten besonders bedeutsam, weil sie die Konkretisierung von Unternehmensethik und ihre Operationalisierung vorantreibt. Der Strukturarbeitsgruppe obliegt, erfolgreiche Verfahren für Konfliktlösungen zu etablieren und unternehmensweit fest- und fortzuschreiben. Sie soll dies in Zusammenarbeit mit Betroffenen und in Absprachen mit der Unternehmensleitung tun. Für strittige und ethisch besonders brisante Fälle ist festzulegen, wann die Strukturarbeitsgruppe an die Öffentlichkeit treten darf ohne Sanktionen der Geschäftsleitung zu erwarten. Der Vorsitzende der Strukturarbeitsgruppe ist dem Ethik-Beauftragten und den Abteilungsleitern gegenüber Rechenschaft pflichtig und zwar im Rahmen eines Zuschreibungskonzepts und zunächst unabhängig von einer persönlichen moralischen Verantwortung.

EQM Öffentlichkeitsarbeit (EQM Public Relations)

Innerhalb des EQM soll sich eine Gruppe mit der Einholung der gesellschaftlichen Perspektive befassen. Die Gruppe ist zweckmäßigerweise im Unternehmen auf der Ebene des Marketing anzusiedeln, das ohnehin gesellschaftliche Analysen hinsichtlich der Akzeptanz von Produkten durchführt. Der Öffentlichkeitsausschuss erfüllt mehrere Funktionen. Nach außen hin dient er der Schaffung von Transparenz hinsichtlich des Zustandekommens ethischer Entscheidungen im Unternehmen und erhöht damit die Akzeptanz für Unternehmensprodukte innerhalb des Marktes. Eine weitere Funktion dieses Gremiums ist die Vorbereitung der Inkulturierung neuer Techniken, indem in einer zweistufigen Vorgehensweise innerhalb von Modellversuchen neuer Technik die Nutzer begleitet werden. Im ersten Schritt wird einem neuen Nutzerkreis dabei die Beta-Version einer Technik zugeführt und erprobt. Im Anschluss daran wird mit den Nutzern gemeinsam erörtert, ob die neue Technik in das bestehende Wertesystem eingepasst werden kann, oder ob eine Weiterentwicklung des Wertesystems oder der Technik notwendig ist, die in einem rekursiven Verfahren in weiteren Modellversuchen erarbeitet wird. Stellt sich bei diesen Versuchen heraus, dass gesellschaftlich problematische Schritte auftreten, so kann die Gruppe in Ergänzung zur groben ITA der Task-Forces eine verfeinerte Technikfolgenabschätzung einleiten, indem sie entweder auf eigene oder auf fremde Institutionen zurückgreift und damit in gesellschaftlich transparenter Art und Weise eine Vorsorgeverantwortung des Unternehmens für die neu entwickelte Technik übernimmt.

Eine zweite wichtige Außenwirkung dieser Arbeitsgruppe ist die Information der Technikbetroffenen in Abhängigkeit der verwendeten Technik. Dies kann sich sowohl auf die Technikanwender beziehen als auch auf die Anrainer eines Werkes. Innerhalb des Umweltqualitätsmanagements hat sich diese Vorgehensweise bereits etabliert. So lautet beispielsweise ein Passus der entsprechenden Leitlinie der STORA-ENSO Maxau:

> *STORA-ENSO sucht den Dialog mit der Öffentlichkeit in allen Fragen des Umweltmanagements. Wir informieren Betroffene und stehen diesen zur Verfügung (Stora-Enso, 1999b)*

Für das EQM ist die Integration einer gesellschaftlichen Perspektive grundlegend. Sie ist nicht ein „lästiger weiterer gewinnschmälernder Faktor“, sondern, wie sich aus dem kulturalistischen Ansatz ergibt, eine Grundnotwendigkeit technischer Entwicklung. Ein Unternehmen, das diese Perspektive ungenügend integriert, verfehlt nicht nur ethische Ziele, sondern gefährdet die Marktfähigkeit seiner Produkte, weil die Sozialdimension der Technik eine Grundbedingung ihrer Anwendung ist.

Für die Inkulturierung neuer Techniken dient das Gremium der Akzeptanzbeschaffung innerhalb der Gesellschaft, indem es sich am politischen Dialog über künftige strategische Entscheidungen für die Entwicklung und den Einsatz neuer Techniken beteiligt. Es kann dies politikberatend tun und damit aktiv in die Gestaltung der Rahmenbedingungen neuer Technikentwicklung eingreifen. Unternehmen, die hier am gesellschaftlichen Lernprozess teilnehmen, haben es leichter ihre Produkte an gesellschaftlichen Bedarf anzupassen bzw. sie kompatibel zu gestalten. Darüber hinaus wirken sie an der Schaffung von Akzeptanz für neue Techniken durch Weiterentwicklung des normativen Grundgerüstes mit. Die Transparenz des Verfahrens gewährleistet, dass sich die Gesellschaft nicht „an die Produkte, die es gibt" anzupassen hat, sondern technikgestaltend eingreift und damit aus der Rolle des reinen Beobachters in die Rolle des Teilgestalters wechselt. Für Techniken, die gesellschaftlich problematisch werden, kann die Abteilung „Öffentlichkeitsarbeit" den Rat weiterer Institutionen hinzuziehen, um klarzumachen, dass das Unternehmen gewillt ist, am gesellschaftlichen Lernprozess teilzunehmen. Dies ist gegenüber der Öffentlichkeit fair. Als Gegenleistung kann das Unternehmen erwarten, dass die Gesellschaft ihm Übergangsfristen für die Stilllegung gewisser Techniken gewährleistet.

EQM Monitoring und Dokumentation

Die Abteilung EQM-Monitoring und Dokumentation hat eine Schlüsselfunktion innerhalb des hier präsentierten Konzepts inne. Zum einen soll sie die Entscheidungsfindungen auf der Handlungsebene begleiten und Relevanzentscheidungen für strittige Konflikte zur Verfügung stellen, zum anderen soll sie eine Dokumentationsdatenbank für in der Vergangenheit bewältigte Konflikte zur Verfügung stellen. Diese Dokumentationsdatenbank ist das Herzstück des auf der Diskursebene liegenden Lernprozesses innerhalb des Unternehmens. Es stellt langfristig ein Archiv bewältigter Konflikte und bewährter Lösungsverfahren zur Verfügung. Zweckmäßig ist die Einrichtung einer Datenbank, in die Konflikte strukturiert abgelegt und in Analogieklassen eingeteilt werden können. Dieses System erlaubt einen Rückgriff auf frühere erfolgreich angewendete Verfahren in ähnlichen Situationen und trägt dazu bei, gewisse Entscheidungsstandards festzuschreiben. Auf der Ebene des Monitoring soll geprüft werden, wie Entscheidungsprozesse innerhalb des Unternehmens fallen und wie diese unterstützt werden. Dies kann in Form regelmäßiger Audits erfolgen, solange die Konflikte auf Task-Force-Ebene zu lösen sind. Alle Konflikte sollen in die Dokumentationsdatenbank eingehen und sind mit Angabe der Gründe für die Entscheidung zu archivieren. Für kleinere Konflikte lassen sich an Hand der Datenbank regelmäßig Stichproben machen. Dabei soll die Monitoringabteilung prüfen, inwieweit der entscheidende Mitarbeiter im Konflikt genügende Unterstützung hatte und ob er für diese Entscheidung genügend kompetent war. Für strittige und nicht mehr in Task-Forces entscheidbare Konflikte soll das Gremium entscheiden, wie relevant der Konflikt überhaupt ist und ob er auf Unternehmensebene lösbar ist. Für den Fall der Entscheidung auf Unternehmensebene kann das Gremium den Konflikt an sich ziehen und den Mitarbeiter von der Entscheidung entbinden. Der Mitarbeiter und die Task-Force sind in jedem Fall beratend zu hören. Konflikte, die erst auf dieser Ebene zu lösen sind, sollen unabhängig vom meldenden Mitarbeiter in Zusammenarbeit mit der Geschäftsleitung bearbeitet werden. Für ethisch sensitive Entscheidungen hinsichtlich der Sicherheit von Systemen und Produkten ist eine gestufte Meldepflicht an das Monitoring-Gremium sinnvoll. Inwieweit diese Meldepflicht auch gegenüber staatlichen Organisationen zu erweitern ist, muss noch geprüft und in gesellschaftlicher politischer Willensfindung erörtert werden.

Ethik-Beauftragte

Der Ethik-Beauftragte ist für die Koordination der Unternehmensethik und die Randbedingungen der Konfliktbewältigung verantwortlich. Er unterstützt die Konkretisierung der Abteilungsethiken und überwacht deren Übereinstimmung mit der Unternehmensethik des Gesamtunternehmens. Er ist für Mitarbeiter eine Einspruchsinstanz in Konfliktfällen in denen die Task-Forces und Strukturarbeitsgruppen in Konflikte mit Mitarbeitern geraten. Er koordiniert die Bewältigung der Konflikte und sorgt dafür, dass Mitarbeiter ihrer ethischen Verantwortung nachkommen können und faktisch müssen. Für Mitarbeiter, die ethische Konflikte nicht melden, sollen geeignete Sanktionsmaßnahmen zur Verfügung stehen. Ein zweiter wesentlicher Schwerpunkt der Arbeit des Ethik-Beauftragten besteht in der Schulung der Mitarbeiter, die je nach dem Grad ihrer Verantwortung eine gestufte ethische Grundausbildung erhalten. Darüber hinaus führt er Workshops durch, in denen Fallbeispiele aus dem eigenen Unternehmen bearbeitet werden. Damit wird ein unternehmensinterner Lernprozess für die Wahrnehmung und Bewältigung der ethischen Konflikte angestoßen. Besonderes Gewicht bei der Ausbildung der Mitarbeiter ist auf die Integration der gesellschaftlichen Perspektive in die Technikgestaltung zu legen, die damit für das Unternehmen in einer freiwilligen Selbstverpflichtung wird.

Der Ethik-Beauftragte fungiert gegenüber den Verbänden als Kontaktperson, insbesondere wenn Verbandsmitglieder in Konflikte mit dem Unternehmen geraten. In diesen Fällen ist er für das Unternehmen die Ansprechperson für den Schlichtungsprozess. Nach außen hin nimmt der Beauftragte die Funktion einer Schnittstelle war. Er steht politischen Parteien und gesellschaftlichen Einrichtungen mit seinem Fachwissen beratend zur Seite und bringt öffentliche Anliegen im Unternehmen zu Gehör. Die Geschäftsleitung berät den Ethik-Beauftragten über den zulässigen Umfang unternehmensinterner Informationen, die der Öffentlichkeit zugänglich sein sollen. Der Beauftragte berät die Unternehmensleitung in strategischen Fragen, die einen gesellschaftlichen Hintergrund haben und wirkt an Wertsetzungsprozessen des Unternehmens mit.Wertewahl und Transparenz

Unternehmen können die Werte, nach denen ihre Technik entwickelt und eingesetzt wird, an Hand gängiger und für das Unternehmen präzisierter Wertvorstellungen selbst wählen und im Rahmen einer Selbstverpflichtung die Einhaltung der in den Unternehmensethiken festgelegten Entscheidungsrichtlinien überwachen. Eine Hilfe zur Wertewahl kann die VDI Richtlinie 3780 zur Technikbewertung sein. Erfolgt der Prozess in einer der Öffentlichkeit zugänglichen Art und Weise, lässt sich durch diese Transparenz illustrieren, dass die Unternehmen in ihrem Bereich ihrer gesellschaftlichen Verantwortung nachkommen. Die Transparenz ist eine „Investition in Reputation" im Sinne Karl Hohmanns. (Hohmann/Blome-Drees, 1992)

5.6.3 Konfliktfälle und Lösungsstrategien

Wie Konflikte um Technikgestaltung zu lösen sind, hängt davon ab, wer von Technik wie betroffen ist. (Kapitel 4.3.5) Die nächste Abbildung gibt die unterschiedlichen Konflikttypen und Lösungsverfahren wider:

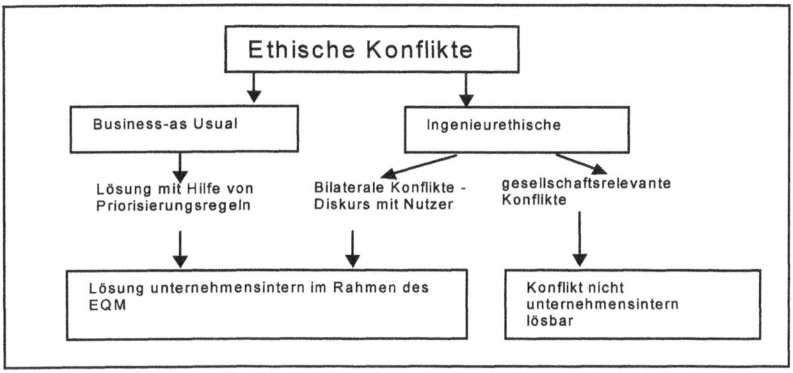

***Abbildung 5-2**: Konflikttypen und Bewältigungsstrategien*

Alle Konflikte, die nicht innerhalb des Unternehmens lösbar sind, werden bei gesellschaftlicher Relevanz einer öffentlichen Meinungsbildung unterworfen und politischen Entscheidungsprozessen zugeführt. In der öffentlichen Entscheidungsfindung ist bei massiven Problemen über Weiterentwicklung oder kontrollierter Stilllegung durch Ausgliederung aus der technologischen Textur zu entscheiden. Neu entwickelte Techniken sind in diesem Fall mit einem Moratorium zu belegen, wenn sie auf Akzeptanzprobleme in der Mehrheit der Bevölkerung stoßen. Ist das Konfliktfeld kontrovers und besteht die Aufgabe in der Weiterentwicklung gesellschaftlicher Praxis, die keine Gefährdung der Grundwerte des gesellschaftlichen Wertesystems darstellt, dann ist es ethisch legitim, die Technik herzustellen und die faktische Durchsetzung des Produkts auf Grund einer morale provisoire durch Ausweitung des Nutzerkreises zu versuchen.

Ein Beispiel für ein solches Verfahren ist die Einführung von Mobiltelefonen, die trotz kontroverser Einschätzung hinsichtlich der gesundheitlichen Belastung durch Hochfrequenzfelder auf dem Weg der fortschreitenden Ausweitung des Nutzerkreises in das Alltagsleben eingebracht wurden. Weitere Beispiele sind CD und DVD.

Der Inkulturierungsprozess ist im Interesse des Unternehmens geeignet durch Anhörungsverfahren, diskursive Entscheidungsfindung und Weiterentwicklung des Produktes oder Systeme zu begleiten. Begründen lässt sich diese Vorgehensweise mit der Wahrnehmung der gesellschaftlichen Perspektive als Reaktion der Technikteilnehmer auf das neue Produkt.

Für nicht im Unternehmen lösbare Konflikte, die gesellschaftlich nicht relevant sind, lässt sich in einem bilateralen Prozess zwischen Nutzer und Hersteller eine Konfliktlösung durch Interessenausgleich und Entwicklung einer gemeinsamen Praxis anstreben. Konflikte auf dieser Ebene benötigen keine Beteiligung der Öffentlichkeit, solange der Anwendungsfall wirklich nur Hersteller und Nutzer oder Vereinbarungen zwischen beiden Parteien betrifft. Was als gesellschaftlich relevant anzusehen ist, ist von Kultur zu Kultur verschieden.

> *Die Verbändevereinbarung der Elektrizitätswirtschaft zur Umsetzung der Deregulierung des Energiemarktes ist in Deutschland ein „bilaterales" Verfahren, weil im Gegensatz zu anderen europäischen Ländern auf eine zentrale staatliche Regulierungsbehörde verzichtet wurde.*
>
> *Weitere Beispiele für bilaterale Verfahren sind: Die Substitution der CD durch DVD, der Ersatz von Briefen durch e-mails, bei der die Frage der „dokumtenenechtheit" einer e-mail zu beantworten ist.*

Gesellschaftlich relevant sind die Konflikte dann, wenn sie Chancenverteilungsprobleme und strukturelle Benachteiligungen durch Nichtnutzung der Techniken beinhalten und zwar dann, wenn Entscheidungsfindungen, die für breite Bevölkerungskreise relevant sind, nur durch technische Vermittlung zugänglich sind oder wenn Betroffene keinen Nutzen von einer Technik haben.

Alle *business-as-usual Konflikte* lassen sich durch die Anwendung der Priorisierungsregeln bewältigen. Eine mögliche Vorgehensweise bei diesen Konflikten ist:

1. tangierte Werte durch Reduktion auf den Grundkonflikt ausfiltern
2. Analogievergleich mit Konflikten aus der EQM-Dokumentation
3. Werte priorisieren
4. Entscheidung nach Priorisierungsregeln
5. bei gleichrangigen Werten diskursive Entscheidungsfindung in Ethics-Task-Forces einleiten
6. Entscheiden, kommunizieren, dokumentieren

Die verbleibenden „Ingenieursethik“-Konflikte sind der harten Kern ethischer Dilemmata, für die es bislang keine Standardlösung gibt. Hier ist ethisches und technisches Grundwissen erforderlich. Derartige Konflikte sind ill-structured-problems, sie liegen dann vor, wenn sich die Wertkonflikte nicht mehr auf einer einzigen Skala zwischen „guter Lösung“ und „schlechter Lösung“ darstellen lassen und/oder Konflikte miteinander konfligierender gleichrangiger Wertvorstellungen vorliegen (van de Poel, 2000a)

Ein Beispiel für einen solchen Konflikt tritt bei der Wahl eines Kältemittels für Kühlanlagen, das gleichzeitig unbrennbar, nicht korrosiv und umweltfreundlich sein soll. Weil die ozonzerstörende Wirkung von Kohlenwasserstoffen unbekannt war, fiel die Wahl auf CFC. Der Ersatz von CFC durch Propan oder Butan bringt zwar eine Optimierung der Umwelteigenschaften, dieser Fortschritt wird aber wegen der Brennbarkeit des Kühlmittels durch einen Rückschritt bei der Sicherheit erkauft. (van de Poel, 2000a)

Für diese Konflikte muss, wenn eine adäquate Lösung angestrebt wird eine „association d' idées“ stattfinden. Dies bedeutet, dass das lokale Fachwissen der beteiligten Ingenieursdisziplinen und der Ethik miteinander so zu kombinieren sind, dass eine verantwortete Lösung interdisziplinär gefunden wird, die den Paradigmen der hier vorgestellten Technikethik entspricht. Als Randbedingungen (Extremlösungen) gehen in die Entscheidungsfindung drei „KO-Kriterien“ ein: Weder sollen technisch nicht realisierbare noch ökonomisch oder ethisch inakzeptable Lösungen erarbeitet werden.

Eine ethisch nicht akzeptable Lösung für das Energieproblem ist z.B. die (technisch mögliche) Reduktion der Anzahl der Menschen durch Einsatz von Massenvernichtungswaffen oder das Inkaufnehmen einer höheren Sterblichkeitsrate durch Einstellen von Entwicklungshilfe.

Das Erarbeiten einer Lösung erfolgt dem rekursiven Charakter der Technikentwicklung entsprechend, in einem mehrstufigen Diskursverfahren. Nach der Identifikation der Werte kann die multikriterielle Optimierung für die technische Seite der Problemlösung durchgeführt werden. Diese Optimierung hat das Ziel, das Konfliktpotential diskursiv zu beschränken. Während dieser Optimierung soll ein Interessenausgleich zwischen den konfligierenden Werten so gesucht werden, dass technisch praktikable Lösungen zur Verfügung stehen. Die technischen Lösungen stellen für die Technikethik in Unternehmen den real möglichen Lösungsraum dar. Die verbleibenden Konflikte zwischen den gleichrangigen Werten um den Einsatz einer bestimmten Technik lassen sich in einem ersten Schritt ökonomisch bewerten. Die ökonomisch bewerteten Alternativlösungen sind hinsichtlich ihres verbleibenden Konfliktpotentials mit gesellschaftlichen Werten klassifizierbar. Anschließend kann die Lösung mit dem geringsten Konfliktpotential genauer in den Blick genommen werden. In einem Diskurs um die Geltungsansprüche der beteiligten Werte lässt sich bei gesellschaftlicher Relevanz die ethische Entscheidungsfindung in einem konsensualen Verfahren unter Einbeziehung der Betroffenen erarbeiten. Der Prozess läuft idealtypisch folgendermaßen ab:

1. Werteidentifikation

2. Formulierung der optimalen Lösung (ethische und technische Wertberücksichtigung)

3. technische Optimierung (real möglicher Lösungsraum)

4. Ökonomische Gewichtung der optimierten Techniken

5. Diskursive Entscheidungsfindung

Die Abwägungen sind in der EQM-Datenbank zu hinterlegen und zu veröffentlichen. Der Charakter dieser Konflikte ist, dass sie Dilemmata darstellen, die zu unterschiedlichen Lösungen führen können, je nachdem, wer an der Entscheidung beteiligt wird und wie der ergebnisoffene Diskurs endet. Wichtig in gesellschaftlicher Perspektive ist, dass die Entscheidungsgründe expliziert werden, so dass sie gegenüber der Gesellschaft verantwortbar und transparent sind. Für die Auswahl einer technischen Lösung soll Rechenschaft durch die Angabe rational nachvollziehbarer Gründe möglich sein. Im Fall gesellschaftlich problematisch werdender Techniken kann gegebenenfalls auf die Entscheidungsfindung zurückgegriffen werden, um verworfene Alternativkonzepte wieder zu aktivieren. Weil Konflikte dieser Art dazu führen können, dass Unternehmen auf Grund von Akzeptanzkrisen in wirtschaftliche Existenzgefährdung kommen, sind diese Konflikte der Geschäftsleitung vorzutragen und mit ihr zu besprechen. Die letzte Entscheidung obliegt der Ethik-Strukturgruppe mit dem Ethik-Beauftragten als Vorsitzenden im Verein mit der Geschäftsleitung. Die Entscheidungsfindung bedarf der absoluten Mehrheit. Der Ethik-Beauftragte hat ein Votum.

5.7 Fallbeispiel: Elektrische Energieversorgung (5)

In Unternehmen der elektrischen Energieversorgung können ethische Konflikte auf verschiedenen Ebenen auftreten. Dabei ist generell zu beachten, dass technikethische Konflikte mit steigender Hierarchiestufe der Mitarbeiter an Tragweite zunehmen. Für die oberste Hierarchiestufe sind die weitrechendsten Konflikte zu bewältigen z.B. Entscheidungen zur Realisierung eines Projekts. Konflikte um die Gestaltung bestimmter energietechnischer Details sind normalerweise auf Sachbearbeiterebene im Rahmen von business-as-usual Strategien lösbar. Solche Konflikte verbleiben auf der Ebene Konstrukteur-Nutzer und erfordern zu ihrer Lösung keine gesellschaftliche Perspektive, wenn das zu realisierende Ziel unstrittig ist. Zu diesen Konflikten zählen Aufgaben, wie etwa die Verbesserung von Wirkungsgraden oder die zweckmäßige Gestaltung der Steuer- und Regeleinrichtungen im Dialog mit den späteren Nutzern.

Bei Großprojekten können normative Konflikte wegen des Reliktcharakters energietechnischer Einrichtungen massiv auftreten. Entscheidungen über die Realisierung von Kraftwerksprojekten und Netzausbauten sind in mittelfristiger Perspektive von irreversiblem Charakter. Einmal erstellt, sind sie nicht ohne weiteres wieder entfernbar. Immer wenn gesellschaftliche Folgen des Technikeinsatzes zu Betroffenen führen, sind die mit der Herstellung und dem Betrieb eines Kraftwerks einhergehenden Konflikte nicht mehr alleine auf Unternehmensebene lösbar.

Der Bau des Drei-Schluchten-Staudamms in China ist beispielsweise ein Projekt, bei dem gleich mehrere ingenieursethische Konflikte auftreten, die nicht unabhängig von der Technikgestaltung sind und die deshalb nach einer Lösung verlangen, die Unternehmen, Regierungen und Betroffene angemessen beteiligen. Beim Drei Schluchten-Staudamm handelt es sich um ein Kulturbauwerk, einer der Produktion von elektrischer Energie aus regenerativen Quellen dient(Primärziel): Darüber hinaus soll es für einen besseren Hochwasserschutz und eine verbesserte Schiffbarkeit der Flüsse sorgen. Der Staudamm ist ein Kulturmittel, dass der Umgestaltung des Vorfindlichen im Hinblick auf menschliche Zwecksetzungen dient. Das Bauwerk entspricht einerseits dem Wert einer nachhaltigen elektrischen Energieerzeugung auf zwei Ebenen, weil die Produktion emissionsfrei ist und weil die Bereitstellung elektrischer Energie die Teilnahme weiterer Menschen an einer bestimmten Kulturhöhe ermöglicht. (Soziale Nachhaltigkeit) Andererseits wirkt das Bauwerk nicht nur kulturaufbauend, sondern auch kulturzerstörend, weil es zu einer Umsiedlung von 1,3 bis 1,7 Mio. Menschen aus 19 Städten und 1352 Dörfern führt. Die in Jahrhunderten entstandenen Kulturlandschaften an den Flüssen inklusive 24500 ha Ackerland werden überflutet. Das Überflutungsgebiet umfasst neben landschaftlichen Schönheiten 44 archäologische Stätten. Für die Realisierung des Stau-

dammprojekts spricht eine Jahresproduktion an elektrischer Energie von 84700 GWh als Hauptziel und als positive Nebenfolge ein verbesserter Hochwasserschutz, eine Verbesserung der Trinkwasserversorgung von Shanghai und eine bessere Schiffbarkeit des Yangtse-Kiang. Das Interesse an einer regenerativen Energieerzeugung kollidiert mit den Interessen der jetzigen Bewohner, die geeignet zu berücksichtigen sind. Formal gesprochen konfligieren bestehende und zukünftige Kulturhöhe miteinander.

Der Interessenkonflikt ist ingenieurethischer Art, weil das Recht auf eine gesicherte Energieversorgung mit dem Bleiberecht der Anwohner in Konflikt gerät, wobei nicht entscheidbar ist, welchem Recht im Zweifelsfall der Vorrang einzuräumen ist. Neben dieser ersten Konfliktebene kommen weitere hinzu: Der Bau des Staudamms stellt ein Handeln unter Risiko dar, bei der eine Abschätzung der Handlungsfolgen extrem schwierig ist, weil die Auswirkungen der Umgestaltung extrem unterschiedlichen Bewertungen unterliegen. Das Projekt ist ferner von einer zentralistischen Regierung beschlossen und unterliegt einem Legitimationsproblem. Bei der Durchführung der Umsiedlung sind durch Korruption Ausgleichszahlungen an Betroffene in den Taschen der bearbeitenden Beamten verschwunden.

Die technikethischen Probleme sind durch Rekurs auf allgemeine verantwortungsethische Vorstellungen der Art, dass „das Entscheidungen mit der dauerhaften Anwesenheit menschlichen Lebens auf der Erde vereinbar sein sollen" nicht lösbar. Mit der Begründung kann sowohl für den Bau des Staudamms als Quelle regenerativ erzeugter elektrischer Energie, als auch gegen den Bau des Staudamms aus der Tatsache, dass die Schaffung einer regenerativen Quelle durch neuen Verbrauch überkompensiert wird, plädiert werden. Hinsichtlich des Umweltschutzes steht dem Schutz der Erdatmosphäre die Vernichtung von Kulturlandschaft und eine Veränderung des Wasserhaushaltes entgegen. Ein Grundproblem ist die mangelnde Legitimation des Projekts bei den Betroffenen. Gesellschaftliche Fragestellungen im Drei-Schluchten-Projekt sind nicht „technisch neutral", vielmehr hängen die gesellschaftlichen Folgen von der Auswahl einer technischen Option ab. Im Fall des Drei-Schluchten Staudamms ist das Wasserkraftwerk in einem Bau zentral realisiert. 26 Francisturbinen mit einer gesamten installierten Leistung von 18,2 GW produzieren eine elektrische Jahresenergie von 84200 GWh. Das Wasserkraftwerk entspricht damit etwa 18 thermischen Kraftwerken, die wenn sie mit Braunkohle betrieben würden, einen jährlichen Verbrauch von 50 Mio. Tonnen erfordert,, deren Verbrennung 100 Mio. t CO_2 und 2 Mio. t SO_2 verursachen würde. Die Energieproduktion entspricht einem neuntel des derzeitigen chinesischen Jahresverbrauchs. Die zentrale Realisierung folgt technischen Gründen wie der besseren Bewirtschaftungsmöglichkeit, des leichteren Anschlusses an das elektrische Transportnetz über eine zentrale Hochspannungsgleichstromübertragung, des höheren Gesamtwirkungsgrades und geringerer Erstellungskosten. Technisch denkbar wäre die Realisie-

rung in dezentralen Einheiten durch eine Verteilung auf mehrere Staudämme, die gleichzeitig das Risiko von Dammbrüchen und von Erdbeben vermindert hätte, die mit großen Staudämmen in Zusammenhang stehen.. Wie sehr gesellschaftliche Technikfolgen von Detailentscheidungen abhängen können, zeigt die Tatsache, dass eine Veränderung der Einstauhöhe von 175m auf 150 m eine Verminderung der Anzahl der umzusiedelnden Personen um 2/3 auf 520 000 zur Folge gehabt hätte. Für Unternehmen, die sich im Rahmen eines Joint-ventures an einem solchen Projekt beteiligen ergeben sich aus technikethischer Sicht mehrere Probleme. Die Unternehmen können keine Beschlüsse über die Realisierung oder Nichtrealisierung des Projekts insgesamt fassen. Die Verantwortung darüber obliegt den Regierungen Sie können allerdings ihrer strategischen Verantwortung bei der Erstellung von Machbarkeitsstudien und bei der Ermittlung technischer Alternativen nachkommen, indem sie sich nicht nur auf die technischen Details konzentrieren, sondern gleichzeitig eine Systemperspektive einnehmen. Ihnen obliegt die Pflicht zur Beratung der Auftraggeber. Verantwortetes Handeln konzentriert sich wegen des abnehmenden Handlungsspielraums innerhalb der Realisierung vor allem auf die erste Projektphase. Idealtypischerweise geht es in dieser Phase geht um die Erschließung möglicher technischer Alternativen. Legt man das im letzten Kapitel vorgestellte EQM-Konzept zu Grunde, würden Task-forces die Entwicklung der verschiedenen Talsperrenalternativen begleiten und unter ethischen Gesichtspunkten unter Einbeziehung gesellschaftlicher Betrachtungen bewerten. In den Bewertungsprozess könnten, wenn eigene Ressourcen zur Problemlösung nicht ausreichen, über die EQM-Öffentlichkeitsarbeit Institutionen der Technikfolgenabschätzung beteiligt werden. Bei Akzeptanzproblemen des Gesamtprojekts lässt sich gemeinsam mit dem Auftraggeber ein Diskurs mit Nichtregierungsorganisationen organisieren, die ihre Aspekte in die Entscheidungsfindung miteinbringen. Alle Varianten sind über das Dokumentationssystem zu erfassen und zu archivieren. Die Auswahl der letztlich zu realisierenden Alternative soll begründet und nachvollziehbar sein. Die ausführenden Unternehmen können darauf achten, dass die Gründe für die Auswahl der letztlich zum Zuge kommenden Alternative für die Betroffenen akzeptabel ist. Entscheidungsgründe und Entscheidungsverfahren sollen transparent und öffentlich zugänglich sein. Bei Konflikten mit dem Auftraggeber, in diesem Fall der chinesischen Regierung, bezüglich Technikfolgen und Informationspolitik ist nach Beginn des Projekt eine Absprache über die weitere Vorgehensweise mit den anderen Unternehmen möglich. Für die Unternehmen selbst kann ein Engagement bei kontrovers diskutierten Großprojekten zu einem Imageproblem werden, weil in der öffentlichen Wahrnehmung die Zuschreibung der Verantwortung für solche Großprojekte üblicherweise an die Industrie erfolgt. In diesem Fall ist es hilfreich, die faktische Verantwortungsverteilung zu explizieren und die Gründe für die Realisierung des Projekts in genau dieser Form angeben zu können. Das eigene Engagement ist dabei kritisch zu prüfen. Gegebenenfalls können die erarbeiteten Alter-

nativen und die Gründe für ihre Verwerfung helfen, Imageverlust im Rahmen zu halten. Bei der Frage nach technischen Alternativen im Wasserkraftbereich konkurrieren zentrale mit dezentralen Konzepten und ethisch wünschenswerte regenerative Energieproduktion mit Landschaftsschutz und Eigenrechten von Betroffenen. Dies ist bereits in einer Vielzahl von Projekten der Fall gewesen, wie die Projekte Itaipu (Brasilien) und, Nardema (Indien) zeigen. Weil die tangierten Werte sich schlecht priorisieren lassen, ist auf eine diskursive und rational nachvollziehbare Entscheidung zu achten. Entscheidungen sind dabei richtig relativ zum Wissensstand zum Zeitpunkt der Entscheidung.

Zusammenfassung

Die vorliegende Arbeit stellt eine Ethik der Technikgestaltung jenseits der beiden Extreme Technikeuphorie und Technikskeptizismus vor. Sie versucht, Beobachter- und Teilnehmerperspektive der Technikgestaltung miteinander ins Gespräch zu bringen, indem sie auf Technik als Element der Lebensbewältigung in einer Kultur zurückgreift. Techniken sind kein Selbstzweck, sondern ermöglichen die gemeinschaftliche Lebensbewältigung durch Erschließen menschlicher Handlungsmöglichkeiten. Sie wirken allerdings auch begrenzend und verschließen irreversibel andere Handlungsmöglichkeiten.

Ingenieuren kommt aus gesellschaftlicher Perspektive die Verantwortung zu, Techniken so zu gestalten, dass sie sich in die Lebensbewältigung einer Kulturstufe eingliedern lassen. Darüber kann es zu Konflikten kommen. In diesen Konflikten soll über die Akzeptanz von Techniken entschieden werden. Technikethische Konflikte sind wegen der Verwobenheit von Technik und Lebensvollzug Lernorte gesellschaftlicher Praxis. Die Institutionalisierung der Ethik der Technikgestaltung innerhalb von Unternehmen verfolgt das Ziel, Konflikte zu klassifizieren und einer strukturierten, rational verantworteten, Entscheidungsfindung zuzuführen. Sie lässt sich als kollektiver Lernprozess an der Technikgestaltung begreifen.

Die herausgearbeiteten Ansätze und Lösungen stehen unter dem Vorbehalt der Begrenztheit kultürlicher Konfliktbewältigung. Sie gelingt nur, wenn alle Akteure ihr prädiskursives Einverständnis geben, Konflikte gewaltfrei durch Aushandeln beizulegen. Diskursive Konfliktbewältigung ist gerade wegen ihrer Begrenztheit ein kostbares Gut. Wenn sie gelingt, ist sie selbst eine erfolgreiche Handlungsstrategie zur Lebensbewältigung, die der Begrenzung von Handlungsspielräumen durch Gewalt entgegenwirkt.

Die Frage nach der lebenspraktischen Relevanz der hier vorgestellten Untersuchung kann nicht ex ante beantwortet werden. Inwieweit die hier vorgestellten Überlegungen in der Praxis umsetzbar sind und in gesellschaftlichen Prozessen ihren Niederschlag finden, erweist sich erst in der Zukunft. Dabei ist zu berücksichtigen, dass der vorgestellte Gedankengang auf vorläufigem Wissen beruht, das individueller Fehlbarkeit unterliegen mag. Ein Urteil hierzu steht dem in der Praxis tätigen Ingenieur zu. Ein letztes Wort darüber gibt es nicht, es obliegt, wenn überhaupt, dem Leser selbst, dem hier die Rolle einer nicht hintergehbaren Autorität zugemutet werden muss.

Literatur

ABB (2002).: Asea Brown Boveri AG: *Business Ethics*

ABB Eigenverlag, 2002; abrufbar über www.abb.com

Acker-Widmaier, G. (1999): *Intertemporale Gerechtigkeit und nachhaltiges Wirtschaften* Marburg: Metropolis, 1999

Alcorn, P. (2001): *Practical Ethics for a Technological World*

Columbus, NJ: Prentice Hall, 200

Alpern, K.-D. (1983): *Engineers as Moral Heroes*

In: Weil, V. (Hrsg.): *Beyond Whistleblowing. Defining engineers responsibilities.* Chicago: University Press of Chicago, 1983, pp. 40-51

Apel, K.-O. (1988): *Diskurs und Verantwortung*

Frankfurt: Suhrkamp, 1988

Apel, K.-O.; Kettner, M. (1992): *Zur Anwendung der Diskursethik in Recht und Politik* Frankfurt: Suhrkamp, 1992

Apel, Karl-Otto (Hrsg.) (1994): *Mythos Wertfreiheit ?*

IN : Neue Beiträge zur Objektivität in den Human- und Kulturwissenschaften. Frankfurt am Main: Campus Verl., 1994

Atkins, P. (1990): Physikalische Chemie

Weinheim: VCH, 1990

Banse, G.; Friedrich, K. (Hrsg.) (1996): *Technik zwischen Erkennen und Gestalten:*

Philosophische Sichten auf Technikwissenschaften und technisches Handeln Berlin, Sigma-Verlag, 1996

Beck, U. (1986) : *Risikogesellschaft. Auf dem Weg in eine andere Moderne*

Frankfurt: Suhrkamp, 1986

Bijker, W.; Law J. (Hrsg.) (1994).: *Shaping Technology Building Society*

Boston: MIT Press, 1994

Borgmann, A. (1984): *Technology and the Character of Contemporary Life*

Chicago: University of Chicago Press, 1984

Borgmann, A. (1992).: *Crossing the Postmodern Divide*

Chicago: University of Chicago Press, 1992

Bresch, C.; Daecke, S.; Riedlinger, M. (1992): *Kann man Gott aus der Natur erkennen ?* Questiones disputatae, Nr. 125; Freiburg, Herder, 1992

Bunge, M. (1966): *Technology as applied science*

In: Mitcham,C. ; Mackey, R.: Philosophy and Technology

Free Press, New York, 1972

Campbell, D.T. (1959): *Methodological Suggestions from a comparative Psychology of Knowledge Processes-* Journal of Value Inquiry (2), S. 152ff. 1959

Chalmers, A. F. (1999): *Wege der Wissenschaft*

Einführung in die Wissenschaftstheorie

Heidelberg: Springer, 1999

Colburn, Robert (2000): *History of the IEEE Ethics Code*

IEEE History Center; New Brunswick, NJ, 2000

Private Communication

Davies, P. (1986): *Gott und die moderne Physik*

München, 1986

Degenhart, C. (1999): *Erkennen von Welt und Umwelt im alten Testament*

Diplomarbeit, Universität Freiburg, 1999

McDowell, J. (1998): *Geist und Welt*

Schöningh, Paderborn, 1998

Dekking, M. (1999): *Fractals : theory and applications in engineering*

London [u.a.] : Springer, 1999

Dierkes, M.; Hoffmann, U.; Marz, L. (1992): *Leitbild und Technik*

Frankfurt a.M.: Campus, 1992

Duden – Deutsches Universalwörterbuch (1989), Mannheim: Dudenverlag, 1989

Eckert, M. (2000): Untersuchungen der Abhängigkeit des Streamereinsatzes und der Streamerausbreitung von der elektrischen Feldstärke Diplomarbeit IEH, Universität Karlsruhe, 2000

[DIN 69910] Deutsches Institut für Normung / Verein deutscher Ingenieure

[VDI-2800] *Wertanalyse* Köln: Beuth-Verlag, 1987

Freier, H. (1929): *Zur Philosophie der Technik.*Blätter für die deutsche Philosophie, 1929, S. 191-201

Gehlen, A. (1957): *Die Seele im technischen Zeitalter.* Hamburg: Reinbek. 1957

Grin, J.; van de Graaf, H.; Hoppe, R. (1997) : *Technology Asessment through Interaction.* Amsterdam: VU University Press, 1997

Grunwald A. (1998a) : *Technisches Handeln und seine Resultate*

In: Hartmann, D. ; Janich, P.(Hrsg.) : Die kulturalistische Wende; S.178-224. Frankfurt: Suhrkamp, 1998

Grunwald A. (1998b) : *Handeln und Planen – Planungstheorie als handlungstheoretische Rekonstruktion* München: Fink, 2000

Grunwald A.; Staupe S. (Hrsg.) (1999a): *Ethik in der Technikgestaltung*

Springer-Verlag, Heidelberg, 1999

Grunwald, A. (1999b): *Against Overestimating the Role of ethics in Technology Development.* Science and Engineering Ethics, Vol 6., No.2; 2000, S. 181-196

Grunwald A. (2000a): *Between Theory and Practice. Scope and Interfaces of Engineering Ethics as subject for further research.*Conference Proceedings of the IEEE Symposium on Technology and Society, Rome, September 6-8, 2000, pp. 183-186

Grunwald A. (2000b) : *Systems analysis as Interactive Construction – How to distinguish between reliable results and nonsense* Conference Proceedings of the IEEE Symposium on Technology and Society, Rome, September 6-8, 2000, pp. 151-156

Grunwald A. (2000c) : *Technik für die Gesellschaft von Morgen*

Frankfurt: Campus-Verlag, 2001

Grunwald A. (2001a) *Philosophy and the Concept of Technology.*

On the Anthropological Significance of Technology

In: A. Grunwald, M. Gutmann, E. Neumann-Held (Hgg.) On Human Nature. Heidelberg: Springer, 2001

Grunwald A. (2001b): *Ethical questions in Technology Asessment: The Internet*

Conference Proceedings of ICAT 2001, Berlin

Grunwald A. (2002a): *Technikfolgenabschätzung – eine Einführung*

Berlin: Edition Sigma, 2002

Grunwald A. (2002b): *Das Technische und das Nichttechnische. Eine grundlegende Unterscheidung und ihre kulturelle Bedeutung.* Forschungsberichte des Forschungszentrum Karlsruhe FZKA 6697, S. 37-48

Habermas, J. (1968a): *Erkenntnis und Interesse*

Frankfurt : Suhrkamp-Verlag , 1968

Habermas, J. (1968b): *Technik und Wissenschaft als Ideologie*

Frankfurt : Suhrkamp-Verlag , 1968

Habermas, J. (1973): *Wahrheitstheorien*

In: Fahrenbach, H.: Wirklichkeit und Reflexion Pfullingen, 1973

Habermas, J. (1988a): *Nachmetaphysisches Denken*

Frankfurt : Suhrkamp-Verlag , 1988

Habermas, J. (1988b): *Theorie des kommunikativen Handelns*

Frankfurt : Suhrkamp-Verlag , 1988 (2 Bände)

Habermas, J. (1991): *Erläuterungen zur Diskursethik*

Frankfurt : Suhrkamp-Verlag , 1991

Halfmann, J. (1996): *Die gesellschaftliche „Natur" der Technik*

Opladen: Leske+Budrich, 1996

Hartmann, D. (1996): *Kulturalistische Handlungstheorie*

In. Hartmann, D. ; Janich, P. : Methodischer Kulturalismus; Frankfurt: Suhrkamp, 1996; S. 70-114

Hawking, S. (1988): *Eine kurze Geschichte der Zeit*

Hamburg, 1988

Heidegger, M. (1977): *Zur Frage der Technik*

Suhrkamp-Verlag, Frankfurt, 1977

Heidegger, M. (1979): *Sein und Zeit*

Tuebingen: Niemeyer, 1979

Hengsbach, F. (1991): *Wirtschaftsethik*

Freiburg: Herder, 1991

Hering, E.; Draeger, W. (1995): *Führung und Management*

Düsseldorf: VDI-Verlag, 1995

Herkert, J.R. (Hrsg.): *Social, Ethical and Policy Implications of Engineering*

Piscataway (NJ): IEEE Press, 2000

Hodgson, B. (2001): *Economics as Moral Science*

Heidelberg: Springer, 2001

Hohmann, K.; Blome-Drees, F. (1992) : *Wirtschafts- und Unternehmensethik*

Göttingen, 1992

Hubig, C. (1995): *Technik- und Wissenschaftsethik*

Springer-Verlag, Heidelberg, 1995

Hubig, C. (1997) : *Technologische Kultur*

Leipzig: Leipziger Universitätsverlag, 1997

Hugelmann, P. (1999): *Untersuchungen zum Einfluss von Scavenger-electrodes auf das Streamerverhalten von Isolieröl*

Diplomarbeit IEH, Universität Karlsruhe, 1999

Irrgang, B. (1996): Von der Technologiefolgenabschätzung zur Technologiegestaltung: Plädoyer für eine Technikhermeneutik

Jahrbuch für christliche Sozialwissenschaften, Bd.37, 1996; S. 51-66

Janich P. (1969) : *Die Protophysik der Zeit*

Mannheim: Bibliographisches Institut, 1969

Janich P. (Hrsg.) (1981): Wissenschaftstheorie und Wissenschaftsforschung

München: C. H. Beck'sche Verlagsbuchhandlung, 1981

Janich P. (1989): *Euklids Erbe – Ist der Raum dreidimensional ?*

München: C. H. Beck'sche Verlagsbuchhandlung, 1989

Janich P. (1992): *Grenzen der Naturwissenschaften - Erkennen als Handeln*

München: C. H. Beck'sche Verlagsbuchhandlung, 1992

Janich P. (1996): *Was ist Wahrheit ?*

München: C. H. Beck'sche Verlagsbuchhandlung, 1996

Janich P.; Hartmann, D. (Hrsg.) (1996): *Methodischer Kulturalismus*

Frankfurt: Suhrkamp, 1996

Janich P.; Hartmann, D. (Hrsg.) (1997): *Die kulturalistische Wende*

Frankfurt: Suhrkamp, 1997

Janich P. (2000): *Was ist Erkenntnis ? - Eine philosophische Einführung*

München: C. H. Beck'sche Verlagsbuchhandlung, 2000

Jantsch, E. (1988): *Die Selbstorgansation des Universums*

München, 1988

Jelden, E. (1994): Technik und Weltkonstruktion

Frankfurt a. M.: Peter Lang, 1994

Jonas, H. (1979): Das Prinzip Verantwortung

Versuch einer Ethik der technologischen Zivilisation

Frankfurt a. M.: Suhrkamp, 1979

Julliard, Y. (1996): Untersuchungen des Einflusses von Isolierstoffbarrieren auf den Einsatz und die Ausbreitung von Vorentladungen in Isolieröl

Diplomarbeit IEH, Universität Karlsruhe, 1996

Julliard, Y. ; Kist, K.; Badent, R.; Schwab A.J. (1999): *Behaviour of Rape-Seed Oils under Impulse-Voltages.* Conference Proceedings of the IEEE Conference on Electrical Insulation and Dielectric Phenomena, Austin, 1999

Julliard, Y. ; Kist, K.; Badent, R.; Schwab A.J. (2000a): *Streamers and Percolation – A new theoretical Approach* Conference Proceedings of the IEEE Conference on Electrical Insulation and Dielectric Phenomena, Victoria, 2000, pp. 474-477

Julliard, Y. ; Kist, K.; Badent, R.; Schwab A.J. (2000b) *Behaviour of the Metal-Oxide-Fluid Interface*

Conference Proceedings of the IEEE Conference on Electrical Insulation and Dielectric Phenomena, Victoria, 2000, pp. 780-783

Julliard, Y. ; Kist, K.; Badent, R.; Schwab A.J. (2000c): *Streamer Inception and Propagation in Insulating Liquids with inserted Scavenger Electrodes*

Conference Proceedings of the IEEE Conference on Electrical Insulation and Dielectric Phenomena, Victoria, 2000 pp. 268-271

Julliard, Y. ; Kist, K.; Badent, R.; Hemmer, H.; Schwab A.J. (2000d): *Streamer Inception field Strengths in Rape-seed-Oils*

Conference Proceedings of the IEEE Conference on Electrical Insulation and Dielectric Phenomena, Victoria, 2000 pp. 272-275

Julliard, Y. ; Schwab A.J. (2000e): *Social Competences and Personal ethical development- Soft Skills or a need for survival ?* Conference Proceedings of the IEEE Conference on Social Implications of Technology, Rome, September 6-8, 2000

Julliard, Y. ; Schwab A.J. (2001a): *The Role of Discourses in Multidisciplinarity*

Conference Proceedings of the IEEE Conference on Social Implications of Technology, Stamford, 2001

Julliard, Y. ; Moriarty, G. (2001b): *On Subjectivity in Focal Engineering*

Conference Proceedings of the IEEE Conference on Social Implications of Technology, Stamford, 2001

Julliard, Y. ; Meinecke, C.; Schwab A.J. (2001c): *Applying ABET EC 2000 to a German Engineering Program.* Conference Proceedings of the IEEE Conference on Social Implications of Technology , Stamford, 2001

Julliard, Y. ; Badent, R.; Schwab A.J. (2001d): *Behaviour of Multiple Barrier systems under Impulse Voltages.* Conference Proceedings of the IEEE Conference on Electrical Insulation and Dielectric Phenomena, Kitchener, 2001

Julliard, Y. ; Badent, R.; Hemmer, H.; Schwab A.J. (2001e): *Streamer Inception and Propagation in Rape-seed-Oils.* Conference Proceedings of the IEEE Conference on Electrical Insulation and Dielectric Phenomena, Kitchener, 2001

Julliard, Y. ; Schwab, A.J. (2002a) *A Total Quality Management approach to engineering ethics.* Conference Proceedings of the Conference on Research in Ethics and Technology, Delft University of Technology, April 25th to 27th, 2002; in press

Julliard, Y. (2002b): *Technikethik und Ingenieurverantwortung*

In: Forschung am Institut für Elektroenergiesysteme und Hochspannungstechnik – Prof. Adolf Schwab zur Emeritierung. Sonderdruck des IEH Universität Karlsruhe, S. 18-22

Julliard, Y. (2002c) *Unternehmenskultur bei Stora-Enso*

Karlsruhe 2002, Private Kommunikation

Kapp, E. (1877): *Grundlinien einer Philosophie der Technik*

Braunschweig, 1877

Kash, Don E. (1999): *Engineers as Revolutionaries*

In: Social, Ethical and Policy Implications of Technology

IEEE Press, New York, 2000

Kist, K. (1999): *Streamerausbreitung im Mischdielektrikum Isolieröl/ Transformerboard.* Berlin: Logos, 1999

Kohlberg, L. (1981): *Essays on Moral Development (2 Bde.)*

San Francisco : Harper & Row, 1981

Martin, D. (1999): *Pilot Induced Oscillations als Designaufgabe*

Private Korrespondenz, Juli 2000

Ladd, J. (1999): *Collective and Individual Moral Responsibility in Engineering*

In: Social, Ethical and Policy Implications of Technology

IEEE Press, New York, 2000, Seite 81-88

Lenk, H.; Ropohl, G. (1987): *Technik und Ethik*

Stuttgart: Reclam, 1987

Lenk, H. (1992): *Zwischen Wissenschaft und Ethik*

Frankfurt: Suhrkamp, 1992

Lenk, H. (1993): *Interpretationskonstrukte: Zur Kritik der interpretationischen Vernunft.* Frankfurt: Suhrkamp, 1993

Lenk, H. (1998): *Konkrete Humanität*

Suhrkamp, Frankfurt, 1998

Lenk, H.; Maring, M. (1998): *Technikethik und Wirtschaftsethik*

In: Lenk, H.; Maring, M.: Wirtschaftsethik und Technikethik

Opladen: Leske+Budrich, 1998, S. 7-20

Lenk, H. (2000): *Erfassung der Wirklichkeit*

Frankfurt: Suhrkamp, 2000

Lévinas, E. (1947): *De l'existence a l'existant*

Paris, 1947

Lévinas, E. (1972): *Humanisme de l'autre homme*

Paris, 1972

Lévinas, E. (1982): *Ethique et Infini*

Paris, 1982

Lévinas, E. (1992): *Autrement que l'etre ou au dela de l'essence*

Paris, 1992

López, P; Vilarino, D; Balsi, M; (2000): *Antipersonal Mine Detection using Infrared Images.*

Conference Proceedings of the IEEE Conference on Social Implications of Technology, Rome, September 6-8, 2000

Luhmann, N. (1973): *Zweckbegriff und Systemrationalität*

Frankfurt: Suhrkamp, 1973

Luhmann, N. (1990): *Paradigm Lost: Über die ethische Reflexion der Moral*

Frankfurt: Suhrkamp 1990

Luhmann, N. (1997): *Die Gesellschaft der Gesellschaft*

Frankfurt: Suhrkamp, 1997

Lutzer, E. (1989) : *Measuring Morality – A comparison of ethical systems*

Dallas, Probe Books, 1989

Mackie, J.L. (1977): *Ethics: Inventing Right and Wrong*

London: Penguin, 1990

Mambrey, P.; Paeteau, M.; Tepper, A. (1995) : *Technikentwicklung durch Leitbilder*

Frankfurt: Campus, 1995

Mandelbrot, B. (1983): *The fractal geometry of nature*

New York: Freemann, 1983

Maturana, H. R.; Varela, F. J. (1987): *El Arbol del conocimiento*

Madrid, 1987

Maturana, H. R. (2000): *Biologie der Realität*

Frankfurt: Suhrkamp, 2000

Miller, J. (1997): *Zur Partikelabscheidung in Elektrofiltern*

Berlin: Logos, 1997

Mitcham, C. (1977): *Technology out of control as a matter in policy making*

Chicago: Univ. of Chicago Press, 1977

Mitcham, C. (1992): *Thinking through Technology - the path between engineering and philosophy*

Chicago: Univ. of Chicago Press, 1994

Minx, E.; Meyer, H. (2001): *Produktfolgenabschätzung im Rahmen des Innovationsmanagements*

TA-Datenbanknachrichten Nr.2; 10. Jahrg.; Juni 2001; S. 52-61

Karlsruhe, FZK-Eigenverlag, 2001

Mutschler, H. (1992): *Physik, Religion, New Age*

Würzburg: Echter, 1992

Miller, W.B.; Vorontsov, M. A. (1998): Self-organization in optical systems and applications in information technology Heidelberg: Springer, 1998

Nicolis, G.; Prirogine, I. (1977): Self-organization in nonequilibrium systems :

From dissipative structures to order through fluctuations

New York: Wiley & Sons, 1977

National Thermal Power Corporation (2002): *www.ntpc.co.in*

Nida-Rümelin, J. (2002): *Ethische Essays*

Frankfurt: Suhrkamp, 2002

Ortega y Gasset, J. (1957): *Revoluccion de los masas*

Madrid: Santillana, 1957

Ortega y Gasset, J. (1997): *Meditacíon de la tecnica*

Madrid: Santillana, 1997

Oser, F.; Althof, W. (1994): *Moralische Selbstbestimmung*

Modelle der Entwicklung und Erziehung im Wertebereich

Stuttgart : Klett-Cotta, 1994

Peukert, H. (1986) : *Wissenschaftstheorie- Handlungstheorie- Fundamentale Theologie.* Frankfurt, Teubner, 1986

Piaget, J. (1975):*Die Entwicklung des Erkennens I-III*

Stuttgart: Klett-Cotta-Verlag, 1975

Piaget, J. (1992): *Biologie und Erkenntnis*

Frankfurt, Fischer-Verlag, 1992

Popper, K. R. (1934): *Die Logik der Forschung*

J.C.B. Mohr, Tübingen, 1934

Popper, K. R. (1973): *Conjectures and Refutations*

London: Routledge and Kegan Paul, 1973

Popper, K. R. (1979): *Die beiden Grundprobleme der Erkenntnistheorie*

J.C.B. Mohr, Tübingen, 1979

Poser, H. (1997) : *On structural differences between engineering and Science*

Proceedings of the Karlsruhe Conference 1997

University of Karlsruhe, 1997, S. 215-227

Rahner, K. (1956): *Wissenschaft als Konfession ?*

In: *Schriften zur Theologie, Bd III, Seite 455-472*

Einsiedeln, Benzinger-Verlag, 1956

Rahner, K. (1976): *Zu einigen Grundproblemen der Erkenntnistheorie*

In: *Grundkurs des Glaubens –Einführung in den Begriff des Christentums*

Freiburg, Herder-Verlag, 1976

Rammert, W.: (1993) *Technik aus soziologischer Perspektive*

Opladen: Westdeutscher Verlag, 1993

Rantusa-Schmitt, V. (2002): *Essay zur Gentechnik*

Seminararbeit zur Vorlesung „Ethik für Ingenieure"

Universität Karlsruhe, 2002; unveröffentlicht

Rapp, F. (1978): *Analytische Technikphilosophie*

Freiburg: Alber, 1978

Rapp, F. (Hrsg.) (1999): *Normative Technikbewertung*

Düsseldorf: VDI 1999

Rodriguez-Iturbe, I. ; Rinaldo, A. (1997): *Fractal River Basins: Chance and Self-Organization*

Cambridge: Cambridge University Press, 1997

Rohbeck, J. (1993): *Technologische Urteilskraft – Zu einer Ethik technischen Handelns.* Frankfurt: Suhrkamp, 1993

Rohbeck, J. (2001): *Technik – Kultur - Geschichte*

Frankfurt: Suhrkamp, 2001

Ropohl G. (1979): *Eine Systemtheorie der Technik*

Frankfurt: Suhrkamp, 1979

Ropohl G. (1991): *Technologische Aufklärung*

Frankfurt: Suhrkamp, 1991

Ropohl G. (1996): *Ethik und Technikbewertung*

Frankfurt: Suhrkamp, 1996

Ropohl G. (1998): *Wider den Sektoralismus in der praktischen Philosophie*

In: Lenk, H.; Maring, M.:Wirtschaftsethik und Technikethik

Opladen: Leske+Budrich, 1998, S. 273-29

Ropohl, G. (2002): *Engineering Ethics needs institutional support*

Conference Proceedings of the Conference on Ethics and Technology

Delft, April 2002, in press

Rorty, R. (1991): *The priority of democracy to philosophy*

In: Rorty, R.: Objectivity, Relativism and Truth

Cambridge: University Press, 1991

Schmidt, W.F. (1997): *Liquid State Electronics of Insulating Liquids*

New York: Philosophical Library, 1997

Schwab, A.J. (1981): *Hochspannungsmesstechnik*

Heidelberg: Springer, 1981

Schwab, A.J. (2000a): *Applied Ethics: A Third Millenium Approach*

IEEE Spectrum, November 2000, S. 23-26

Schwab, A.J. (2000b): *Applied Ethics: A Third Millenium Approach*

Vortragsmanuskript zu einem Vortrag vor dem IEEE Ethics Comitee

Private Communication

Schwab, A.J. (2001): *Ingenieurethik als Chance begreifen und die Flucht nach vorne wagen*

TEST Kompendium, Messen, Prüfen, Verifizieren, S. 65ff.

Szent-Györgyi, A. (1970): *The Crazy Ape*

New York: Philosophical Library, 1970

Siemens AG – Power Transmission & Distribution Inc. (2001)

Human Ressources Policy Manual –Legal Compliance 60

Ausgabe 2001

Eigenverlag Siemens AG, Minneapolis, 2001

Siemens AG (2001): *Corporate Citizenship – Mission statement*

www.siemens.com/Corp.Overview/Citizenship/Mission

Smits, M. (2002): *Monster Ethics*

Proceedings from the Conference on Research in Ethics and Technology, Delft University of Technology, 2002; in press

Stora-Enso (1999): *Mission, Vision, Grundwerte – Leitsätze für unsere Zukunft*

Karlsruhe: Eigenverlag Stora Enso AG, 1999

Stora-Enso(1999b): *Stora-Enso Qualitätsrichtlinien*

Karlsruhe: Eigenverlag Stora Enso AG, 1999

Stora-Enso (2001a) *Stora-Enso formuliert ethische Normen*

In: Stora Enso Global 11/2001, S. 6 f.

Eigenverlag Stora Enso AG

Stora-Enso (2001b): *Verhaltens-Knigge gibt Orientierungshilfe*

In: Stora Enso Global 11/2001, S. 7 f.

Eigenverlag Stora Enso AG

Thompson, P. (1985): *Risking or Being willing*

Journal of Value Inquiry, No. 19, 1985, S. 301-310

Time-Life (1969): *Der Ingenieur*

Reihe Bilder der Wissenschaft

Time-Life-verlag 1969

Unger, S. (1982): *Controlling Technology – Ethics and the responsible engineer*

New York, 1982

Van de Poel, I. (1999): *De Analogie tussen etische problemen en ontwerpproblemen*

In: J.Baars; R.Starmans: Het eigene en het andere

Delft: Eburon, 1999, S. 243-259

Van de Poel, I. (2000) : *Ethics and Engineering Design*

Conference Proceedings of the IEEE Conference on Social Implications of Technology, Rome, September 6-8, 2000

Van de Poel, I.; Van Gorp, A. (2001a): *Investigating Ethical issues in engineering Design.* IEEE Journal of Social Implications of Technology, Fall 2001

Van de Poel, I. (2001b) : *Ethics, technology Assesment and Industry*

TA-Datenbanknachrichten Nr.2; 10. Jahrg.; Juni 2001; S. 52-61

Karlsruhe, FZK-Eigenverlag, 2001

Van de Poel, I. (2001c) : *Investigating ethical issues in engineering design*

Science and Engineering Ethics, No. 7, July 2001, S. 429 – 446

VDI (2000): Verein deutscher Ingenieure: *Ethische Ingenieurverantwortung*

VDI- Hauptgruppe der Ingenieur in Beruf und Gesellschaft

Düsseldorf: Eigenverlag, 2000

VDI (2001): Verein deutscher Ingenieure: *Ethische Grundsätze des Ingenieurberufs.* VDI- Hauptgruppe der Ingenieur in Beruf und Gesellschaft

Düsseldorf: Eigenverlag, 2001

[VDI-2800] Verein deutscher Ingenieure

VDI-Richtlinie Wertanalyse

VDI- Hauptgruppe der Ingenieur in Beruf und Gesellschaft

Düsseldorf: Eigenverlag, September 2000

[VDI-3780] Verein deutscher Ingenieure

VDI-Richtlinie Technikbewertung – Begriffe und Grundlagen

VDI- Hauptgruppe der Ingenieur in Beruf und Gesellschaft

Düsseldorf: Eigenverlag, September 2000

Vesilind, A. (2001): *The engineer shall hold paramount the health, safety and welfare of the public, unless of course...*Conference Proceedings of the IEEE Conference on Social Implications of Technology, Stamford, 2001, S. 162-167

Vollmer, G. (1994):*Evolutionäre Erkenntnistheorie*

Stuttgart, 1994

Waldkirch, Wagner (Hrsg.) (1994): *Wirtschaftsethik. Das rechnet sich - und was dahinter steckt.* Stuttgart: Deutscher Sparkassenverlag, 1999

Whitbeck, C. (2002): *Professional Responsibility*

Conference Proceedings of the Conference on Ethics and Technology

Delft, April 2002, in press

Williams, M. (2000): *The value of Objectivity and Objectivity as a Value*

Conference Proceedings of the IEEE Conference on Social Implications of Technology, Rome, September 6-8, 2000, S. 177-181

Würth, R. (1996): *Beiträge zur Unternehmensführung*

Künzelsau: Verlag Paul Swiridoff, 1996

Würth, R. (1999): *Erfolgsgeheimnis Führungskultur*

Künzelsau: Verlag Paul Swiridoff, 1999

Würth, R. (2000): *Firmenphilosophie der Würth-Gruppe*

Künzelsau: Eigenverlag Würth, 2000

Xie, K.; Kao, K. (1985): *A Study of Low-density regions in liquefied polyethylene under high electric stress* IEEE Transactions on Electrical Insulation, Vol 20, 1985, pp. 293-297

FSC
www.fsc.org
MIX
Papier | Fördert
gute Waldnutzung
FSC® C083411

Kolibri 360 GmbH
Ferdinand-Jühlke-Straße 7
99095 Erfurt, Deutschland
produktsicherheit@kolibri360.de

Druck:
CPI Druckdienstleistungen GmbH
im Auftrag der
Kolibri 360 GmbH
Ferdinand-Jühlke-Str. 7
99095 Erfurt